寻找时间的边缘

［英］约翰·格里宾（John Gribbin）／著

王大明　李　斌／译

海南出版社

·海口·

版权合同登记号：图字：30-2023-106 号

图书在版编目（CIP）数据

寻找时间的边缘 /（英）约翰·格里宾
(John Gribbin) 著；王大明，李斌译. -- 海口：海南
出版社，2024.5

书名原文：In Search Of The Edge Of Time
ISBN 978-7-5730-1512-9

Ⅰ. ①寻… Ⅱ. ①约… ②王… ③李… Ⅲ. ①时空 -
通俗读物 Ⅳ. ① O412.1-49

中国国家版本馆 CIP 数据核字 (2024) 第 009071 号

寻找时间的边缘

XUNZHAO SHIJIAN DE BIANYUAN

作　　者：［英］约翰·格里宾（John Gribbin）
译　　者：王大明　李　斌
责任编辑：吴　晏
策划编辑：李继勇
封面设计：海　凝
责任印制：杨　程
印刷装订：三河市祥达印刷包装有限公司
读者服务：唐雪飞
出版发行：海南出版社
总社地址：海口市金盘开发区建设三横路 2 号
邮　　编：570216
北京地址：北京市朝阳区黄厂路 3 号院 7 号楼 101 室
电　　话：0898-66812392　010-87336670
电子邮箱：hnbook@263.net
经　　销：全国新华书店
版　　次：2024 年 5 月第 1 版
印　　次：2024 年 5 月第 1 次印刷
开　　本：787 mm × 1 092 mm　1/16
印　　张：17
字　　数：204 千字
书　　号：ISBN 978-7-5730-1512-9
定　　价：58.00 元

目录 CONTENTS

致谢 THANKS

本书的最初构想来自莫斯科国立大学的伊戈尔·诺维科夫，源于他1989年在萨塞克斯大学的一次关于时间机器的讨论课。那时候，我一直深深地沉浸在撰写一本关于全球变暖的书中（《温室地球》，1990年分别由英国的矮脚鸡出版社和美国的格鲁夫·韦登费尔德出版社出版）。然而诺维科夫的言论以及之后与他的讨论重新唤起了我心中由来已久的对广义相对论中更为奇异的含义的兴趣。于是接下来的几个月里，在关于气候变化的写作之中，我找到了关于时空虫洞和时间旅行的数学探究方面最新发展方向的专家建议，也更新了关于黑洞研究史的观念。

最后要说的是，1990年11月在日内瓦举行的世界气候大会之后，我觉得在温室效应方面，暂时没有太多可以加以讨论的内容了，我也可以暂时把对地球命运的关注放到一边，开始撰写现在你手中的这本书。从对全球环境问题中的焦虑中解脱出来，此书写起来很有趣，还能帮我保持理智。我也希望你能享受它，尽管这本书中的一切对于现在生活在地球上的人来说一点可能的实际用途都没有（除非，你是一个时间旅行者，用第七章中描述的某种设备穿越而来）。

除诺维科夫之外，还有很多专家帮助过我，他们提醒我科学是有趣的（这是我进入这个领域的原因），在讨论中帮助我，为我提供自己的论文，建设性地批判我的一些错误概念。他们是（顺序不是按功绩大小排列）：密苏里州圣路易斯华盛顿大学的伊恩·雷德蒙特、克利福德·威尔和马特·维瑟；加州理工学院的麦克·莫里斯和基普·S. 索恩；泰恩河畔的纽卡斯尔大学的费莉希蒂·梅洛尔和伊恩·摩斯；南澳大利亚阿德莱德大学的保罗·戴维斯；埃德蒙顿市阿尔伯塔大学的沃纳·伊斯雷尔；新奥尔良的杜兰大学的弗兰克·蒂普勒；牛津大学的罗杰·彭罗斯；剑桥大学的史蒂芬·霍金；哈佛大学的西德尼·科尔曼；萨塞克斯大学的威廉·麦克雷（绝不是贡献最小的），他的贡献没有直接体现在这本书中，但他是在 25 年前为我打开基础理论大门的人。

同样幸运的是我的书到了一位好编辑——和谐出版社的约翰·米歇尔的手中。他懂物理，而且他的建议直接使我的思想在表达上得到明显的提升。这一点也是我所感谢的，尽管他很固执地拒绝了在他姓氏的拼写上加一个“l”。

你在书中可能找到的任何精妙见解都有他们的功劳；而书中存在的任何错误，则完全是我的责任。

古代历史 第1章

我们迎来了艾萨克·牛顿，见识了茫然无望的群盲如何提出引力理论，并在学术的旷野上撒欢。我们向第五种力告别，找到测量光速的方法，撞见18世纪的教主如何运用引力把光捕捉到黑洞的陷阱里去。

黑洞是引力的产物。现代科学起始于艾萨克·牛顿，除了其他各项贡献，特别值得一提的就是他在300多年前第一个提出了关于引力的科学理论。通过牛顿定律，科学家们从此可以用描述地面物体运行的原理，来解释天体的运动。一个著名的类比就是，无论从树上下坠的苹果，还是沿其轨道围绕地球运动的月亮，两者都能通过同样的方程来加以描述。当然，牛顿对于引力的表述，后来被爱因斯坦的广义相对论整合，所以黑洞一般被认为是相对论的产物。但在被普遍认为是物理学中最重要的专著、牛顿的划时代巨著《自然哲学的数学原理》（后简称《原理》）出版后不到100年，它一直被认为是牛顿理论自身力量的某种象征。如同《原理》那样简洁明了和普遍适用，牛顿式的引力理论曾被应用于描述我们今天称之为黑洞的东西。的确，令人惊异的是，牛顿本人也曾考察过光和引力的本性，但没意识到他的方程中包含了宇宙中暗物质的存在，光也不能从这种物质中逃逸出去，因为引力会阻止它。

让牛顿生！

牛顿于1642[①]年的圣诞节出生于林肯郡的伍尔索普村，就在这一年，伽利略去世了（奇妙的是，两个多世纪后，19世纪最伟大的物理学家詹姆斯·克拉克·麦克斯韦去世的同一年——1879年，阿尔伯特·爱因斯坦出生了）。他是个瘦小体弱的婴孩，连他的母亲都对他能在出生之日活下来而感到吃惊（他的父亲也叫艾萨克，在小艾萨克出生前三个月就去世了），但他不但生存了下来，而且还活了84年。他为包括他自己在内的18世纪早期同时代人所敬畏的物质世界提供了最佳的描述，从而成就了自己在科学和科学方法上的贡献。这被反映在亚历山大·蒲伯的著名双行体诗中：

> 自然和自然律隐藏在黑暗当中；
> 上帝说，让牛顿生！于是一切大白于天下。

但是，正如我们接下来看到的，事情也并非那么简单明了。

在牛顿还不满两岁的时候，他的母亲再婚了，并移居到附近的一个村子里。牛顿由他的祖母抚养，一直到九岁时他的继父去世为止。这次分离所造成的心灵创伤，可能是牛顿直到长大成人后都行为怪异的原因，

① 《辞海》中说牛顿生于1643年。

其中包括他在后来研究工作中的神秘主义倾向，对自己的著作发表后别人会怎么看待的问题深深的忧虑，以及对来自其同时代人批评意见的粗暴和非理性的反应等。继父去世后，艾萨克重新和母亲生活在一起，母亲对他的希望是将来接手管理自家的农场，但他对此表现得令人失望，宁可读书也绝不放牧，最后母亲不得不让他回到格兰瑟姆的中学读书，然后（在一位与剑桥三一学院有关系的叔父的帮助下）进入了大学。他于 1661 年到达剑桥，因为中学途中的这个插曲，牛顿的入学年龄比其他大学新生略微大了一点。

牛顿的笔记显示，在大学低年级时，他就对各种新观念很感兴趣，其中包括伽利略和法国哲学家笛卡儿等人的思想。他们的思想标志着把宇宙看作一架机器观念的开端，但当时还不是统治大部分欧洲大学的官方主流观念。牛顿自己在吸取这些观念的同时，也对官方主流的各种（建立在亚里士多德学说基础之上的）旧式课程进行了刻苦学习，并在 1665 年获得了学士学位。在教师们的眼里，牛顿不过是个中规中矩的好学生，但不是杰出的人才。就在这一年，伦敦暴发了瘟疫，结果大学被关闭，牛顿回到了林肯郡的家，在家里待了将近两年，直到正常学业得到恢复。

正是在这两年当中，牛顿推导出了引力的平方反比定律——或许是受到苹果下落的启发。为了进行这一工作，他发明了一种新的数学工具：微积分。这使得整个计算工作更加直截了当。他不满足于这项工作，开始着手对光的性质进行探索，发现并命名了光谱，即当白色光通过棱镜时所产生的彩虹式色彩排列。但所有这些工作都没有对当时的科学界产生任何影响，因为牛顿没有告诉任何人他所进行的事情。当剑桥大学在 1667 年重新开学时，他被选为三一学院的职员，到 1669 年，牛顿已经把自己的一些数学思想发展到开始在学术圈里流传的程度。此时，剑桥大学的一些教授开始注意到他的能力，1669 年，当艾萨克·布朗的任期满时，他没有续签卢卡斯数学讲座教授的职位（以便腾出更多时间用于神学），而推荐了牛顿作为其继任者。牛顿以 26 岁的年龄成为卢卡斯数学讲座教授——这是个可以终身担任的职位（如果他自己愿意的话），没有指导学生的职责，但要求每年提供一个讲座。顺便说一下，如今的卢卡斯数学讲座教授是斯蒂芬·霍金[①]。

在 1670 年到 1672 年间，牛顿利用这些讲座把自己关于光学的研究进行了扩展，这些扩展最后成为他的不朽名著《光学》中的第一部分内容。但这本书直到 1704 年才出版，这也显示了牛顿在冲突激烈的学术生涯中的个性矛盾。问题肇始于牛顿在皇家学会报告其观点的时候——该学会创办于 1660 年，并已成为英国科学交流的主要渠道——牛顿记录了他与罗伯特·胡克的争论，最新的研究表明，这个著名的争执记录被误读了 300 年。

站在巨人的肩膀上

皇家学会最早了解到牛顿是因为他在光学方面的研究兴趣，但并非是关于光的颜色是如何形成的新理论，而是关于他利用反射镜取代透镜系统来聚焦光线，从而发明反射式望远镜的实用技术。这个设计现在仍然被广泛应用，今天被称为牛顿式反射望远镜。1671 年，皇家学会那些第一次看到这种望远镜的绅士非常喜爱它，于是在翌年，即 1672 年，牛顿被选为该学会的会员。这种认可鼓舞了牛顿，他在同一年向学会提交

① 英国著名物理学家和宇宙学家，已于 2018 年 3 月 14 日去世。

了一篇关于光和颜色的论文。作为皇家学会第一个“实验掌门人”的罗伯特·胡克——以其名字命名的弹性定律至今还为人所津津乐道——被当时的人们（特别是他自己）认为是皇家学会（如果不是全世界的话）的光学专家。他对牛顿论文的反应是以某种居高临下的方式加以批评，这种姿态足以使任何年轻的研究者恼怒。从来就没能够也没学会以善意对待批评意见的牛顿，被胡克的评论深深地刺激了自尊。在成为皇家学会会员的头一年，第一次尝试将自己的思想通过正常的渠道传播出去之后，牛顿又退缩回了自己在剑桥的安全港湾，把自己的观念深藏在内心，而不再与当时的科技界接触。

1675 年初，在一次访问伦敦期间，如同他所期望的那样，牛顿听说胡克现在已经接受了自己的颜色理论，于是他鼓足勇气向学会提交了第二篇论述光学的论文，其中涉及当把透镜组用含有微小空气缝隙的平板玻璃分离开来时，形成色散光环（如今被称为牛顿环）的方法描述。胡克立刻开始在公共和私人两种场合都发出怨言，说牛顿 1675 年在学会所陈述的这些想法大部分都不是原创的，而是直接偷窃自他（胡克）的工作。在与学会秘书的多封通信中，牛顿不但否认了这个指控，而且反驳说，胡克自己的工作从根本上说无非就是对于笛卡儿工作的推论而已。

似乎是在学会的压力下，事态正在发酵成为一场历史大争论。当时，胡克给牛顿写了一封信，这在某种程度上可理解为一种缓和关系的举动（如果收信者是个宽厚仁慈之辈的话）。但他在信中依然试图重复以前的观点，并隐含着这个意思，即便是在最好的情况下，牛顿也必须准备好迎接失败的结局。正是这封信，引发牛顿写下了那个著名的箴言：如果他能够比别人看得更远，那是因为他站在巨人的肩膀上。

这段话，传统上被解释为展示了牛顿的谦逊，以及对之前的诸如约翰内斯·开普勒、伽利略和笛卡儿等科学家的认可，因为正是这些人为他自己的运动定律和引力理论奠定了基础。但这种解释是很奇怪的，因为在 1675 年牛顿还未将自己关于引力和运动方面的思考公之于众。毫无疑问，像牛顿这样极具自负甚至自傲个性的人，不太可能会说出这种谦逊的言辞，而且，这个故事对后代的影响也是显而易见的。那么，这段话的来龙去脉到底是怎样的呢？

1987 年，作为纪念《原理》出版 300 周年活动的组成部分，剑桥大学组织了一周的纪念会，来自全世界的一批顶尖科学家回顾了引力理论诞生以来的历史过程。此次会议中，在美国加州利克天文台工作的英国研究者约翰·福克纳（John Faulkner），基于对牛顿和胡克长期争论的相关文献研究，对牛顿那段箴言的含义做出了一个有说服力的新解释。他认为，牛顿在记下那段话的时候，非但不是谦逊的，而且还是很自负的，他所说的巨人不是指开普勒和伽利略，甚或是做出引力理论的他自己，而是做出了光学方面工作的他自己。

实际上，类似巨人的表达在牛顿时代很普遍，经常用于表达对古代人特别是古希腊人的感恩。17 世纪的科学家（特别是牛顿本人）普遍认为，他们自己的所作所为，充其量不过是在一些细节方面重新发现古代人早已知道的法则而已。牛顿在 1675 年 2 月 5 日给胡克信中的遣词用句，无疑是十分谨慎小心的，他们之前的分歧，以及胡克本人对他明显的反感这个现实也会不时浮现在他的心头。

通过引证牛顿和胡克同时代的人，包括胡克朋友的材料，福克纳为胡克画了一幅肖像，完全就是类似于威廉·莎士比亚滑稽剧里的理查德三世的形象——极度扭曲，甚至矮小。虽然这个说法有点夸张，胡克是个小矮人也应该没有什么疑问。

在这个背景下，福克纳认为，牛顿信中提到巨人之前的那些句子，就展现了非常不同的意味。总之，请记住这不是朋友之间的私下便条，而是代表着皇家学会名誉的两个会员，为解决彼此间具有公共影响争执事件的正式信件；牛顿也是经过了仔细的文字推敲来表达自己的意思；按照他之前和之后的行为看，福克纳认为，他对信中的潜台词给予了同等的重视。下面是福克纳对牛顿的意思进行解读的相关句子：

“笛卡儿所做的是一个好台阶。”（解读：他在你之前就做过了。）“你已经在若干途径上做了很多，特别是给薄板色散加以哲学式的考虑。”（解读：你所做的全部都是遵循着笛卡儿的指引。）“如果我能看得更远，那是因为站在巨人的肩膀上。”（解读：特别注意牛顿使用“巨人”这个词汇时首字母 G 是大写的，我的研究除了古人，不借助任何人，至少不用借助如你这般的侏儒矮子。）

从这些来往信件的表面价值看，它们实现了学会的客观性，没有引发公众的异议，保留了处理其成员之间争议时的尊严。但其结果是，牛顿在此次遭遇后，进一步退缩回了自己的甲壳里面，耐心地等待着，直到胡克 1703 年去世，最终得到了安全的环境后，他才在 1704 年出版了自己的《光学》一书。也仅仅是其朋友埃德蒙·哈雷因彗星问题的介入，牛顿才在第二次与胡克发生争执 12 年之后的 1687 年，被动地出版了自己的伟大著作《原理》。此时，该著作的核心内容已经有二十多岁了。

三条定律和一个引力理论

牛顿的《原理》包含了世人所知的经典力学最核心的内容，即关于运动的三条定律和一个引力理论。这些的确是使他能够牢牢站立的肩膀。从潜在层面上看，发展这些思想的是德国天文学家约翰内斯·开普勒，他在 1609 年发表了如今以他名字命名的行星运动定律的前两条定律。开普勒使用丹·第谷·布拉赫精心汇集的行星位置表发展了这些定律，当第谷落脚布拉格的时候，开普勒成为他的助手，而第谷本人于 1601 年去世了。

开普勒第一和第二定律表明，行星绕太阳运转的轨道是个椭圆而不是圆，并且，无论行星处于轨道的任何位置，行星与太阳之间的连线，在相同的时间内总是扫过相同的面积（图 1.1）。

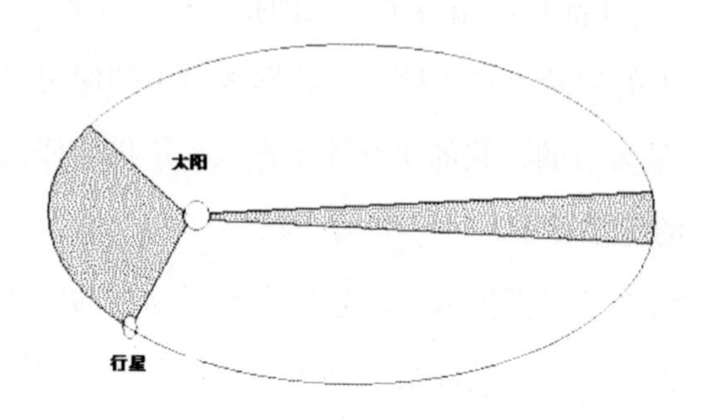

图1.1　一个沿椭圆形轨道绕太阳运动的行星，当接近太阳时运动速度加快，远离太阳时运动速度减慢，使得在给定的时间内总是扫过同样的面积。

换言之，每个行星在最接近太阳时运动得最快，在椭圆的一端形成一个短而宽的扇形角。当远离太阳时运动速度最慢，在椭圆轨道的另一端形成一个长而窄的扇形角。十年之后发表的第三定律，用数学公式将每个行星的轨道周期与其轨道的直径联系在了一起。

这些描述使 17 世纪的科学家们既感兴趣又迷惑不解，但他们没能成功地为开普勒定律找到可靠的解释。牛顿自己并不是科学隐士，即使在 17 世纪 70 年代晚期到 80 年代早期，他在与胡克的通信中也论及了物体在引力影响下的下落行为——这些通信在后来无可避免地引发了胡克对牛顿的指责，说他偷窃了自己关于平方反比定律的思想。前文已经提及，哈雷对轨道运动很感兴趣，而当他在 1684 年到剑桥访问牛顿时，牛顿告诉他说自己已经在数年之前就解决了那个谜团，我们现在只能猜测他当时会感到多么惊喜了。无论这个惊喜多么强烈，哈雷依然保持着清醒的头脑。他说服牛顿这是个意义重大的发现，必须公开发表。仅仅三个月后，牛顿就给哈雷送去了有关这个问题的一篇简短文章。但这是不够的，当牛顿决定公开自己的思想时，他便开始修改和重写了这篇短文，直到它成为一部伟大的著作（主要是在哈雷的资助下）。该书于1687年用拉丁文出版——直到1729年才用英文出版，而此时牛顿已经去世两年了。

即便到此时，牛顿依然守护着自己的一些秘密。虽然他的文章中显示出他实际上是使用了自己发明的数学工具才获得了其著名的万有引力定律，但在《原理》中他却使用基本的几何算法重新进行了表述，这样才更符合亚里士多德式的智慧。也许，这只是因为他的神秘主义；也许，这是因为他回忆起了自己的大学时代只获得了较低的学术评价，所以他认为如果使用老式的路径会更符合评价者的口味。无论什么原因，这个做法引发了另一个更加激烈的论争，这一次争执的对方是德国数学家威尔海姆·莱布尼兹。后者独立发展了微积分，并在1684年发表了自己的工作成果。今天，关于牛顿首先获得了观念上的突破已经没有任何疑问，而关于莱布尼兹是在对牛顿的工作毫不知晓的情况下，独立地得到自己的结果也没有任何怀疑，所以他们应该被赋予平等的发明权。但在当时，这个问题却引起了牛顿的另一个巨大烦扰。

然而，在本文对此的叙述当中，有意义的是《原理》中说了什么，而不是牛顿为什么选择不提及微积分。在牛顿之前，科学家们接受的是亚里士多德的观念，即物体的“自然”状态是静止的，只有当外力作用时才会运动。牛顿意识到，这个状况是因为我们生活在行星的表面，此处物体被引力所掌控。他的第一定律说，任何物体（科学家通常使用术语“物体”）除非受到外力的作用，将持续处于静止或匀速直线运动状态。他的第二定律说，物体的加速度（即速度的变化率，包含速度在大小和方向两方面的变化）与作用在其上的外力成正比。他的第三定律是，无论何时对某物体施加一个作用力，此物体必存在着一个与此大小相等但方向相反的反作用力。例如，当我推着铅笔横过书桌，或者向下摁压桌面，我的指尖会感受到一个反作用力。按照第二定律，你可能会想到，在引力的作用下，会使我们朝着地心做加速运动，但由于我们站立在坚实的地面上，我们向下的重力会遭遇到大小相等、方向相反的反作用力的抵抗。这两个力相互抵消了，因此我们不会有加速地心运动发生——除非失足跌落或者主动从窗户跳出去。如果这个情况发生了，当人跌落地面时所遭受的伤害不是因为地心引力，而是因为地面的反作用力，它抵消了地心引力，并停止了人的跌落运动。

运用其三定律和开普勒定律，牛顿解释了行星绕日运动，以及木星卫星的运动，都是引力的结果，其大小与太阳和行星之间或木星和其卫星之间距离平方的倒数成正比。这就是著名的平方反比定律。因此，当一个行星接近太阳时，它所感受到的引力将更强，它的运动也将更快。更进一步，牛顿说道，这不是一个仅仅适用于绕日进行轨道运行的行星的特殊定律，而是一个普适于描述宇宙万物引力效应的定律。一个简洁的案例就是由牛顿自己提供的。

我在前述的例子中已经假定，引力以作用于轨道运行行星的方式，作用于地球表面下落的物体，其所使用的相似符号表述也使我们今天对此十分清晰。但在牛顿时代，这却是一个新颖的甚至革命性的观念。我也提及了作用于地球表面下落物体的地心引力，其作用方式似乎是将所有地球质量都集中到了地球中心点一样。平方反比定律中的距离，实际上是两个相关物体中心之间的距离，无论这两个物体是太阳和行星，还是地球和落体，如此等等。事实上，牛顿证明了这是其引力理论的关键点，也是数学上最艰巨的工作，特别是他在《原理》中不采用微积分，而是用传统几何学进行证明的时候，更是如此。牛顿也知道，在地球表面由引力所导致的加速度将使任何物体（比如苹果）在下落的第一秒内通过 16 英尺的距离（我在此处使用老式的英尺和英寸，是因为牛顿当时也使用这些单位）。月亮距地心的距离 60 倍于地心到地表的距离，按照牛顿第一定律，月亮应该做"类似"匀速直线运动，即是说，以恒定的速度在运动。即使速度保持不变，但若有外力作用，月亮也会发生直线方向上的偏离。按照反平方定律，地球作用于月亮的引力，就比地球作用于地表物体的引力小得多，小的倍数是 60 的平方，即 3600 倍。因此，每秒时间内，地球引力能够让月亮偏离原来运行的直线一个给定的距离，即 16 英尺除以 3600。计算一下，这个距离比 1/20 英寸略长。对于一个距离地球如同月亮那么远，并以月亮的速度运动的物体而言，如果每秒所受到的微小偏离作用也恰好是这个力度的话，就能使它沿着封闭的轨道围绕地球运行，并且每月完成一次循环。

牛顿运用一组定律，实实在在地做到了对苹果下落和月亮运行的解释。在这个过程中，他揭开了天界物体运行的神秘面纱，让科学家们认识到恒星和行星运行，乃至整个宇宙运行的事实真相，是可以用物理定律来加以解释的，而这些定律是在地球上的实验室里进行研究时获得的。今天，许多物理学家相信，他们或许很快就能找到一组独立的方程，用它们就可以统一地描述所有的自然粒子和作用力，即所谓大统一理论（Theory of Everything，简称 TOE）。如果他们实现了这个目标，那将是一个由牛顿所开启的、超过 300 年的进步路径的终结，在某种意义上，也将是牛顿式物理学的最后终结。但是，正如我们将会看到的那样，这不一定是彻底理解宇宙所有事物的必需途径。

即便在牛顿时代，有一点也很清楚，那就是需要从其他层面的理解来支撑著名的平方反比定律。比如说，牛顿曾指出，由地球、太阳或任何其他物体所发出引力的大小，都随其作用距离的平方的增大而衰减。但问题就在于，为什么它就非得是平方反比定律呢？为什么就不能是随距离的一次方或三次方的增大而减小呢？牛顿不知道为什么，而且他似乎根本就没关心过为什么引力要服从平方反比定律，而不是别的什么定律。在一段著名的叙述中，牛顿宣称了这样的重要观点，他写道 *hypotheses non fingo*，意思是“我不构造假设”。他只满足于解释引力怎样发生作用，而不关心它为什么会这样发生作用。这个观点随着《原理》的出版，在那些探索自然奥秘的人当中流行了 200 多年。无论“为什么会”意味着什么，毫无疑问的是，引力确实服从着牛顿的平方反比定律。

测量时间

实际上，物体发出引力的大小不但与从其中心到作用点距离的平方倒数成比例，还与其质量成比例。质量越大的物体，引力就越强。地球表面物体的引力，我们一般称之为重量。在地球表面，每克质量的物质所受到的地球引力都一样，因此，质量越大的物体，其重量也越大。我们说，在地球表面，地球向一克物质所发出的引力等于一克重，即是说，在地球上，一克的物质重为一克，这是个生活在地球表面上的人们所使用的逻辑定义。但对不同的空间，问题并非如此简单。如果我们将一个具有某特定质量例如一千克的物体，从地球移动到月球上，它仍然具有相同的质量，在这个例子中是一千克的质量不变。但由于月亮的质量小于地球，因此每克质量感受到的月球引力，就没有当此物回到地球表面时所感受到的地球引力那么强大。因而，在月球上它的分量要更轻，一千克物质在月球表面上的重量，实际上大约是一千克的 1/6。

当然，牛顿理论的这个预言已经得到了直接的验证，人类已经到达过月球，并观察到了物质重量上的差异。没有人会认真地怀疑使用牛顿定律所计算出来的空间器飞行轨道是否恰如其分，因为如果所使用的这些定律不正确的话，人类如今就不能够到达月球。但弄清了牛顿的“直觉反应”是正确的，乃是一件很令人欣慰的事情。事实上，在 20 世纪 80 年代，科学家中间曾经产生了一场骚动，因为有人认为牛顿在某种程度上可能是错的——引力的反平方定律可能在距离方面存在着几十米的误差，而且这个情况也被泄露给了媒体。但即便如此，牛顿定律在计算行星轨道和空间器飞行轨道方面的表现，依然是非常完美的。这场骚动被证明是虚惊一场和小题大做，但由于万有引力定律如今已经可以比以往更加精确地得到检验，所以就会使这类流言更容易绘声绘色。

我们一般通过比例常数来对这个问题进行考证。如果地球对每克物质的引力与地球的质量成正比，并且与到地心的距离平方成反比，这就等同于说该引力是一个常数（称作 G）乘以地球的质量，并除以到地心距离的平方。牛顿的强大洞察力就在于，当我们处理不同质量和距离（例如，具有巨大质量的太阳，从 1.5 亿公里之外，对地球所产生的作用力）的问题时，这个常数 G 依然保持不变。但是，令人困惑的是，牛顿本人在其《原理》一书中却没有使用过“比例常数”这个术语。他似乎并不需要这么做，因为他所有的计算，例如，从苹果的下落到月球的轨道，都可以用半径的方式进行，其中该常数并不会出现在方程之中。

在 18 世纪 30 年代，法国物理学家比埃尔·本格尔（Pierre Bouguer）通过测量靠近山脉附近的垂直线的偏离度，估计了地球的密度，这些测量从原理上看可以用于计算 G 的数值。但对引力常数的第一次真正精确测量，是由亨利·卡文迪许（Henry Cavendish）在18世纪90年代才做出的，这时距离《原理》的出版，已经超过了100年。卡文迪许是英国物理学家，但他在发布自己的研究结果方面似乎比牛顿更加保守。

卡文迪许是个古怪的隐士，一生（他于1810年去世，享年78岁）几乎没发表过什么论著。他之所以能够坚持这样的嗜好，是因为继承了其叔父的一大笔遗产。他父亲是查尔斯·卡文迪许勋爵，也是皇家学会的会员；祖父是温莎公爵，外祖父是肯特公爵。当他去世的时候，遗留下了超过百万英镑的财产，这在当时是一笔极其巨大的财富。到19世纪70年代，他们家族的部分财富被后来的温莎公爵（第七世温莎公爵，其本人也是个天才的数学家）用于在剑桥大学建立了一个命名为亨利·卡文迪许的实验室，如今已经成为科学界首屈一指的实验室。就在亨利·卡文迪许去世很久之后，人们才从他的研究记录中得知，他进行过大量的电学研究工作，其中也包括欧姆定律，这在后来由别人加以推进。最后，到了1879年，卡文迪许的电学研究才由第一任卡文迪许实验室主任詹姆斯·克拉克·麦克斯韦编辑出版。而他关于引力的测量研究，却在其生前的1798年就公开发表了。类似早先本格尔的研究，这些测量针对的是地球的质量和密度，但卡文迪许的论文中没有关注到常数G。从牛顿的万有引力定律中可以得知，若知道了地球的质量（及其半径），通过测量地表上某物体的质量，就可以简单地推得常数G。因此，卡文迪许的实验被认为是对引力常数的第一次精确测定。更重要的是，他进行这些测量的方法（实际中是由约翰·米歇尔在他之后很短的时间内所提议的）已经成为实验室里此类测量的典范，如今还在使用，只有很小的改动。

这台被称为扭秤的仪器，包含一个细杆，其中心悬挂在一根线上，杆的两端各有一个小重物（卡文迪许使用的是小铅球）。两个大质量的物体（更大的铅球）呈一定角度设置在细杆侧面，当大质量铅球的引力作用于小铅球时，细杆就会发生扭转。卡文迪许使用一套由反射镜组成的光学系统，测量了细杆的扭转角度，从而得到了大铅球对小铅球所产生的引力作用数据。据推算，地球引力对小铅球的作用力（即其重量）大约比其侧旁大铅球的引力大 5 亿倍，卡文迪许通过对此处这样微小偏转的测量，并与铅球的重量进行比较，得出了整个地球的质量值。他的测量表明，地球含有 6×10^{24} 千克的质量，其密度是水密度的 5.5 倍，这就是卡文迪许想要弄清的事情。正如苹果与月亮的类比一样，引力常数去掉了两者之间的计算鸿沟。当进行一个小小的变形之后，方程表明，在国际单位制中，G 的值是 6.7×10^{-8} 。

在卡文迪许精确的扭秤实验之后，又过了 100 年，才有了更进一步的改进。到 19 世纪 90 年代，科学家才获得了更精确的 G 值，并将其作为自然界的一个基本常数，就如我们今天一样。如今已有大量的实验证据证明它对于任何物质都一样，确实是个常数。同时，无论是在实验室中对于重物下落的测量，还是天文学的研究，都证实万有引力定律的确是个反平方定律。但自牛顿以来的所有时代，对于引力强度所进行的实验，其距离从未超出几十米到几百米的范围内。这一方面是因为测量上的困难，另一方面是因为意义不大，如果牛顿定律在比这更小和更大的范围内都有效的话，那么预期它在中等的范围内也有效就是个很自然的事情了。但这正是我前文所提及的引起巨大争议的漏洞所在。

关于万有引力定律可能在某些地方是错误的说辞，主要来自在矿井升降机下降过程中对引力的测量。这个实验通过不同方式对物体重力进行非常细致的测量，并随着距地表高度的下降，观察重量如何变化。如果地球是个规则的圆球，那么在地表以下任何趋向于地心的同一深度上，引力应该是完全相同的，宛如低于这个深度的所有地球物质都集中在地心一样。而在此测量深度以上壳层物质的引力效应，却不会对实验产生任何影响。因为来自某个方向上方和周围较小质量的拉力，会被来自地球另一侧相反方向上层壳体更大的质量、更远作用距离的引力完全抵消。

在现实世界当中，从地球内部乃至地球表面对引力所进行的测量，必须考虑地质因素。不同种类的岩石密度不同，这会对测量结果造成或大或小的影响。20 世纪 80 年代早期，在澳大利亚某矿井下进行的一个系列测量，就显示了这个效应。该实验的范围超过了百米的距离，因此而显示出对于牛顿定律的偏差，其所确定的 G 值，比通过实验室或行星运动所确定的该常数值小了 1% 多。该测量既在深洞中，包括在岩石层和冰层中进行，也在高塔上的不同地表高度对物体进行了称重，似乎在一时之间证实了某些奇怪的异常现象，于是物理学家们开始兴奋地谈论"第五种力"[①]，一种其行为与引力相反的力（反引力，antigravity），但作用范围仅在数十米之内。当一些高塔测量似乎显示出在引力存在的同时，也有一种超常引力并存的时候，他们甚至开始谈论起"第六种力"。但这只不过是天上的馅饼而已，最后，牛顿依然是对的。翻来覆去，所有标榜的"非牛顿式"效应，事实上都能够用优秀的老牛顿式引力加以解释，只要对测量场所周围的岩石和矿物的地质分布添加些适当的修正条件就可以了。例如，"非牛顿式"引力的澳大利亚原始"证据"，最后也可归因于矿井下绵延 3000 米距离的一系列山脊所产生的正向牛顿引力，而这些证据也反映了大家对于诸如此类的测量是多么敏感。

当然，也无法彻底排除第五种力的存在，物理学家所能做的就是确立一个，说明它至少应该有多强，否则就无法在实验中显示出来。到

---

① 之所以称为"第五种力"，是因为已经知道了其他四种：万有引力、电磁作用力和作用范围仅在亚原子范围内的所谓原子核的强相互作用力与弱相互作用力。

1990年，这个范围已经被缩小到这样的规格：在1米到1000米的范围内，第五种力必须比引力弱至少10万倍。但神秘的第五种力也可以说是一个有用的科学目标，因为有些人认为，正是由于第五种力的存在性问题，鼓舞着20世纪80年代后半期的物理学家们不辞辛劳地进行实验，并建立起如此严格的范围。结果导致人们对G的常数性和平方反比定律的精确性了解得比以往更好，并能够应用于从桌面实验到恒星和行星运动的全部尺度范围。我们已经知道，甚至比牛顿本人知道得更加深刻，万有引力定律的确是个普适的定律。

虽然他缺乏实验证明他的万有引力定律在此意义上是普适的，但牛顿仍然相信该定律可以应用到所有地方，适用于一切物体。他的其他伟大贡献，包括光学研究、光的微粒解释、光的镜像反射和棱镜及透镜的折射等，使得有一点格外值得注意，那就是他似乎从来没有考虑过引力对光的影响。第一个探讨个中秘密的出版物，不得不等到《原理》出版的百年之后，当约翰·米歇尔（John Michell）梦想着用扭秤实验来验证其关于暗星（dark stars）的观念时才问世。

穿越太阳系

这个想法的关键，除了牛顿的万有引力定律之外，就是光速有限性的测量。大多数人第一次遇到这些想法的时候，最大的惊喜之一就是在牛顿的《原理》出版之前，光速实际上已经被相当精确地测量过了。

在17世纪70年代，丹麦人奥勒·罗默（Ole Romer）对此进行过计算。他出生于1644年，当时在巴黎天文台工作。除了其他工作，罗默还研究了木星卫星的运行，这是当时的天文学家们特别感兴趣的课题。因为其中展示了一个微型版本的被哥白尼和开普勒描述过的太阳系模型，一组卫星围绕着这个巨大的行星进行着轨道运行，十分类似于各大行星围绕着太阳所进行的轨道运动。罗默在巴黎有个资深同事，即在意大利出生的天文学家乔万尼·卡西尼（Giovanni Cassini），他在1669年就到了法国，当时44岁，是这个新天文台的负责人，并于1673年成为法国公民（同时也将他的名字改为“让”）。卡西尼在新天文台使用着最新的仪器，是个老练的观察者。1675年他发现了一个将土星环分成两半的缝隙，至今仍然被称为“卡西尼间隙”。但他更重要的工作是对木星卫星运行的研究，以及对地球到太阳之间距离所进行的相当精确的测量。正是基于对这两类信息的综合分析，罗默得出了光的速度。

木星的卫星最为明显而有趣的特征之一，是它们在其轨道上进入和走出木星自身的阴影时，会规律性地发生交食。在卡西尼离开意大利之前，他就给木星的四个主要卫星，即伊奥（Io）、欧罗巴（Europa）、甘尼米德（Ganymede）和卡利斯多（Callisto）做出了一个交食表（很像公交车的时刻表）。木星的这四个主要卫星都是伽利略在1610年使用第一个天文望远镜发现的。使用开普勒定律描述这些卫星的运动，卡西尼就能够预测它们什么时候将发生交食。但是罗默对照卡西尼的交食表数据，发现交食会时早时晚。通过集中分析木卫中最大的伊奥的运行，他发现了一个规律，当地球最接近木星（这两个行星处在太阳的同一侧）的时候，观察到相继发生的两次交食之间的间歇，比正常的时间要短。而当地球远离木星运行到最远端的时候（处于太阳的相反侧），所观察到的相继交食间隔就会更长一些。

虽然并不知道为什么会如此，罗默依然可以在自己所发现的规律的基础上做出预测。1679年9月，他预测木卫伊奥将在11月9日发生交食，但时间会比按照标准轨道所计算出的时间晚10分钟。预测被证实了，但罗默让其同事震惊的是，他对这个延迟的解释是，光线需要在这段时间里穿过从伊奥到地球的空间。

在即将发生那次交食的前几个月里，地球已在其远离木星的轨道上运行了。而当前一次交食发生时，显示交食已经发生的光信号，还不需要长途跋涉那么远到达地球。11 月那次交食确实发生在所计算的时刻，罗默说，但这时候地球距离木星更加遥远了，所以光线需要额外的 10 分钟才能跨过空间到达巴黎天文台的望远镜里。

从这里开始，就进入了卡西尼最重要的工作，即研究太阳系的大小。1672 年，卡西尼从巴黎依据背景恒星仔细地观察了火星的位置，而他的同事让·里歇尔（Jean Richer）从南美洲东北海岸的卡宴进行了类似的观测。依据这些测量，他们能够得到一个极高但很窄的几何三角形，其底线从巴黎到卡宴，跨越将近 10 000 千米，以火星为顶点。通过运用开普勒定律，并计量行星绕其轨道运行一圈所花费的时间，卡西尼得到了一个火星的大概距离，从中也可以得出其他行星轨道的大小，包括地球。

卡西尼对地球到太阳距离（现在称为天文单位，或 AU）的估计是 1.38 亿千米，这是当时最准确的估计——第谷曾经给出 800 万千米的数值，而开普勒自己计算的距离大约是 2400 万千米，现代的测量表明，AU 实际上是 149 597 910 千米。把卡西尼的估计用于穿越地球轨道的距离，并进一步用于光在 1679 年 11 月交食中到达他的望远镜时不得不跨越的额外距离，罗默计算出光的速度必须是在——若用现代单位来表达——每秒 225 000 千米左右。事实上，若使用罗默自己的计算但采用现代对地球轨道大小的估计值，则该数字将是每秒 298 000 千米；目前所采用的光速度值是每秒 299 792 千米，这个数值非常接近一个整数，所以有些人曾郑重建议重新定义米的长度，使得光的速度严格等于每秒 300 000 千米。

然而，无论实际数字是怎么计算出来的，罗默工作的真正意义就是断言了光速确实是有限的，光信号穿越太空的旅行并非一瞬间的事。这个说法是如此离经叛道，乃至于当时许多科学家都拒绝接受它。对光速有限性的普遍接受，是在罗默去世之后才出现的。他死于1710年，但直到18世纪20年代中期，当英国天文学家詹姆斯·布拉德利（James Bradley）采用不同的技术测量了光速之后，质疑之声才销声匿迹。

当他在9月研究明亮的天棓四（Gamma Draconis）时，布拉德利（他在哈雷1642年去世后成为英国第三任皇家天文学家）发现，为了得到清晰的图像，他不得不把望远镜倾斜到跟3月观察同一颗星时稍微不同的角度上，就好像这颗星在一年当中微微划过天空移动过，最后又回到原来的位置一样。所有的恒星都存在这个现象，他称此为视差。布拉德利意识到这实际上是因为地球在空间中的运动所致。望远镜的额外倾斜度是基于这样的实际情况，即需要一个很小弧秒的改变以使光线向下直接传入望远镜筒，因为望远镜筒已经被横向运动的地球给偏转了（图1.2）。布拉德利测量了由此现象造成的恒星角位移，其数值略

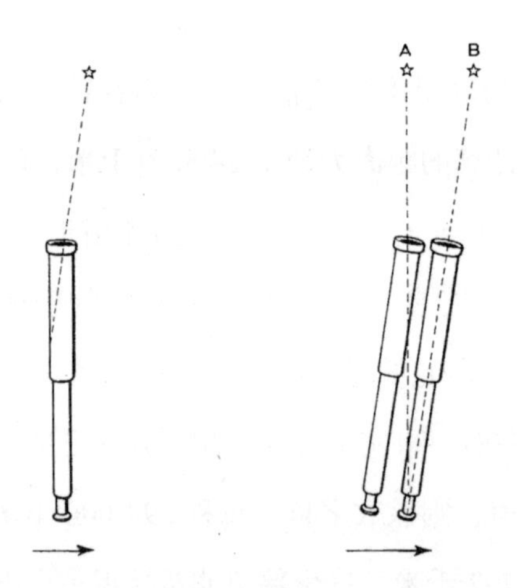

图1.2　由于地球正在运动，望远镜必须倾斜以便让来自恒星的光线向下传播到望远镜的镜筒中。某恒星的实际位置在A，但看上去似乎是在位置B。当地球沿某个路径运动时，位移是在其相反的方向上，这使得恒星的视位置在地球沿绕日轨道运行的一年过程中也会有变化。这个现象称为视差，它可以用来测量光的速度。

微超过 20 弧秒；此位移比月亮对地球张角的 1% 多一点点。通过测量这样微小的星光位移，他发现光的速度是每秒 308 300 千米，与罗默说服 18 世纪的科学家们光速确切的有限性的数值非常接近，与现代数值也非常接近。到该世纪末，有两位科学家分别独立地想到运用牛顿的万有引力定律和牛顿关于光本质的概念，连同对光速的最新估计，以解决引力如何可能影响到光行为的问题。

黑洞探索先驱

凡是看过宇宙飞船发射的人，即使是在电视上，也会意识到把一个物体从地球表面送到环绕地球的稳定轨道上飞行，必须施加巨大的作用力。而要使物体完全摆脱地球引力的束缚，像著名的旅行者探测器（Voyager probes）那样在太阳系中穿行，并从木星和其他外行星发回惊人的图片，甚至需要更大的作用力。要衡量以这种方式挣脱地球所需要的作用力，最好的办法就是看该逃逸物体的运动速度。对于任何引力源（即宇宙中的任何物体）而言，都存在着一个临界速度，必须达到这个速度，否则物体就无法从它的表面逃逸。这个速度被称为逃逸速度。如果你能用魔法让地球更密实但大小保持不变，那么地球的质量增加之后，逃逸速度也会加大。尽管诸如太阳和木星之类的天体有着比地球更多的质量，但由于其体积非常庞大，这就使太阳或木星从其中心到表面比地球中心到表面的距离更遥远。别忘记，引力的衰减与该物体中心到表面的距离平方相关联——这就大大削弱了其引力的强度，或者至少抵消了其一部分超额的质量。因此，在一个质量更大（体积也更大）行星的表面，其逃逸速度并不一定就比地球表面的逃逸速度更大，还得看该行星的密度如何。

诸如火箭之类的空间器，是在起飞后消耗燃料的过程中逐渐加速的。但如果我们有一门足够强大的加农炮，使其炮弹以逃逸速度向上发射，则我们也可以达到同样的效果。如果我们真在地球表面这么干，竖直向上发射炮弹，那么为了摆脱地球引力的控制，炮弹就必须以每小时4万千米（每秒11千米）的速度离开炮口。不能有丝毫降低初速度的情况发生，否则炮弹将会慢下来，然后停下来，最后回落到地球上。而在初速度大于逃逸速度的情况下，移动速度将会放缓，但不会停顿，并将持续穿越到太空当中，直到受其他巨大物体引力的影响为止。从月亮上逃逸的速度是每小时8 570千米，而从木星逃逸的速度差不多是每小时22万千米（刚刚超过每秒60千米）。

无论如何，炮弹都要以逃逸速度垂直向上发射才能脱离行星。如果我们可以在太阳表面架设一门假想中的加农炮，情况又会如何呢？在那儿，逃逸速度应该大于每小时200万千米——听起来真是个令人印象深刻的速度，直到你意识到这不过是每秒624千米而已，大约是地球表面逃逸速度的近57倍，但仍然只有光速的0.2%。所以光可以毫无困难地逃离太阳表面。

18世纪时，科学家们认为光就像牛顿所描述的那样，是由微粒组成的。形象化地描绘一下，就像从发光物体发射出来的微小炮弹。人们很自然就会猜测到，这些微粒也必然会像其他物体一样受到引力的影响，这就直接导致要解决它从地球上逃逸的速度问题，假设太阳的密度与地球相同，也可以合理地猜测它从太阳上逃逸的速度。假如，宇宙中存在着比太阳更大的天体——其实确实有那么一些恒星是如此巨大——从其表面逃逸的速度甚至超过了光的速度，那么它们就应该是看不见的！这个令人震惊的想法是由约翰·米歇尔在1783年提出来的，在那些老成持重的英国皇家学会会员当中引发了强烈的骚动。

米歇尔出生于1724年，比他的朋友亨利·卡文迪许年轻7岁。就其在科学生涯中的水准而言，他被视为是仅次于卡文迪许的那类英国科学家。直到今天，他仍以地震学之父而闻名于世。他就读于剑桥大学，1752年毕业。他对地震的兴趣是由于1755年里斯本被一次灾难性的地震袭击而产生的。米歇尔认为，损害其实是由位于大西洋底下的地震中心引起的。1762年，他被聘为剑桥大学的伍德沃德地质学讲座教授，一年后成为神学学士。1764年，他成为约克郡桑希尔教区的牧师。某些书籍让人觉得，约翰·米歇尔牧师不过是个乡村牧师和外行、业余科学家，而事实上，他在进入教会之前就已经确立了科学上的声誉，并在成为神学士之前的1760年就已经被选为皇家学会的会员。

米歇尔对天文学做出了多种贡献，包括首次对恒星距离的实际估算，还包括这样的见解，即夜空中所见到的某些成对出现的星星，并非两个距离完全不同的天体在观察视线上的偶然相遇，而是互相绕转的真“双星”（binary stars）。还有就是前文已经提到的，他曾建议用扭秤的方法来确定地心引力，虽然在1793年这种测量终于得以实施之前，他就已经去世了。尽管有如此贡献，但在19世纪和20世纪，米歇尔的名字却几乎被遗忘了，虽然最近他的声誉有所恢复，但在《不列颠百科全书》有关他的简介中，甚至没有提到现在看来是他最有先见之明和意义重大的任何一项工作。

米歇尔是第一个在论文中提到暗星（dark stars）的人。该文先是由卡文迪许在1783年11月27日的英国皇家学会会议上宣读，次年出版。这是一篇令人印象深刻的论文，它详细讨论了如何通过测量物体表面发射出的光线的引力效应来探寻恒星的性质，包括其距离、大小和质量等问题。所有的一切都是建立在这样的假设之上：“光粒子”是与“所有我们所熟悉的其他物体同样的方式被吸引的”。因为引力是，米歇尔说，“据我们所知，或有理由相信，一个普遍的自然法则”。在米歇尔这篇长久被遗忘但现在很著名的论文中，还有很多详细的讨论。他指出：

> 如果在自然界中真的存在密度不小于太阳、直径超过太阳直径500倍的实体，则其光芒就无法到达我们……我们将没有视线上的信息；然而，如果任何其他发光体碰巧环绕在其周围，则我们或许可以在某种程度上从这些环绕体的运动来推断中心物的存在性，因为环绕体的明显异常可能会提供一些线索，这不大容易按其他假说来解释；但作为既定假设的后果却是非常明显的。对它们进行思考或多或少超出了我当前的目标，我将不再对它们做进一步的探讨。

用现代语言来说，米歇尔想到的就是一个比太阳大500倍（大约是太阳系到木星以内的范围）、与太阳具有相同密度的球体，其表面的逃逸速度就会超过光速。虽然这个想法在伦敦引起了激烈的争论，但如同皇家学会仍然保留的文件中所表明的那样，它似乎并未传扬到英国以外的地方去。例如，皮埃尔·拉普拉斯（Pierre Laplace）就好像完全不知道米歇尔的见解似的，而在他1796年出版的流行书《宇宙体系论》（*Exposition du systeme du monde*）中又提出了基本相同的观念。

考虑到法国当时正在发生的政治动荡，对于拉普拉斯不能及时阅读到皇家学会《哲学汇刊》就不会感到那么奇怪了，他正忙于活命，某些事能证明他还活着就很不错了。他于1749年出生在诺曼底，是当地一位农场主兼地方推事、也可能还兼做苹果酒生意人的儿子。拉普拉斯直到

16 岁之前是在当地一家由天主教本笃会开办的学校中学习，然后在卡昂大学学习了两年之后于 1768 去了巴黎，没有获得学位。在巴黎，他的能力给数学家让・达兰贝尔（Jean d'Alembert）留下了深刻印象，随之他便成为军事学校的数学教授。1773 年，他被选为法兰西科学院的院士。法国革命之前和之后，他都为政府工作。在拿破仑治下，他先任职于曾经引进了米制体系的度量衡委员会，之后又担任过议员（在某种程度上，与牛顿曾作为皇家造币厂厂长而在公共事业中任职有点雷同）。1814 年，感觉到了政治风向正在改变，于是拉普拉斯就投向了恢复君主制一方的怀抱；他的回报是在 1817 年被路易十八封为侯爵。之后他仍活跃于公共生活领域，但现在是作为一个波旁王朝的支持者了，直到他于 1827 年 3 月去世（是牛顿死后精确到月的整整 100 年）。神奇的是，就在干着这些勾当的同时，他一点也没耽误科学研究工作；事实上，他是非常多产的，从某些方面看，他就是一个法国版的牛顿。除其他工作外，他就是把牛顿的引力理论融会贯通，再加上他自己的一点新创见的印记后，运用到了太阳系中去而已。

牛顿自己一直被行星的一个特征行为所困惑。每个行星其自身围绕太阳的轨道，的确是个服从开普勒定律、遵循引力平方反比定律规定的完美椭圆。但对两个或更多的行星，额外的引力就会把它们从开普勒式轨道中扯出来。牛顿担心这些影响可能会导致不稳定，最终使行星脱离其轨道，要么撞入太阳，要么漂流到太空当中。他对这个问题没有从科学上给出答案，但认为上帝之手可能会不时地回来，在这种扰动变得太大之前，就把行星放回其适当的轨道上去。

然而，在 18 世纪 80 年代中期，拉普拉斯证明，这些扰动实际上是能够自我纠正的。以木星和土星这两个在太阳系中最大、引力最强的行星为例，他发现，虽然一个轨道可能逐渐缩小若干年，但在一定的时候它又会再次扩大。围绕着纯开普勒式轨道会产生一个周期为929年的往复振动。这是拉普拉斯所做过的最著名的基础工作中的一个。当他关于天体力学的这些工作出版成书，拿破仑在评论拉普拉斯的书时说，他已经注意到书中并没有提及上帝，拉普拉斯回答说："我已经不需要那个假设了。"

拉普拉斯版本的暗星假设——他称它们为"des corps obscures"，可翻译为"不可见实体"，并且他显然认为其存在的可能性比上帝更大——基本上与米歇尔的看法相同。他们之间有一个小小的差异，即拉普拉斯是以地球的密度来描述暗星物体，这就远大于太阳的密度，因此计算出来的直径是太阳的250倍，而不是500倍。他认为：

> 在神圣的空间中可能存在着看不见的物体，其大小，也许在很大程度上像大多数恒星那样大。具有与地球一样密度的发光亮星，若其直径大于太阳的250倍，因为它的吸引力，将不会允许任何射线到达我们。因此，就有这样的可能性，作为宇宙中最大的发光体，由于上述原因，它却是不可见的。

对暗星的讨论出现在1796年出版的《宇宙系统论》第一版和1799年出版的第二版中。1801年，德国天文学家约翰·冯·索德纳（Johann von Soldner）计算了光线经过恒星附近时，因受牛顿引力的影响而弯曲的情况，甚至推测组成银河系的恒星可能围绕着一个质量非常巨大的、拉普拉斯所设想类型的中心"不可见实体"运转（但他觉得它们大概不是直接进行环绕运动。因为他认为，如果它们真的进行了这样的运动，那就应该被检测出来）。然而，在《宇宙体系论》1808年的版本中，以及后续的各个版本中，有关暗星的讨论都被删除了。为什么拉普拉斯放弃了这个观念呢？很有可能是因为牛顿的那种像微型炮弹一样穿越空间的光微粒图景，似乎不再准确了。取而代之的是英国的托马斯·杨（Thomas Young）和法国的奥古斯汀·菲涅耳（Augustin Fresnel）的理论，他们揭示了光的行为更像一种波动。

波动与粒子：奔向 21 世纪科学

牛顿曾经用微粒的方式来解释光的性质。特别是，光沿直线传播的这个证据告诉他，光不可能是波——任何一个曾经向池塘投过石子，并看到波浪向外扩散传播的人，都知道波是不会沿直线传播的。一个明显的例子是，要知道光线是多么直行，看一下阴影就很清楚了，因为光线不能绕到被照亮物体的背面，所以背面没有光到达，这就形成了阴影。甚至能穿越整个空间的太阳光，当月亮经过其路径而产生日食期间，也会在地球表面形成边缘十分锐利清晰的阴影。

然而，托马斯·杨和菲涅耳发现，光的行为的确就像波动，但仅是在这些案例难以察觉的更细微的尺度上如此。关键性的实际实验，包括让光穿过屏幕上两个非常狭窄的缝隙，将通过狭缝的光线投射到另一块屏幕上。在第二块屏幕上所产生的明暗条纹样式说明，光已经作为波动从两个缝隙中传播过来了，并且两束光波之间互有干涉，正如同时在一个池塘中投下两块石头所产生的两组波动互相干涉一样。干涉效应之所以不那么显而易见，因为光的波长只有大约 1/3000 厘米，比池塘里最小的涟漪还要微小。因此，若使用足够精确的测量设备，就能够看到一部分光线是如何绕过物体的边缘而填充到其阴影的地方——被光所投照的物体有着像刀片一样非常尖锐的边缘。

在18世纪20年代，当牛顿去世的时候，几乎所有的科学家都认为光是由粒子流组成的。而到了19世纪20年代，当拉普拉斯去世时，几乎所有的科学家又都相信，光是波动的一种形式。19世纪后期，詹姆斯·克拉克·麦克斯韦（James Clerk Maxwell）发展了一组方程来描述这些波动如何以电磁振荡的方式在空间中传播。变化着的电波激发出变化的磁波，变化的磁波又接着激发出变化着的电波，于是这些波就运动起来。当麦克斯韦创建他的方程组（它们解释了无线电波的行为，已经知道这种波也产生于电磁效应）时，他发现该方程能自动地生成电磁波的速度，而且方程所生成的速度就是光速。再没有比这更令人信服的证据了，服从麦克斯韦方程组的光和无线电波都是波动。

20世纪初，当阿尔伯特·爱因斯坦指出，光的某些性质仍然而且只能用粒子的方式解释时，许多物理学家都像被电击了一样震惊。特别是在1905年，他提出，一束光线能将电子从金属表面撞击出来（光电效应），是由于连续不断的光粒子的作用所致，这就完全等同于牛顿的微粒说了。纯粹的波乃至电磁波，都无法简单地做到这一点。爱因斯坦的工作，促使人们重新审查了光的性质，从而导致了一个令人目瞪口呆的结论，光只能被理解为一种复合体，它既是波，也是粒子，现在被称为光子。1921年，爱因斯坦因为这一工作而获得了诺贝尔物理学奖。因此，到20世纪20年代，仅仅就在牛顿去世的短短200年后，物理学家们就相信牛顿和杨都是对的，光既是粒子也是波。

这种波粒二象性的影响远远超出了光的研究。它是量子理论的基石，该理论在亚原子水平上描述了世界的行为。20世纪20年代所进行的一些实验发现，以前一直被认为是粒子的电子和其他物质实体，也具有波动性特征。现在已经很清楚了，这种波粒二象性适用于所有的实体，虽然它仅仅是在分子和原子的尺度上具有重要意义。即使如此，正如我们将要看到的，量子效应也会影响到黑洞的行为。

光具有二象性这一发现，并没有破坏麦克斯韦方程的有效性。光仍然是波，同时也是粒子。特别是为了某些目的，例如，解释光电效应，把光设想成由光子组成的会更加方便，而这些光子按照麦克斯韦方程的要求，仍然是以光速在传播。但当光离开某个恒星时，该方程并不允许它在引力的影响下放缓其传播速度——甚至在米歇尔暗星的巨大表面引力影响下也不行。换言之，引力不能使光子加速。爱因斯坦意识到，麦克斯韦方程与牛顿运动定律是不相容的，他创建了狭义相对论（也是在1905 年）来解决这个难题。

狭义相对论的基础是这样一个事实，无论在哪儿测量，也无论测量或被测量者多么快速（在任何方向）地移动，光在空间中传播的速度始终都是相同的。这个理论还认为，所有以自己的某个固定速度移动着的观察者，相对于彼此都同样有权认为自己处于静止状态，而其他观察者处于运动状态。它解释了相对于静止的观察者，为何移动的时钟会变慢（因为时间本身被运动减缓了），运动的尺子会收缩，移动中的物体质量会增加。它还告诉我们，能量和质量是可以互换的，而且，最重要的是在目前情况下，没有什么物体可以超光速运行。换句话说，如果米歇尔和拉普拉斯所设想的那类暗星确实存在，则任何东西都无法逃离它们。重要的是要认识到，所有这些效应，已经被涉及快速运动粒子的直接实验所验证和测量过了。狭义相对论的确有些违反了我们的常识，这是因为相对论效应仅在接近光速的时候才会变得更加重要，而我们的常识则来自低速的世界。

但爱因斯坦意识到他还没有一个如牛顿在其《原理》中所提出的那样完整的宇宙理论，因为他的狭义相对论只处理常速运动，而不涉及变速运动。为了描述变速运动和引力，他创立了广义相对论，其完整形式发表于1916年。这是一个处理弯曲时空的理论，该理论解释了（实际上是要求）宇宙黑洞的存在性。它表明，尽管光总是以同样的速度（一般用c来代表）运动，如米歇尔和拉普拉斯所设想尺度的物体，还是会捕捉住光，并且是黑暗的。

广义相对论发表后，成为一个多世纪以前冯·索德纳推测的回响。爱因斯坦的新理论预言，当星光经过太阳附近时光会发生偏转，但与牛顿理论中预期的偏转量有所不同。没有人曾经寻找过这种偏转，部分是因为当时虽然施行必要的检测已经成为可能，但人人都知道光是一种波，因而就不会受到冯·索德纳所建议方式的影响。但根据爱因斯坦的理论，波和粒子（或波粒二象性）都会被其行为（就像一个透镜的弯曲空间和太阳质量）所偏转。但你能在白天看到星星吗？测试这一预言的

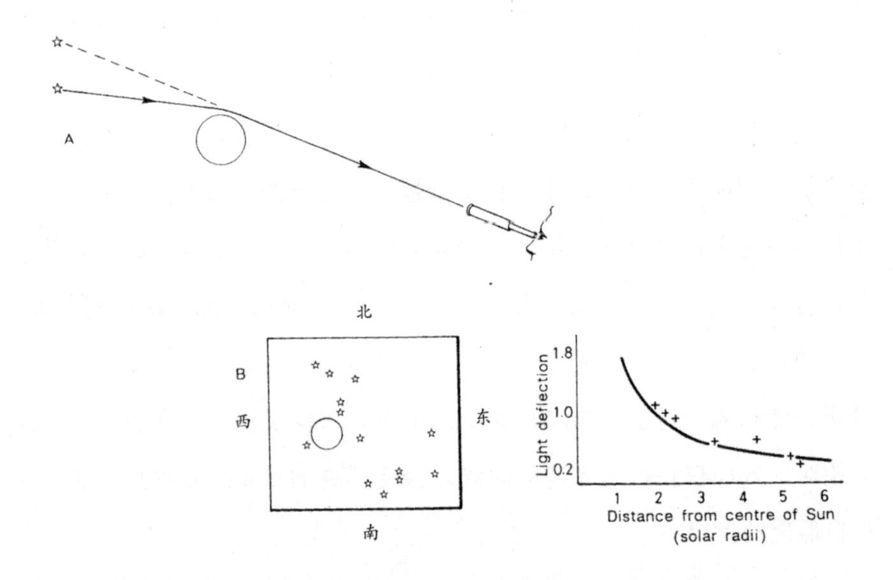

图1.3 A. 当遥远的星光靠近太阳附近时，“星光束”被太阳的引力所偏转。
B. 在1919年的日食期间，由亚瑟·爱丁顿领导的一个观测小组测量了几个恒星的光的弯曲效应。不同的恒星星光有不同的偏转量（见图），完全符合爱因斯坦广义相对论的预测（实线）。

唯一方法就是等待日全食，那时就可能在太阳的方向上（但比太阳远得多）拍摄到星星。如果太阳弯曲空间使它像一个透镜那样的话，这些恒星视位置会稍微偏离。将这些照片与六个月后，当太阳处于地球另一侧，并且在夜晚能看见恒星时所拍摄的照片相比，就可以看出相同的恒星是否有所偏离。1919 年有一次日食，偶然被拍下照片并加以对比，结果证明爱因斯坦理论是正确的（图 1.3）。这个事件成为头条新闻，报道说牛顿的理论（并不完全彻底地）已经被推翻，爱因斯坦成为家喻户晓的名字。

光线弯曲的发现，引发了对于少数理论家怎么得到那些超前观念的少许迷惑，米歇尔和拉普拉斯那些被遗忘的揣测，不知不觉地又以更现代的方式发出了回响。现在，那些猜测第一次被认真考虑，对于类似太阳这样的恒星，如果保持质量不变，但体积被挤压到一个更小的范围，使得从中心到表面的距离缩小，表面的引力增加时，它的逃逸速度将会发生什么样的情况呢？ 1920 年，来自大学学院的研究人员高尔威（Galway）评论说：

> 也许这个假设是很极端的，但我们还是应该说明一下。即，如果太阳的质量集中在一个直径 1.47 千米的球体内，那么接近它时的偏转率就是无限大。我们或许有了一个非常强大的聚光透镜，真正的强大，以至于太阳自身所发出的光在其表面也不会有速度了。如此一来，按照亥姆霍兹的建议，太阳的体积就会持续收缩，直到被黑暗所笼罩的那个时刻到来，并不是因为它没有光可发射，而是因为其引力场已经不透明了。

仅仅一年后，刚刚从伯明翰大学校长位置上退休的物理学家奥利弗·洛奇爵士（Sir Oliver Lodge）在同一本杂志中写道：

> 一个质量足够大的高密度物体，将能留住光并防止它逃逸。其实体不需要是单一的质量或太阳，它应该是个有很多间隙的恒星系统……

洛奇意识到，我们现在所称的黑洞，如若其体积更大，则需要捕捉光线的物质密度就更低。原因是球体表面的引力强度不仅与到其中心的距离成平方反比（这使得质量相同但体积更大的球体引力减弱），而且也与球体内物质的数量有关。对于给定的密度，当其中心向外的距离增加时，体积也会增加。对于越来越大的给定密度区域，整体效果是，其表面的引力强度和逃逸速度都随着半径的增加而呈严格的线性增加。半径增加一倍，逃逸速度也会翻一番。你可以把黑洞做成任何东西，具有任何你喜欢的密度，只要你能够让它填补一个足够大的区域范围。洛奇意识到，像我们银河系这样的恒星系统，含有成千上万亿的恒星，分布在半径为数千光年的区域内，就可能有一个大于光速的总逃逸速度，虽然系统内的恒星、行星和人类并没什么不寻常之处。我们可以不自觉地生活在一个黑洞之内。但他也意识到，如果原子可以被挤压在一起，如此紧密以至于连原子核都彼此相接，也就有可能用不了一个太阳的质量，就能做成一个黑洞。

所有这些观念都超前了它们的时代大约半个世纪，而在 20 世纪 20 年代它们都还没有出现。科学根本没准备好认真地接受暗星的概念——让暗星系寂寞孤独着。与此同时，物理学家们更关心其他问题——整理出新的量子理论、利用爱因斯坦的质能关系来解释恒星是如何将热保持了那么久——黑洞的数学基础研究，例如弯曲时空已经被攻克。的确，黑洞概念由卡尔·高斯、尼古拉·罗巴切夫斯基（Nikolai Lobachevsky）、亚诺什·鲍耶（János Bolyai）等，在19世纪上半叶已经奠定了基础。

在连接了从牛顿到爱因斯坦的全部科学历史链条，并涉足20世纪物理学的深水之后，现在是后退一点来观察这个19世纪的数学，和该世纪后半期由伯恩哈德·黎曼（Bernhard Riemann）充分发展了的非欧几里得几何思想是如何直接影响爱因斯坦创建广义相对论的时候了。

第2章 扭曲的空间与时间

有关平行线的诸多问题，一只苍蝇如何为懒惰的哲学家提供解开曲线研究的钥匙。让几何适应弯曲空间和封闭宇宙，使几何进入相对论。舞动中的乐队指挥杖如何解释相对论，橡胶皮宇宙，重新发现黑洞。

对于物理学家而言，古代历史始于17世纪的艾萨克·牛顿。几何学的历史，既长又短。当回到两千年甚至更远的古希腊时代，就可以说它很长，那时就已奠定了我们在中学时代就学过的一些基本原理——三角形的三个角之和等于180度、平行线永不相交等。但若感兴趣于一种扭曲时空的几何描述时，又可以说它很短，这种描述解释了为什么引力要服从平方反比定律。即使是数学家们，也是到了19世纪才意识到了这种非欧几里得几何学的合理性，而直到20世纪，物理学家们才在我们所生存的宇宙中找到了它的实际应用。

从欧几里得到笛卡儿

生活在公元前 300 年左右的欧几里得，其名字已经成为一种几何学的“标准”形式，这倒不是因为他发明（或发现）了这个几何学的全部内容，而是因为他把这种几何学的全部都囊括进了十三卷被称为《几何原本》的专著之中。他生活在亚历山大港，可能曾就读过柏拉图设在雅典的学院，并且很可能不是在公元前 340 年[①] 柏拉图去世之后。就其个人而言，他不一定是个伟大的数学家（当然阿基米德也不一定是），但他生活在古希腊数学探索伟大时代的末期，并且把所有的一切都清楚地记录下来。他使用了逻辑化的推理，从少数几个诸如什么是我们所说的“点”或“直线”等之类的定义和基本公理出发，证明了各种各样的几何性质（诸如三角形的内角和等于 180° 之类）。《几何原本》最早被翻译成阿拉伯文，之后又被翻译成拉丁文，从而使数学的这一基础幸存和延续了两千多年。

但欧几里得的一条关于平行线的基本假设，总是引起证明上的麻烦。这条基本假设被称为平行公设。大略意思是，如果有一条给定的直线，在该直线之外有一个点，通过这个点，能且仅能画出另一条直线，可以和第一条直线平行。虽然这个概念似乎是常识，用一把尺子、铅笔和纸进行反复验证，会说服大多数人相信它肯定是真的，但平行公设实际上又是无法用欧几里得几何学的其他公理加以证明的。1733 年，意大利数学家吉罗拉莫·萨凯里（Girolamo Saccheri）指出，平行公设必须是在至少存在着一个三角形且其内角总和为 180° 的情形下才成立。实际上他考虑过在三角形中并非上述情况的可能性，但他错误地认为，他已经证明了这种可能性是不存在的。所以，萨凯里错过了发现非欧几何的机

① 《辞海》：柏拉图，前 427—前 347 年。

会。然而，欧几里得几何学本身，已在17世纪被勒内·笛卡儿（René Descartes）的工作所改变。

笛卡儿生于1596年，是法国布列塔尼地方议会一个议员的儿子。他是一个多病的孩子，并习惯了躺在床上进行思考。他在一个耶稣会学院接受教育，然后在普瓦提埃大学学习法律，并于1616年毕业。但他没有选择作为一个学者或律师的平静生活，而是在之后十几年中把自己的大部分时间都用于在欧洲的各种军队中服役，把他的数学天才花费在作为一个军事工程师的角色上。当他在巴伐利亚公爵的军中服役时，1619年的11月10日，在冬天的多瑙河畔，笛卡儿躺在自己温暖的床上，进入了他有关几何学的革命性思考。我们之所以知道发现的确切日期和当时的环境，是因为笛卡儿自己后来在他的皇皇巨著《科学中正确运用理性和追求真理的方法论》（*A discourse on the Method of rightly conducting the Reason and seeking Truth in the Sciences*）中详细地讲述了这些情况。该书出版于1637年，通常简称为《方法论》。

1629年，笛卡儿离开军队之后，定居在了荷兰。我们现在仍很希望他一直留在荷兰。但在1649年，他终于忍不住接受了瑞典克莉丝汀女王发出的邀请，成为她在斯德哥尔摩宫廷的成员，去帮助建立一个科学院，并给她教授哲学。在到达斯德哥尔摩的时候，笛卡儿已经50多岁了。让他恐惧的是，他发现每天早晨都不能再躺在床上了，他的职责包括每天早上5点就要去见女王，为她进行私人授课。在瑞典式的严冬里，他很快就开始感冒发烧，并发展成肺炎，这个病症（加上当时医生所惯常使用的放血疗法）最终葬送了他。他死于1650年2月，距离其54岁生日还差短短的几周时间。

笛卡儿在其《方法论》中所表现出来的对于几何学的洞察力，连同他的许多其他工作一起，使他跻身于一流的哲学家和科学思想家之列。这不仅是在他那个年代如此，而是在任何时代都如此。他在很多方面都是第一个现代型的思想家，他拒绝接受任何超出合理怀疑之外并无法得到证明的东西，甚至包括人体的运行可以用科学原理进行解释，摒弃幕后有神秘力量在起作用的概念。但只有他的一个伟大见解与我的故事相关。当笛卡儿躺在床上看着苍蝇嗡嗡嗡地在他房间的墙角里不规则运动时，他所领会到的是，任意时刻苍蝇飞行的位置都可以简单地用三个数字，即从相接于墙角的三个面（两个墙面和一个天花板）到该苍蝇之间的特定距离，来加以确定。虽然他立刻就看出这是一个三维的形式，但在地球表面或在一张方格纸上，我们更习惯于二维的坐标系统。在一张方格纸上，某个点可以用两个数，即 x 和 y 来加以确定的观念，对于我们确实已经是如此根深蒂固，以至于今天的人都想不到这个主意也不奇怪。但笛卡儿想到了这个著名的并以他的名字来命名的位置测量系统，即笛卡儿坐标系。如果在一座现代化的城市里，通过告诉他“向北三个街区，向东两个街区”来指点某人去寻找目的地，或者，采用数字编号的方块将其目的地标示在一张城市地图上时，那就是在用笛卡儿坐标指引方向了（图 2.1）。

以相同的方式，采用笛卡儿坐标系，就可以描绘特殊几何形状的性

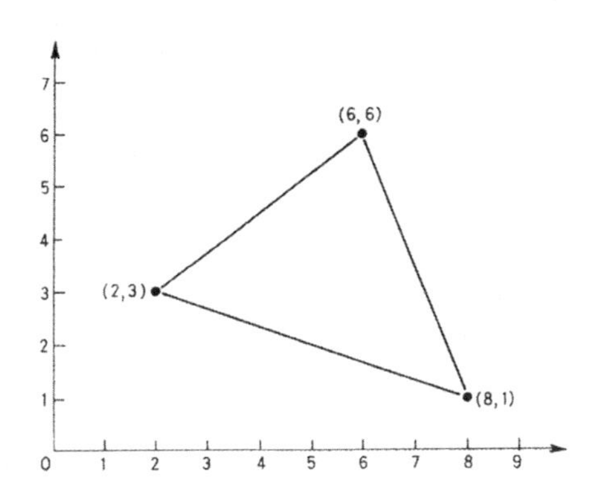

图2.1　应用笛卡儿坐标系，三对数字——（2，3），（6，6），（8，1）完全定义一个特殊的三角形。

质。当选择一组数轴作为参考（通常是两条相互垂直的直线，例如，x 轴和 y 轴）时，则可以用三对数字定义一个三角形三个顶点的位置。如此一来，笛卡儿就开辟了用数组之间的关系——代数方程——来研究几何的可能性。他也通过用图形代表方程，从而开辟了将代数问题转化为几何问题的可能性。[①] 而这一切并不限于诸如三角形之类的直线图形。对于二维空间中的任何曲线，都可以用指定了沿线各点的数字对（x 和 y 值）来定义，或者由告诉了如何得到 x 和 y 值的方程来定义。同样的事情应用到三个维度（例如计算苍蝇的飞行轨迹）上，只要具备三个参考坐标轴和三个坐标数值即可。

从哪儿开始测量坐标数呢？这并不重要！可以把衡量的基准（我们在中学时所画的那些图形的坐标轴原点）放在任意的地方，甚至可以将数轴扭转方向，或改变它们之间的角度，使它们不再是直角，仍然会有一套独特的笛卡儿坐标来描述所感兴趣的线条。正如可以用一组数字（或方程）来描述曲线的形状一样，也可以使用一套数字（或相应的方程）来描述诸如纸张平面、地球表面、软饮料桶的表面，或者（原则上）更复杂的如一张揉皱纸的表面等曲面形状。这正是 19 世纪数学家们所做的工作，他们借助笛卡儿所提供的工具，最终超越了欧几里得。

超越欧几里得

第一个超越了欧几里得、欣赏并明白其所作所为意义的是德国人卡

① 我父亲曾经告诉过我，他当年（20 世纪 30 年代）之所以能通过中学的数学考试，就是靠将代数问题转化为图形，然后测量出所需要的答案，而不是去解方程。如果这是真的，那么就得感谢笛卡儿让他通过了那些考试！

尔·高斯。他是一位伟大的数学家，1777 年出生于不伦瑞克。他来自一个贫穷的家庭（其父亲是一名园丁和本地商人的助理），但他 14 岁时就显示了非凡的数学才能，因此被他学校老师的一个朋友推荐给了不伦瑞克公爵的宫廷，不伦瑞克公爵成为高斯的赞助人后，对他的经济支持一直持续到 1806 年，直到公爵由于参加耶拿战役受伤而死为止。到那时候，29 岁的高斯不仅很好地建立起了自己的体系，而且完成了他对数学的几乎所有重大贡献。虽然他的大部分工作仍然不为其他科学家所知，在很大程度上是个遗世独立者。

这有两个原因。其一，高斯是在不伦瑞克公爵的赞助下，当其年龄介于 14 岁到 17 岁时就做出了数学上的许多重要发现，那时他正就读于不伦瑞克的卡罗琳学院。来自贫困家庭的年轻天才根本不知道如何着手出版自己的著作。从 1795 年到 1798 年，高斯在哥廷根大学学习，并不断在数学上做出新的发现，当他 22 岁从黑尔姆施泰特大学获得博士学位时，他最伟大的数学成就已全部实现。其二，高斯之所以较少发表他的工作成果，甚至在他已经为学术界所熟悉之后依然如此，那是因为他是个完美主义者。他只会出版那些经过深思熟虑并且已经打磨到他自己也感到满意的成果。其结果是，19 世纪其他数学研究者的许多重要发现，到头来却被证明是高斯的首创。他将这些东西遗留在自己的笔记本里而没有发表出来。

19 世纪初，高斯已将自己科学上的关注重点转移到了天文学上，当不伦瑞克公爵去世后，他成为哥廷根天文台的台长和大学教授，并一直在那儿工作，直到 1855 年 2 月去世。他以自己的数学速记方式所写的笔记，包含了一些从来没人能弄懂的内容，这也可能是后人至今仍未能重现的数学发现。但就人们已读懂的内容看，早在 1799 年，他就发现了非欧几何的一种形式，比俄国数学家尼古拉·伊万诺维奇·罗巴切夫斯基描述和正式发表这种几何学整整早了 30 年之久。

罗巴切夫斯基（第一次公开讨论这个想法是在 1826 年）也曾被匈牙利军官亚诺什·鲍耶抢了先机，鲍耶并不完全是个业余爱好者，而是另一位数学家沃尔夫冈（Wolfgang）的儿子，沃尔夫冈是高斯的同代人和朋友。他曾想让亚诺什到哥廷根去跟高斯学习，但让他失望的是年轻人却在 1818 年加入了军队，当时年仅 16 岁，跟笛卡儿当年一样。年轻的鲍耶也不是战斗士兵，而是工程方面的官员，受其父亲迷恋于平行假设的影响，而热衷于探索欧几里得几何学的性质。他在 1823 年做出了类似罗巴切夫斯基和高斯的发现，但直到 1832 年之前都没能找到发表出来的机会。

这三个研究者攻克的是一种基本上相同的新型几何学。他们证明，建立一个完整、自洽的新几何学是可能的，除了平行公设，其中所有的公理和假设都与欧氏几何毫无二致。在他们各自独立发展出来的具体非欧几何学中，能够画一条直线并标记一个不在那条线上的点，通过该点可以画出很多条不与第一条线相交的直线，因此所有这些线都是平行的。这种类型的几何学可应用于以特定方式弯曲的表面，该面称为“双曲面”。它的形状像一个鞍子——此类表面是开放的，并可无限延伸（图 2.2）。在一个开放的双曲面上，三角形的内角和总是小于 180°，这被称为具有负曲率。

大多数人会发现，从另一个不同的例子中更容易把握非欧几何的概念，但奇怪的是，上述这三个非欧几何的先驱者却没有沿着那个路径得出他们的发现。这个路径就是类似地球表面的球体表面，它没有延伸到无限（无限永远是个令非专业人士感到不舒适的概念），并且被认为是封闭的，或者说具有正的曲率。不难看出，球面上的平行线具有很奇特的行为——取任意两条经度线，在赤道上出发时是相互平行的，像所有

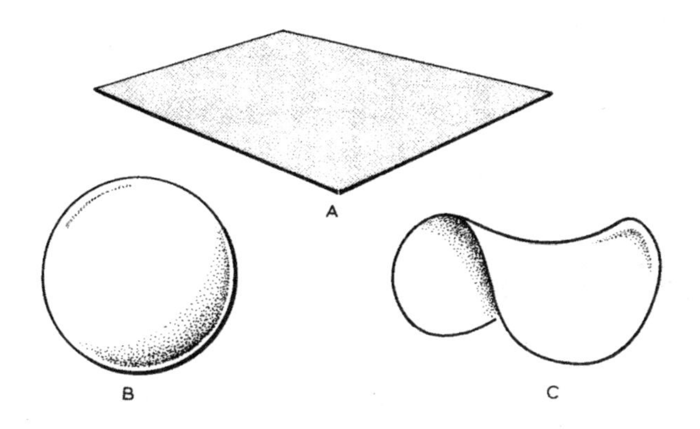

图2.2　我们在中学所学的欧几里得几何，只在平坦的表面（A）上完美成立。而对于曲面，例如封闭曲面（B）或是开放曲面（C），就需要不同的几何规则来描述了。三维空间也可以是弯曲的，我们的宇宙接近于平坦，但肯定也有轻微的弯曲，类似于球体的表面，因此是封闭的。黑洞就是以这种方式封闭了自身的空间。

其他的经度线一样，朝着南北两个方向延伸，最后它们将在南北极有两次相交会的机会。在一个诸如这种封闭的表面上，三角形内角之和总是大于 180°（图 2.3）。总而言之，由欧几里得几何学所支配的平坦表面，只不过是开放和封闭空间之间一种特殊和边缘的情况。事实上，在开放和封闭空间中，存在着许多非欧几里得几何学的可能性。但数学家们却没有意识到这一点，直到伯恩哈德·黎曼的工作出现时才改变。黎曼是

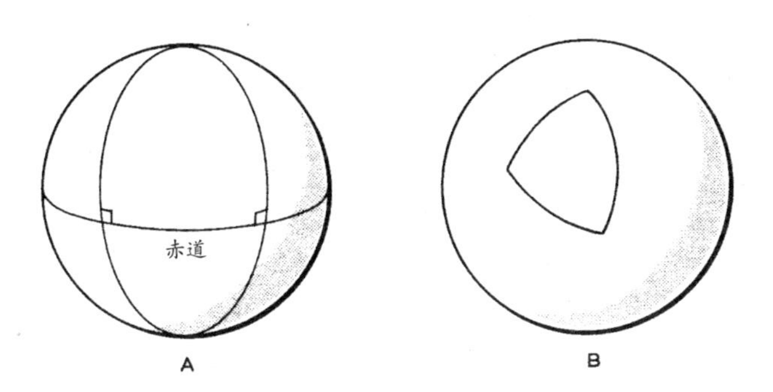

图2.3　A. 在球体表面，所有的经度线跨越赤道时都与赤道互相垂直，所以它们是平行的——但它们都将相会于两个极点！
B. 球面上的三角形，其三个角的和大于180° 。

高斯19世纪50年代的学生，除其他工作之外，他最重要的贡献就是发现了“球面”几何学。

几何学时代的来临

黎曼通过运用笛卡儿坐标系而将几何学进行代数化的处理，打开了非欧几何学的新世界。它在理论上提供了一种无限的可能性，这是仅限于使用尺子、量角器和圆规等的几何学所无法达到的。那么怎样才能在四维（或更高维）空间对事物进行测度呢？一般确实不能，也只有数学家才会想到追问这样的问题，他们可以写下并运算描述这种多维现象的方程。

以著名的毕达哥拉斯定理为例，它将直角三角形边长的平方联系在一起。今天，术语“平方”在这个语境中会立即令人联想到x^2之类的数字形象。然而，毕达哥拉斯本人的方式，却是通过绘制和测量三角形每条边的正方形面积而得到他的定理。术语“几何”本身就意味着“大地测量”，它是从测量土地并确定其面积发展而来的。用笛卡儿坐标系的方式也能表达这些联系，例如使用一个方程式把三个参数（通常称为x、y和z）彼此联系起来。一旦有了这样一个方程，就可以为三个以上的参数（的确，想要多少参数都可以）建构类似的方程式了，其中各参数之间的关联与毕达哥拉斯定理给我们提供的三角形各边的关系规则可以完全一样。在某种意义上，这个具有超额项的方程描述的是高维空间，但等效于几何学对三角形的描述。

这一切都使数学家们着迷，如果不会因此而折寿的话（也有例外，正如我们即将看到的，当进入描述四维空间的几何学时）。正是伯恩哈德·黎曼，他指出了数学的这种可能性。

黎曼出生于1826年，20岁时进入哥廷根大学，跟随高斯学习数学。到1847年高斯70岁时，黎曼离开他去了柏林，但在那里学习了两年后又回到哥廷根。他在1851年被授予博士学位，而在此期间他还给物理学家威廉·韦伯（Wilhelm Weber）当了一段时间的助手。韦伯是电学的先驱，他的研究对于建立光和电现象之间的联系，特别是对建立麦克斯韦电磁理论的图景很有帮助。那时诸如黎曼这样的年轻学者想要进入德国大学任职，他自己先要设法申请一种被称为“编外讲师”的授课者资格，其收入来自听课学生所支付的学费，而学生可以自主选择这类课程（现在若能恢复这个主意，恐怕会很有意思）。为了证明自己具备这个资格，申请者就必须先对大学的教师们进行一次试讲。按照规则，申请者可自行为讲座提供三个可能的题目，而教授们可以从这三个题目中选择一个感兴趣的试听。还有一个传统，虽然要求必须提供三个题目，但教授们总是在清单上的前两个中选择一个。在黎曼自己提供的清单里，前两个他已经做了充分准备，而对第三个，是有关几何学基础概念方面的题目，事先却几乎没怎么太考虑过。黎曼当然对几何学是很感兴趣的，但他显然没有沿着这个思路进行过任何准备。没想到就是这个论题被选中了。高斯虽已年过70岁高龄，但在哥廷根大学仍然很有影响力，他发现黎曼清单上的第三项很有诱惑力，而且任何习惯都可以改变。27岁的编外讲师候选人获知了这个让他吃惊的消息，他得用这个讲座来打开知名度。

也许，部分是因为必须就自己没准备好的题目进行讲座，并且这将决定他的职业生涯。在这样的压力下，黎曼病倒了，错过了定好的讲座日期，直到1854年的复活节后才康复。只因高斯的缘故而请了病假，这才使他有了七个多星期的时间来为讲座做准备。最后，讲座于

1854 年 6 月 10 日举行。能让高斯如此感兴趣的题目是《论建立在几何学基础上的若干假设》（*On the hypotheses which lie at the foundations of geometry*）。这个讲座涵盖了广泛的议题，包括给出了空间弯曲性的含义和如何度量它的作用定义，以及对于球面几何的首次描述（甚至推断，我们生活于其中的空间也可能是轻微弯曲的，使整个宇宙封闭起来，就像球体的表面，但是三维，而不是二维）。最重要的是，借助代数将几何推广到了多维。黎曼的这个讲座稿，直到他去世一年后的 1867 年才得以出版。

虽然黎曼将几何扩展到多维度是这次讲演最重要的特点，但事后最让人感到惊奇的是，他认为空间可以弯曲成一个封闭的球。这明显比米歇尔和拉普拉斯的暗星观念更为接近半个多世纪后爱因斯坦的广义相对论——甚至离爱因斯坦出生也还有 1/4 个世纪呢，因为前者不过是简单地将牛顿的引力观念应用到牛顿的光微粒概念上而已。

当然，黎曼得到了这份工作——虽然不是因为他关于宇宙可能的“封闭性”这一先见之明。高斯在 1855 年即将 78 岁生日之前去世了，尔后不到一年，黎曼给出了其关于几何基础假设的经典论述。1859 年，当高斯的继任者去世时，黎曼自己成了接任的教授，离他经历自己失魂落魄地做试讲，以谋取一个谦卑的编外讲师职位相去不过几年（历史上没有记载他是否也曾抵御不了诱惑，而要求后来的申请者做第三个题目的试讲）。由于肺结核，他在 39 岁时就早逝了，如若他能像高斯那样长寿的话，就能看到自己多维空间的杰出数学思想在爱因斯坦的物质运动新描述中找到了实际应用。但爱因斯坦甚至不是第二个设想我们的宇宙有可能是弯曲的人，他必须沿着那些比他更熟悉新几何学的数学家所指引的道路，才能到达自己的广义相对论。

相对论几何学

从年代的角度看，黎曼的工作和爱因斯坦出生之间的空缺，正好被英国数学家威廉·克利福德（William Clifford）的生活和工作所填补。他生于 1845 年，卒于 1879 年，像黎曼一样，死于肺结核。克利福德将黎曼的工作成果翻译成英文，在将弯曲空间观念以及非欧几何学的细节引进英语世界的过程中，发挥了主要作用。他了解我们生活在其中的三维宇宙，类似二维球体表面是封闭和有限的一样，有可能也是封闭和有限的，但所涉及的几何至少应该是四维。这就意味着，正如地球上的一个旅行者沿任何方向出发，只要始终保持直线行进，最终将会回到起点一样，一个旅行者在封闭的宇宙中向任何可能的方向出发，穿过空间继续向前直线行进，最终也会回到起点。但克利福德意识到空间的弯曲里面可能会有更多的内容，而不仅仅是覆盖整个宇宙的渐进弯曲性。1870 年，他向剑桥的哲学会提交了一篇文章（当时，他是牛顿曾经待过的三一学院的成员），在其中，他描述了从一处到另一处"空间弯曲之变化"的可能性，并建议"小部分空间的性质实际上类似于（地球）表面的小山丘，在平均的意义上是平坦的，但普通的几何定律对它们无效"。换句话说，在爱因斯坦出生前七年，克利福德正在考虑局部扭曲的空间结构——虽然他还没有什么证据说明这种扭曲为何可能出现，也没有什么可观察的结果说明它们的存在。

克利福德只不过是 19 世纪下半叶许多非欧几何研究者中的一个，但也是其中最优秀的研究者之一，因为他十分清晰地洞察到这对于真实宇宙的意义所在。他的见解是相当深刻的，这使得臆想一下如果他没有在爱因斯坦出生之前 11 天就英年早逝的话，到底能走多远就变得饶有兴味了。非常有意思的是，事后来看，当威尔·克利福德（即威廉·克利福德——编注）几乎可以被认定为19世纪70年代的相对论先驱者的时候，另一个在20世纪70到80年代被高度评价的相对论者，并为广义相对论的奠基者们做了最佳介绍的，是美国的一位研究人员克利福德·威尔（Clifford Will），他比自己的倒序同名者晚生了101年。

19世纪后期，以这些有关几何学的逸闻趣事为背景，爱因斯坦光怪陆离地到达了自己的狭义相对论。他使用纯粹的代数技术，列出了符合麦克斯韦发现的描述运动的方程并加以求解，而其中光速是个常数，并在1905年把它呈现给世界。当然，爱因斯坦是一个物理学家，而不是数学家。甚至也算不上物理学家，他非常反感老师所教授的那些愚蠢方法，以至于因为基本不怎么会使用那些方法曾被驱逐出德国的一个中学，第一次参加苏黎世联邦理工学院的入学考试也失败了。甚至经过一年的死记硬背，第二次参加考试终于通过后，还是被他后来的老师之一赫尔曼·闵可夫斯基（Hermann Minkowski）形容为一条“懒狗”，虽然他确实很聪明，但“从不操心数学”。不仅不操心数学，其他也一样。爱因斯坦在许多科目上都落在后面，即使时间临近期末考试还是不操心，因为只要他觉得无聊，就会逃课。为了赶上进度，他再次被迫努力恶补，只是在朋友马塞尔·格罗斯曼（Marcel Grossman）帮助他抄写课堂笔记的前提下才能勉强过关。格罗斯曼是个非常勤奋的学生，后来在自己的领域做出了杰出的科学贡献。有一个流传很广的故事，说爱因斯坦如何涂改他的学历（1900年毕业）但仍未能得到学术岗位，不得不在20世纪初就业于伯尔尼专利局——该工作还是通过格罗斯曼的父亲斡旋才得到的。这个工作足够简单，使爱因斯坦拥有了大量的空闲时间来思考物理学。狭义相对论发表于1905年，毋庸赘述，其余都已成为历史。

并没有立即引起轰动的狭义相对论终于大获全胜，为爱因斯坦带来了巨大的声誉。的确，部分是因为选择——他被提供了非学术工作——

在专利局一直干到 1909 年，直到稳步增长的声誉将他带到苏黎世大学的职位为止，部分是因为他声名大振之后，他原来的老师赫尔曼·闵可夫斯基在爱因斯坦理论的代数表达式的基础上将其发展为四维的几何描述，这个改进使得理论更加清晰，被认为是理解狭义相对论的最好途径。所以，是闵可夫斯基将几何引进了相对论。

闵可夫斯基生于 1864 年，在此之后两年，黎曼去世。他担任苏黎世联邦理工学院（其全称是苏黎世联邦理工技术学院）的数学教授只有六年（正好与爱因斯坦的学生时代相重叠），从 1902 年到他因阑尾炎去世的 1909 年 1 月，他追随着高斯和黎曼的传统，在哥廷根大学任教。他的几何化狭义相对论对于其哥廷根后继者们的功绩，堪比笛卡儿。

爱因斯坦的运动方程——狭义相对论方程——涉及四个参数，它以通常的三维空间坐标描述了对象的位置，另加一个坐标表示时间。回忆一下笛卡儿躺在床上观察苍蝇在房间角落嗡嗡飞行的场景，他意识到它任意时刻的位置都可以由三个空间坐标来表示。实际上，爱因斯坦的方程是说，苍蝇的整个生命历程都可以按照四维的笛卡儿坐标系来确定，三个空间的和一个时间的坐标。设想画一条线来跟踪苍蝇在空中的飞行路线，从其出生那一刻开始到其死亡结束，这是一条弯弯曲曲的线，在一个确定的日子，即 1619 年 11 月 10 日，偶然通过了笛卡儿的卧室。这样的线如今被称为世界线（world line），以四维的方式存在（图 2.4）。

爱因斯坦狭义相对论中关键的方程之一，其实看上去很像一个代数版的描述毕达哥拉斯定理的方程，这不是一个巧合。该方程给出如何确定或测量两点之间最短距离的方法，还被认为是描述多维空间（或时空）的度量，与“几何”中的基础“度量”一样，在任何多维空间中两点之间最短的距离就是所谓测地线。当然，在几何中是指一个平面，或尼罗河附近的泥泞田野上的测地线，而所谓测地线就是毕达哥拉斯定理所描

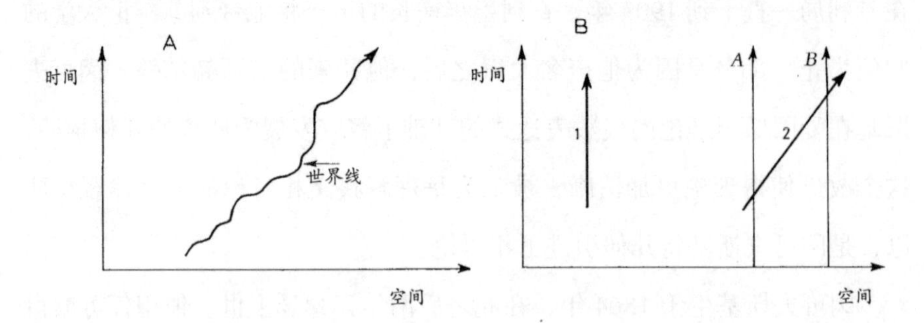

图2.4 A. “时空图”描绘了事物是如何移动的。三维的空间用“x轴”来代表，时间的推移用“y轴”表征。某对象（也许是一只苍蝇）的世界线显示了其在任意时刻的空间位置。B. 粒子1始终停留在同一空间位置，所以它的世界线是一条垂直线。粒子2随着时间的推移从A移动到B，它有一条倾斜的世界线。

述的直线和度量。在二维空间中它是这样起作用的：如果我们知道了两个点的笛卡儿坐标 x 和 y，则可以画一个直角三角形，并用毕达哥拉斯定理计算出两点之间的最短距离（即三角形的斜边，图 2.5）。利用三个坐标 x，y 和 z，我们也可以在三维空间中做同样的事情。闵可夫斯基意

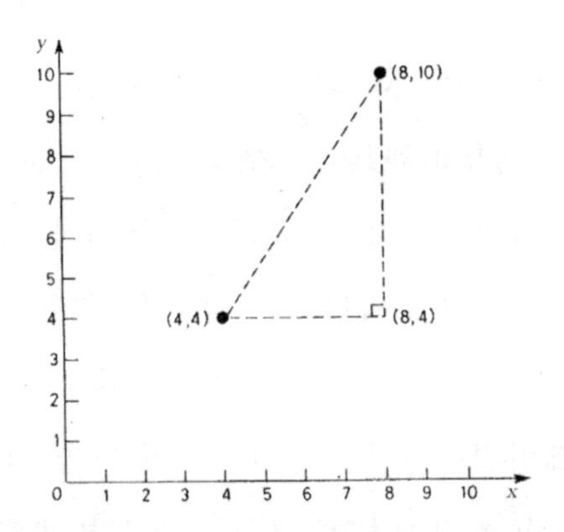

图2.5 如果知道了两个点的笛卡儿坐标，我们就可以作一个直角三角形，并利用毕达哥拉斯定理来计算两点之间的最短距离。无论我们把坐标系的原点放在哪儿，即无论从哪儿开始测量x和y的值——这个方法都有效，因为起作用的只是这两对数字的差。同样的办法亦可用于四维（或更高维）空间，即使我们无法画出四维的“三角形”，该方程与毕达哥拉斯定理在四维空间中的对应式很容易推导出来。因此，不仅是在三维空间，在四维时空中，我们也能够计算出两点之间的最短距离。

识到，爱因斯坦的方程表明，我们还可以利用坐标 x，y，z 和 t，对四维空间做同样的事情——用大白话说，就是用“前后”“左右”“上下”和“过去与未来”确定位置。闵可夫斯基的几何化狭义相对论，就是一个将笛卡儿的代数内涵与黎曼的几何外延结合在一起的四维混合体。[①]

这为接近光速运动时，时间为何会变慢、尺子为何会收缩提供了明确的解释。爱因斯坦场方程告诉我们，存在着一个与长度相对应的东西，但以四个维度来测量，可称之为张量。例如，尺子的张量可以被想象成四维直角三角形斜边的长度，并用毕达哥拉斯定理计算，它没有改变。但相对于移动的观察者而言，又会观察到这个张量确实有变化，在时间的延长和长度的收缩方面，彼此间保持了一个完美的平衡。

想想我们所熟悉的日常三维空间中鼓乐队的指挥杖，虽然它总是保持着相同的长度，但又取决于不同的视角——观察视角——如果你从它的一端看过去，它可以很短；而如果从侧面查看它的话，也可以显示其真实长度。当它在空中旋转时，其长度似乎是在不断变化——但这都只是一个观察视角的问题（图 2.6）。这就是几何学对于狭义相对论奇怪性质的解释——通过在四维时空，即三维空间和一维时间中不断变换视角的结果。

在方程中，存在着一个主要的和一个次要的微妙之处。首先，是时间参数带有负号，而三个表征三维空间的参数都是正的。这就是为什么时间不能被简单地看作是四维空间中的一个维度，因为它是一种负的空间维度。当尺子收缩时，时间就会增加；而当尺子延长时，时间就会减

---

① 当我们处理弯曲表面（或空间）的时候，我们也可以构造微小的毕达哥拉斯式三角形，并测量其直角边的长度，但现在这些边的平方（或面积）将不再服从毕达哥拉斯所发现的规则。毕达哥拉斯推出其平方面积的规则，为我们提供了一个衡量基本性质（开放或封闭），以及空间弯曲性（甚至是时空的弯曲性）的度量方法。当然，爱因斯坦在 1909 年还没有完全意识到这一点。

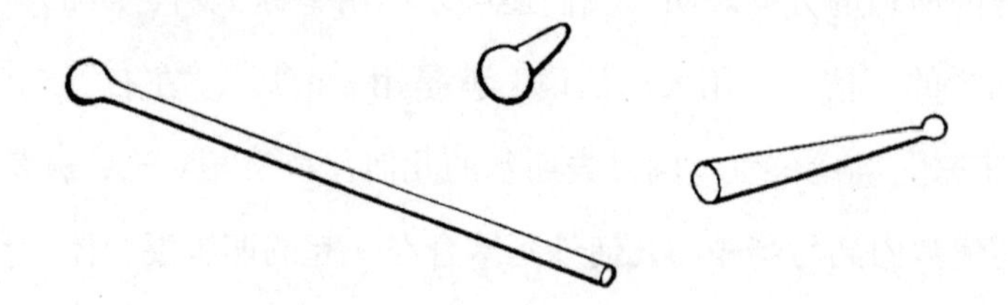

图2.6 如同一个鼓乐队的指挥杖在空中旋转，看起来好像它的长度在不断变化一样，但从日常经验中我们知道，这只是一个视角上的假象。爱因斯坦所发现的奇怪现象，即移动的时钟会缓慢，尺子会收缩，实际上描述的是四维时空中的同一种观察效应。虽然时间和三维长度都被运动扭曲了，但有一个基本的“四维长度”却保持不变。

少。但在总体上，四维时空的尺度张量保持相同。其次，方程中表征时间的参数总是光速的乘数，所以一秒的时间就相当于30万千米的空间。

这就是为什么当移动速度跟光速相当的时候，相对论效应就会变得很明显。闵可夫斯基对狭义相对论的极大简化，是1908年他在科隆的一次讲座中提出的，而在1909年他去世后不久才正式出版。他在讲座的开幕词中赋予四维时空这一新概念以重要的意义，而其重要性立即就得到了其他人的认可：

> 我将向你们表达的有关时间和空间的观念，已经从实验物理学的土壤中破土而出，并展示出其自身的力量。它们是根本性的。从今以后，空间和时间本身，都注定会消失在暗影之中，只有两者的某种结合，将会保持一个独立的存在。

但在一开始就对闵可夫斯基几何化狭义相对论不以为然的若干人中的一个，正是有名的“懒狗”阿尔伯特·爱因斯坦。他从不对数学抱有多大兴趣，但还是很快就学会了与之相处。毫无疑问，这是由于受到一个事实的激励，即他的名声几乎立刻随着闵可夫斯基那些有关新时空观念的词语而开始腾飞——日内瓦大学在 1909 年 7 月授予了爱因斯坦荣誉博士称号，这是他许多荣誉博士学位中的第一个。

即便如此，闵可夫斯基版本的狭义相对论也只是采用了黎曼许多想法中的一个，即多维几何的概念，一点也没有涉及黎曼关于弯曲空间的更深刻的思想内容，因为还不需要。狭义相对论的几何学，仍然是欧几里得式的几何，服从着那些应用于平直空间的规则。只是将欧几里得几何学扩展到四个维度——平直的时空而已。下一个巨大阶梯的来临，便是爱因斯坦在其老朋友格罗斯曼的极力鼓动下，开始考虑弯曲时空的内涵时，跨越了作为特殊情况的平直时空，创建出一个更广泛的理论——广义相对论。

爱因斯坦引力论窥探

狭义相对论是那个时代常规智慧的产物，即便爱因斯坦没有在 1905 年提出来，在寻求解释牛顿力学与光的行为之间冲突的压力下，别人也会很快提出。而广义相对论则是一个非同寻常灵感的产物，它源自爱因斯坦的独特天才，如果他在 1906 年真的坠落到电车轮子下面的话，那么可能 50 年内不会被别人所发现。我对于自己在以前的著述中一直坚守着这个神话甚至有种负罪感。现如今在我看来，这种说法也经不起仔细推敲。它不过是由物理学家们在回顾爱因斯坦理论如何描述物质对象时制造出来的。牛顿和麦克斯韦之间的冲突，提示了一种对新理论的需求，而一旦这种理论出现，讨论也就开始了，因为不存在一个明显的有待解释的观察上的冲突。也许，正如我已经指出的那样，到了 20 世纪第一个 10 年，许多数学家已经着迷于弯曲空间的观念，等到闵可夫斯基以四维平坦时空的力学理论表述狭义相对论时，那么不用再等多久，肯定就会有其他人（或许就是格罗斯曼）考虑到四维时空的弯曲性，而试图去改变力学法则。从数学的观点来看，广义相对论跟狭义相对论一样，是那个时代很多寻常新生事物中的一个，也是狭义相对论的逻辑发展（事实上，正如我们即将看到的那样，在这种关系中，数学家们一直领先于物理学家们若干个步骤，直到20世纪60年代。甚至到了今天，仍然领先着一两步）。这当然是基于如下一个事实，即正是由于数学家们的好奇心，才使得物理学家爱因斯坦在1909年之后沿着正确的路线前进。

爱因斯坦所缺乏的是一流的数学知识和技巧，然而，他却具有更多的物理学直觉——他对于宇宙运行方式的“感觉”天下无双。例如，他的狭义相对论就来自一种好奇，如果可以骑在光上以接近每秒30万千米的速度扫过空间，那么宇宙看起来会是什么样子呢？而广义相对论最初的种子，则是一个推想光线穿过坠落电梯时会有什么行为的灵感。这个种子在完成狭义相对论的那几年当中就播下了，之所以花费了漫漫九年的时间才最终开花结果，部分原因是当时爱因斯坦对于黎曼几何一无所知。

狭义相对论告诉我们以不同速度运动的观察者所看到的世界是个什么样子。但它只涉及匀速——方向和速率都相同的稳恒运动。1905年，这个理论显然还不能描述两类重要条件下物体的运动，而它们在现实世界中却广泛存在着。首先，不能描述加速物体（对物理学家而言，这意味着速度或方向有变化，甚或两者同时都有变化）的运动；其次，也不能描述引力影响下的物体运动。爱因斯坦第一次展示他的洞察力是在1907年，他认为这两类条件是相同的——加速度完全等效于引力场。这是我们现代理解宇宙的一块基石，被称为“等效原理”。

任何乘坐过高速电梯的人，都会明白爱因斯坦的这个原理是什么意思。当电梯开始向上移动时，人会压向地板，就好像人的体重增加了一样；当它上升到顶点附近开始减速的时候，人又会感觉轻飘飘的，似乎重力被减掉了一部分。显然，加速度和重力有共同之处，但以这个观察跳跃到将加速度与引力完全等同起来，却是一个戏剧性的转变。若发生了一种可怕的情景，即电梯的钢丝绳突然断裂，而且所有的安全设备统统失效，任由电梯自由落下，人会以同样的速度下落，产生失重现象，飘浮在坠落的“空间”中时，重力与加速度的等效性就会得到证明。

但是，若一束光线穿过坠落的电梯，从一侧投射到另一侧时，会发生什么情况呢？按照爱因斯坦的看法，在失重下落的空间中，牛顿定律依然有效，所以光线会沿着直线从一侧传播到另一侧。若电梯壁是由玻璃做成的，因此光束的路径是可追踪的话，他继续考虑下落电梯之外的人对于这样的光传播会看到什么样的光景。事实上，“失重”电梯里面的一切物体，都在被地球的引力加速着。在光束穿过电梯所花费的时间内，下落的空间增加了它的速度，但光束打在对面墙壁上的斑点仍与它出发时所对应的那个斑点处于一个水平上（据电梯里的观察者所见）。从旁观者的角度看，只有当光束穿过下落的电梯传播时，稍微向下弯曲一点，才能出现这样的情况。而能使这种弯曲发生的唯一原因，就是引力。

所以，爱因斯坦说，如果加速度与引力确实是精确地相互等价的话，引力就必须弯曲光线。在自由下落的同时也可以取消引力，而创建一个能提供与引力效果难以区分的加速度，不断地加速，使一切“坠落”到正在加速中的飞行器底下（图 2.7）。

光弯曲的可能性既不新鲜也不惊人——正如我们已经看到的，牛顿力学和光的微粒理论都表明，光应该是可以弯曲的。例如，当它经过太阳附近时就会弯曲。事实上，爱因斯坦首次基于等效原理所做的引力光弯曲计算，所预言的弯曲量也与老的牛顿理论精确等同。

图2.7　重力与均匀加速度产生相同的力量，我们称之为重量。

但幸运的是，在有人对预期效果进行检测之前（当理论还不完整的时候，大多数人是没兴趣做这个事的），爱因斯坦已经发展出了有关引力和加速度的完整理论，即广义相对论。广义相对论所预测的光线弯曲度比牛顿理论大两倍，正是对这个非牛顿理论结果的测量，使得人们对此理论刮目相看。但这些都发生在 1919 年之后。

在他首次发表等效原理后的大约三年期间，爱因斯坦几乎没在这个原理的基础上进行过多少尝试来发展一个适当的引力理论。这里面有许多原因。由于爱因斯坦声名大噪，他担任了一系列声望越来越高的学术职位，首先是伯尔尼大学的无薪讲师，继之是苏黎世联邦理工学院的助理教授，然后是布拉格大学的全职教授。他也拥有一个人口不断增长的家庭——他的儿子汉斯已经在 1904 年出生，爱德华于 1910 年降临。但最重要的是，这个时期爱因斯坦的科学注意力都集中在他对此有所奉献的量子物理学令人振奋的新发展上。很简单，他没有时间为了一个新的引力理论去奋斗。1911 年夏天在布拉格，当他在量子理论方面的工作遭遇到了临时困局时，他才重新返回到引力问题上来。

几何学的相对论

事实上，到了 1911 年，爱因斯坦才首次把光弯曲的想法应用到经过太阳附近的光线上，并得到一个基本与牛顿理论所能得到的大小相当的预测值。牛顿版本的预测计算要回溯到 1801 年德国的约翰·冯·索德纳，他的计算前提是假设光是一束粒子流。完全不知道冯·索德纳计算的爱因斯坦，在 1911 年进行自己最初的光被太阳所弯曲计算时，是将光作为一种波动来处理的（尽管他为显示自己的积极作用而提出，光有时的确表现得像一束粒子流）。这两个有关光弯曲的计算几乎给出了完全相同的值，了解爱因斯坦第一个计算结果的最简单方法，是它的结果来自太阳引力场所引起的时间扭曲。1911 年，爱因斯坦在一组复杂和笨拙到可怕程度的方程中挣扎，这组方程对应着扭曲时间与平直空间的某种组合，结果他从理论上只得到了光弯曲效应全部数值的一半。

当爱因斯坦在布拉格仅仅待了一年又搬回苏黎世后，事情开始好转起来。有个朋友是他返回瑞士的推动者，曾在十几年前被他借过课堂笔记的这位朋友——马塞尔·格罗斯曼，现在已经升职为苏黎世联邦理工学院的物理和数学系主任。

格罗斯曼本人的职业生涯，沿袭着一个比爱因斯坦更加传统的模式，虽然他还很年轻就已经到达了这个显赫的位置。他只比爱因斯坦大一岁，自 1900 年与爱因斯坦一起毕业后，他一边当教师一边写博士论文，产出了两本为高中学生写的几何书籍和几篇关于非欧几何的论文。由于这项工作的分量，他得以进入苏黎世联邦理工学院的教师队伍，然后在 1907 年成为全职教授，1911 年当他 33 岁时又成为主任。上任之后的三把火行动之一，就是吸引爱因斯坦回到苏黎世。爱因斯坦于 1912 年 8 月 10 日抵达苏黎世，带着一个基本上行得通的引力理论，但很不舒服地知道自己缺乏适当的数学工具来完成这项工作。后来，他回忆自己曾在这个时候向老朋友发出了请求——“格罗斯曼，你一定要帮我，否则我会发疯！”爱因斯坦意识到，由高斯（我曾提及过的基本测地技术）所发展的描述曲面的方法，有可能帮助他解决困难，但他对黎曼几何仍然一无所知。然而，他却知道格罗斯曼是非欧几何方面的专家，这就是他找格罗斯曼帮忙的原因——“我问过我的朋友，我的问题是否可以用黎曼理论来解决。”答案就一个字：是。虽然需要花很长时间来处理其中的细节，但就格罗斯曼能够告诉爱因斯坦的，也立即为他打开了大门。到 8 月 16 日，他就写信给另一位同事：“引力问题进行顺利，如果所有这一切都不是骗局的话，那么我已经找到了最主要的方程。”

爱因斯坦和格罗斯曼在一篇发表于 1913 年的论文中，讨论了引力理论弯曲时空（空间和时间同时扭曲）的意义。1914 年，当爱因斯坦接受任命，担任柏林的凯莱·威廉研究院新设立的物理研究所主任（该职位是如此诱人，无须教学，允许他把所有时间投入研究工作，但将使他与瑞士和格罗斯曼分离）时，他们的合作告一段落。但他们两个一直保持着亲密的朋友关系，直到 1936 年格罗斯曼因多发性肝硬化去世。正是在柏林，爱因斯坦独自完成了从狭义相对论到广义相对论的漫长旅程。

完整版的广义相对论是 1915 年 11 月在柏林举行的普鲁士科学院三次连续会议上宣读的，并于翌年正式发表。虽然对它的内涵进行讨论将会远远超出本书的范围，但这里仍将关注的是爱因斯坦利用黎曼几何描述弯曲空间所采取的方式。一个巨大质量的物体，如太阳，可在三维空间中制造出凹痕，其作用方式类似于一个保龄球会在二维绷紧了的橡胶皮面，或者蹦床面上压出凹坑一样。两点之间最短距离在这样一个弯曲的表面上，将是一个弯曲的测地线，而不是我们所习以为常的直线，这也适用于三维的情况。由于空间是弯曲的，所以光线也是弯曲的（图 2.8）。但爱因斯坦也发现，如我们所看到的，光线在巨大质量的物体附近被弯曲，一部分是源自整个时空弯曲中的时间扭曲。正如已经发生过的那样，单独空间的扭曲所造成的光弯曲，与时间扭曲所造成的光弯曲效应，在数值上是相同的，后者爱因斯坦已经计算出来了。总体而言，广义相对论所预言的光线弯曲量，是牛顿理论的两倍。[①] 这就是为什么 1919 年日食期间对光弯曲进行测量时，发现结果与爱因斯坦而非牛顿的预言一致。报纸大肆宣称牛顿的引力理论被打倒了，但那是错的。

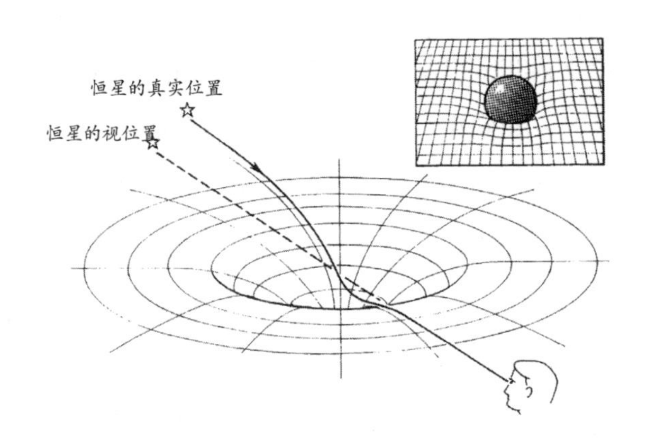

图2.8　重物放置在拉伸的橡胶皮面上（右上角）时会挤压出一个坑。太阳以类似的方式展现其对时空的“压缩”。关于光线弯曲效应的讨论，参见本书图1.3的相关内容。

爱因斯坦所做的，实际上不过是对牛顿引力定律的解释而已。在简单明了的牛顿理论和广义相对论之间，也存在着一点细微的差别，如太阳对光的弯曲等。但真正重要的是，如果将引力解释为四维时空弯曲的

① 实际上，爱因斯坦 1916 年所讨论的“新”空间扭曲效应，其实等价于旧牛顿效应；是时间的扭曲，使得相对论的预测不同于牛顿理论的计算。

结果，那么，由于这种弯曲自身的性质，除了平方反比定律，完全不可能得出任何其他的引力理论。引力的平方反比定律是迄今为止乃至未来最自然的理论，很可能也是四维时空弯曲性的结果。与牛顿不一样的是，爱因斯坦为引力的本质设置了“框架假设”(frame hypotheses)。他的假设是，时空的弯曲性导致了引力，这个假设的内核是引力必须服从平方反比定律。爱因斯坦的工作并没有推翻牛顿理论，它实际上是解释了牛顿的理论，并为其提供了比以往任何时候都更加稳妥的支撑。

描绘这一点的最好方式，就是设想物质与时空之间的一种对话。因为物质在整个宇宙中的分布是不均匀的，时空的弯曲也是不均匀的——时空的特殊几何性质是相对的。以微型毕达哥拉斯式三角所定义的其度规的性质，依赖于其在宇宙中所处的位置。物质团扭曲了时空，但没有使其像山一样隆起，如同克利福德所推测的，只是形成了低谷。在这种弯曲的时空中，移动的物体沿着测地线运动，这被认为是阻力最小的路线。甚至通过将每个“测度”了该测地线一小段的微型毕达哥拉斯三角形使用牛顿最初发展起来的积分法加以累加，就可以计算出这种广义相对论中弯曲测地线的长度。但对于下落的石头，或轨道上的行星则没必要进行这种计算——它只是该算法一个很自然的结果。换句话说，物质告诉时空如何弯曲，而时空告诉物质如何移动。

然而，有一个往往对这一切造成误解和混乱的要点，即我们不只是处理弯曲的空间。例如，地球环绕太阳的轨道形成一个闭环空间，如果认为这是引力造成的空间弯曲所致，就会得到一个错误的结论，即太阳周围的空间本身就是封闭的。而这明显不对，因为光（也不用提旅行者号太空探测器了）是可以脱离太阳系的。应该记住的是，地球和太阳各自都会因循着其自身在四维时空中的世界线。因为光速因子加入了闵可夫斯基时空度规的时间部分，而这被带到了广义相对论的等价度规中，这些世界线在时间维度上被极大地拉伸了。因此，地球“围绕”太阳的实际路径不是一个封闭环，而是一个很轻微的螺旋，像一个巨大的拉伸弹簧（图 2.9）。光需要 $8\frac{1}{3}$分钟从太阳到达地球，所以地球围绕太阳每转一圈的距离约等于 52 光分钟，但地球则需要一年来完成这样的循环。在这段时间里，地球在四维时空中沿着时间方向上所移动的相当于一光年——超过它一年在空间运动距离的 10 000 倍，和它到太阳距离的 63 000 倍。换句话说，螺旋间隙表征着地球在四维时空中的运动距离比它的运动半径大 63 000 倍。在平直时空中，世界线应该是一条直线，太阳质量实际上只是轻微地扭曲了时空，仅仅使得世界线产生微小的弯曲，当地球穿越时空，刚好足以让它能够来回缠绕。若要使一个物体周围的空间封闭起来，需要有大得多的质量，或极高的质量密度。

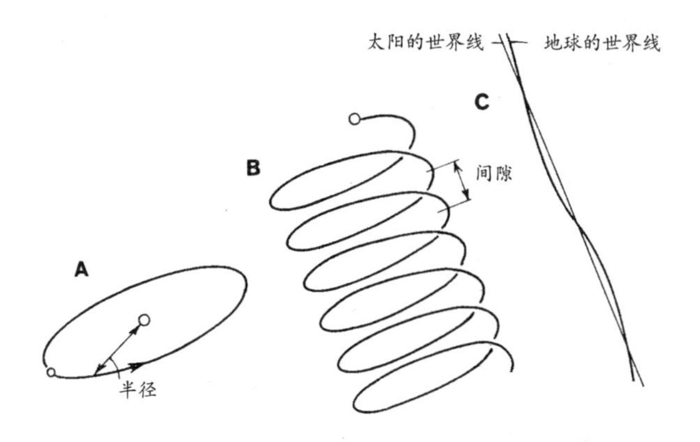

图2.9 A. 地球绕太阳的轨道在普通空间中是闭合的。
B. 在四维时空中，地球的轨道像缠绕的弦或螺旋。
C. 实际上，由于光速的因子是如此之大，螺旋被拉伸了，使得地球的世界线近乎直线——螺旋的“间隙”是63 000乘以它的半径。

就在他宣读其广义相对论的几周内，爱因斯坦又回到普鲁士科学院，报告了他自己涉及上述现象方程的解决方案。这是第一次从数学上正确描述黑洞的公开报告，但这却不是爱因斯坦的工作。他只是作为另一个与他联系过的科学家的代表，向科学院做了一个传达报告而已，而那位科学家不久后在波茨坦的一家医院中去世了。

史瓦西奇异解

让人诧异不已的是，首先解出了广义相对论方程的并不是爱因斯坦自己。但必须先有方程，然后才有解——尽管在现有条件下发明或发现描述复杂如四维时空行为这种对象并且要自洽，而且还不能保证容易求解的方程组，难度是很大的。在某种程度上，这有点像填字谜。编制字谜的人知道哪些词应该填入哪些空格，并给某些空格留有一定的选择余地，让填写的人自己决定合适的词。但即便如此，如果严格遵守编制者所制定的规则，填字谜也不是很容易的任务，特别是在空格之间还得有对称化模式的要求下。一旦字谜编制完成，别人就可以解决它。对于广义相对论而言，它就好像大自然设置的字谜，空格的答案也只有大自然才知道。爱因斯坦所做的就是找出了空格的形式是什么，并找出若干线索，使得解决字谜成为可能——而完全不知道有什么合适的词可以填入这些空格。因此，用爱因斯坦的网格模式和他没发现的一些线索武装起来以后，别人也可以解决这个字谜。

填写字谜的人是个资深天文学家，比爱因斯坦大 6 岁。在他 40 多岁时第一次世界大战爆发了，卡尔·史瓦西（Karl Schwarzschild）是个爱国者，他离开了自己波茨坦天文台台长这个很安全的岗位，自愿从军服务（顺便说一句，他之前是哥廷根天文台的负责人，这是与那座城市和相对论的另一种关联）。当然，当局认为他的技术太宝贵，不值得浪费在普通的士兵军务方面。服役期间，史瓦西先是在比利时的一个气象站工作，然后到法国，计算炮弹弹道的范围。最后，他被送往俄国前线。在东部战线时，他得了一种罕见的被称为天疱疮的皮肤病，这在当时是致命的。

史瓦西在服役期间仍与科学家同行们保持着联系，从而在1915年底了解到爱因斯坦的最新工作，并立即被吸引了。史瓦西毕竟在哥廷根担任过高斯曾经担任过一二十年的职务，他本人也是若干克利福德后继者中的一个，在爱因斯坦还是个大学生的时候，他就曾推测过宇宙空间的几何学有可能是非欧几何。爱因斯坦代表他提交给科学院的论文，是史瓦西罹患致命疾病之前不久才完成的。1916年1月16日，爱因斯坦向科学院宣读了史瓦西所写的描述一个有质量奇异点周围时空几何结构精确数学形式的论文；2月24日，他又提交了史瓦西关于球状质量周围时空几何结构的描述。5月11日，史瓦西在波茨坦的一家医院去世，离他43岁生日还差五个月。作为成绩斐然的天文学家和德国两大天文台的台长，还有那两篇作为现役军官在战争条件下、在他生命最后几个月里才完成的论文，史瓦西这个名字已经被今天的人们记住了。

史瓦西的基本思路沿袭了牛顿的方式，牛顿在计算太阳和行星（或地球与月球，甚或是地球和苹果）之间的引力时，都假设了对象物的质量都集中在其中心点上。对于所涉及对象的任何外围组分，这都是描述质量的引力效果非常完美的方式。但史瓦西针对爱因斯坦场方程的求解显示，对于一个纯粹的质点而言，不存在外围！任何集中了质量的数学点，都会极大地扭曲时空，使得该质点周围的空间封闭起来，将它与宇宙的其余部分相隔绝并坍缩。坍缩发生在距质点一定的范围内，其大小仅取决于质点所包含质量的大小。

当然，这并非现实可见的，现实的质量从来没有真正集中在一个数学点上。但史瓦西接着表明，对于任何特定的质量，都存在着一个有现实物理意义的临界半径，现在被称为史瓦西半径（有时称为引力半径），坍缩在这里发生。如果一定量物质被压缩成小于相对应的史瓦西半径的球体，即使没有真的压缩成一个数学点，其空间（不只是时空）也真的会被弯曲，并将其与外部宇宙切断。不仅是光线，任何东西都无法从中逃逸出去。质量越大，相应的史瓦西半径也越大。太阳的史瓦西半径是 2.9 千米，地球是 0.88 厘米。普通星系的史瓦西半径有上万亿千米；但即使质量小到如质子那样的物质，也有自己的史瓦西半径，虽然仅为 2.4×10^{-52} 厘米。无论如何，若能把相当的质量压缩到相应的半径内，就能制造出如今被称为黑洞的东西。

将造成质量从我们宇宙中坍缩的时空极度扭曲，仅发生于质量被挤压到某个相应的体积内。说有一个半径 0.88 厘米的黑洞现在正位于地球的中心是没有任何意义的，如果能深入地球的中心，就会发现地心中没有什么不寻常的事情发生——没有证据表明这里形成了黑洞的表面，除非地球被压缩成很小的体积。一旦实现了这种压缩，任何穿过史瓦西半径球面的东西，都无法逃出该黑洞空间。因此，由史瓦西半径所确定的球面，就确定了一个黑洞的表面。该表面上的逃逸速度，就是光速。

产生时空扭曲效应的几何结构，可用想象嵌在三维空间中的二维弯曲面的办法来展现。史瓦西解所描绘的时空几何结构，完全等同于在普通空间通过旋转抛物线所得到的形状。抛物线是一条很简单的曲线（图 2.10），它由一个点集组成，其中每个点到焦点和轴线的距离相等。如果围绕其轴线旋转抛物线，就会得到一个上下宽阔、中腰收缩的平滑曲面（图 2.11）。远离腰部的地方，曲面向外张开并变得平坦——相当于是说引力非常微弱。表面越是弯曲的地方，该处的引力就越强，因而，（以熟悉的牛顿语言来说）逃逸速度也就越大。若设想一下沿着张开部分的表面向腰部滑动，随着抛物面变得越来越陡峭，就会越来越难以逃逸。在

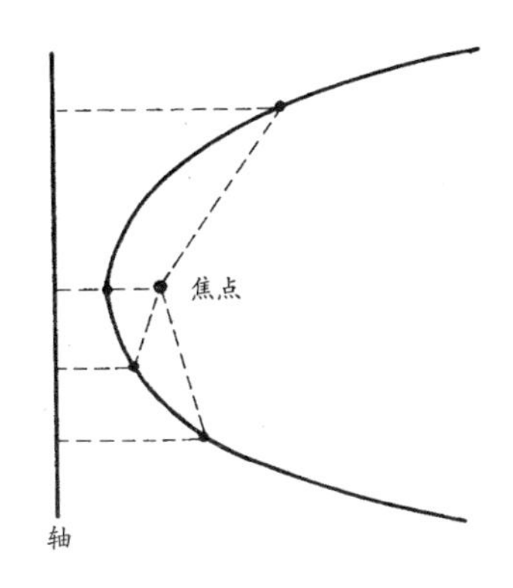

图2.10　所谓抛物线，即其上任意点到焦点和轴线的距离相等。

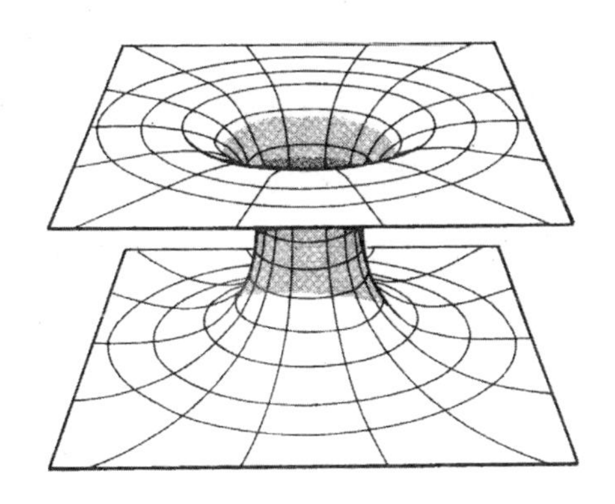

图2.11　黑洞周围的弯曲空间，类似于绕着其轴线旋转一条抛物线所得到的形状。

某些距腰部的临界距离处，可以通过在表面喉管的周围画一个圆圈来标记，在这些地方将无法逃逸。黑洞喉管附近所画的圆圈，等效于二维的弯曲球面，该球面标志着黑洞在我们这个宇宙中的三维弯曲空间表面。任何跨越该界线的东西，都将永远无法再逃出去。

无论物质是否被压缩到史瓦西半径之内，远离该物质的地方，时空曲率是相同的。史瓦西对于爱因斯坦场方程的解，在这里给出了与牛顿完全相同的引力规则——平方反比定律。但如果物质（如太阳）的质量实际上没有被集中到足以形成黑洞的程度，则不会形成有细腰的抛物面，取而代之的是一个有圆形底、好像一口井样的曲面（图 2.12），边缘也没有陡峭到该范围内引力逃逸成为不可能。但黑洞中心发生着什么呢？按照史瓦西解，那儿的弯曲会变得无穷大。这种无穷被称为奇异性。含有奇异点的方程通常被认为是错误的——无穷对于大多数物理学家而言，意味着我们的推理有不对头的地方，而不是宇宙的运行方式有错。在一定程度上由于这个原因，史瓦西对于爱因斯坦场方程的奇异解，很多年都不为物理学家们所正式接受。尽管有些数学家对方程进行了修补，甚至广义相对论也通过了其他形形色色的检验，但史瓦西解仍不被认为对于真实的宇宙有任何实际意义。的确，在这个方程解中包含着有关球形黑洞的时空几何结构完整而精确的表述，甚至是在爱因斯坦表述其完整版本的广义相对论（于 1916 年发表）之后三年在日食期间进行了史诗般光弯曲检测并在很大程度上向世界证明了爱因斯坦理论的准确性等发生之前，就已经做出来了。在他死后整整 50 年，作为描述我们宇宙真实对象的史瓦西奇异解的真正物理意义，才开始对天文学家们露出了曙光。

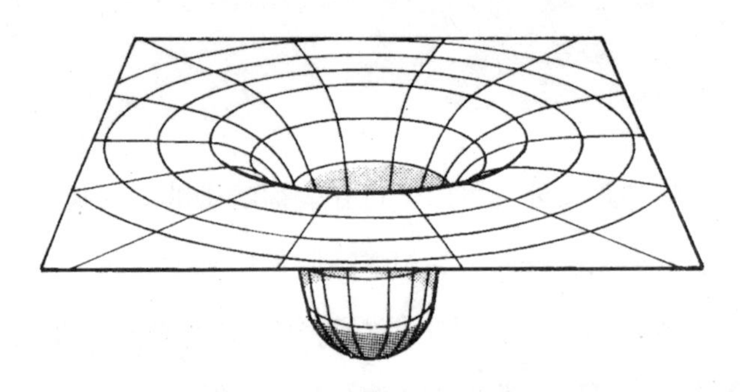

图2.12　诸如太阳一类的物体也能像黑洞一样给空间造成“凹陷”，但底部是圆形的。

致密的恒星　第3章

能量充裕的矮子燃烧到白热化，对物质命运的印度式洞见。超越量子极限。恒星死亡。黑洞的再次发现——曾被遗忘了二十五年！邋遢的脉冲星，小绿人，巨蟹座的确认。

运用大地测量的宏观尺度的基本三角测量技术来计算行星乃至太阳本身的尺寸，是一件很简单的事情。这就是说，一旦获得了所需要的详细测量数据，计算本身很简单。这些测量包括，例如，以遥远的恒星为背景从大西洋两岸同时观察火星的位置，利用观测数据来求解顶点为火星、底线从欧洲延伸到美国的窄长三角形。若与太阳的距离为已知，则太阳的实际尺寸可以从其在天空中的太阳圆面推得——约比地球的跨度大109倍，即太阳里面可以装下超过100万个地球大小的球体。[①] 如果我们知道太阳和地球之间的距离，也知道地球沿轨道绕太阳完成一圈所需要的时间（一年），我们就能知道将地球限制在其轨道上需要多大的引力——这

① 球体的体积与其半径的立方成正比，100^3（100的立方）即1 000 000。

就告诉我们，一旦知道了引力常数 G，就能知道太阳的质量是多少。

太阳质量大约是地球质量 100 万倍的 1/3，而太阳的体积约为地球的 100 万倍，这意味着太阳的平均密度是地球的 1/3。所以，太阳的密度只相当于水密度的 1.5 倍，因为地球的平均密度约为水密度的 4.5 倍[①]。

看起来可能很奇怪，恒星的密度竟然如此之低，甚至小于一般的行星密度。但请记住，这只是平均密度。简单的平均数掩盖了一个事实，即太阳内部的密度会有巨大的变化，从表层稀薄的气体到比铅密度还大若干倍的核心（虽然令人吃惊的是，在压力和温度条件如此极端的太阳中心，其物质的运动仍然像气体一样）。密度变化和整体平均值，都非常符合推断计算出的物理过程，而这样的过程使得恒星保持着其热度。

恒星的表面温度与其颜色直接相关——蓝 - 白色恒星比黄色恒星更热，而黄色恒星比红色恒星更热，在这两者之间，还有一系列微小的变化分布（我们的太阳是个黄橙星，其表面温度低于 6000 摄氏度，处于恒星颜色分布的中间位置）。一般而言，更热的恒星其亮度应该比较冷的恒星大一些——这个说法大部分时候是正确的，但也有例外。这个规则只适用于彼此尺度大致相同的恒星。总体来看，恒星的一个最简单的特征，就是恒星的亮度取决于它们有多热和有多大两个方面。一个较大的恒星，虽然可能有一个相当冷的表面，但仍然可以非常明亮，就是因为其表面积很大，所以向外辐射的能量就会更多。而对于一个较小的恒星，要想发出同样明亮的光，就得有更热的表面，使其每平方米的表面比大恒星同一面积辐射出更多的能量。就在爱因斯坦正完成着其广义相对论、史瓦西正运用爱因斯坦场方程以数学方法描述着黑洞结构的同时，观测天文学家们惊异地发现，某些炽热的恒星

① 地球密度约为 5.515 g/cm^3，水大约为 1g/cm^3。——编注

却非常暗淡，并且其尺寸似乎比地球大不了多少，而所包含的质量却与我们的太阳相当。从表面看来，这似乎意味着这种恒星的平均密度必须是水密度的10万倍左右[①]。

矮伴星

事实上，有关这种致密星可能存在的第一个暗示，出现于19世纪40年代，是德国天文学家弗里德里希·贝塞尔（Friedrich Bessel）在其职业生涯最后阶段的观测结果。贝塞尔生于1784年，卒于1846年。就在他去世前不久，他最早发现了有关小而致密的恒星存在的证据。但使他闻名于世的并不是这个发现，而是另一个伟大的成就，即测量恒星之间的距离，他突破了三角测量技术的局限而做出这一成果。取代从大西洋两岸观测火星的办法，贝塞尔从地球围绕太阳轨道的两侧对被称为天鹅座61的恒星进行了观察——两次观测之间的间隔有六个月。这使他获得了一个长度为3亿千米（地球轨道的直径）的基线，由此显示出天鹅座61在背景恒星中有一个微小但明显的运动（被称为视差效应，实际上是地球围绕轨道运行所致）。贝塞尔计算出该恒星距离我们非常遥远，即便是每秒速度为30万千米的光，也要花费数年的时间才能跨越空间从那儿到达地球——其距离为几个光年。这是真正了解宇宙尺度的开端。

作为这项工作基础的一部分，贝塞尔曾经测量了5万余颗恒星的精确位置并进行了归类。只有那些距离我们足够近的恒星，它们的距离才能使用视差效应进行测量；而对于大多数恒星，其距离是如此遥远，甚

① 以太阳的质量除以地球的体积，其得到的密度应该超过水的密度的十万倍。——编注

至3亿千米的基线也不足以产生一个可观测的视差。致密星的发现，源于贝塞尔的下述观察：一些恒星确实以周期性方式在背景空间中运动，不是因为光学视差上的错觉，而是因为有什么东西牵拉着它们。他发现，有两颗明亮的恒星，即天狼星（它确实是夜空中最明亮的星星，一部分原因是它真的比较明亮，也因为它相对而言离我们最近）和南河三，都显示出某种节律性的规则运动，从一边摆动到另一边。这无法被解释为地球绕太阳运动所造成的一种视差效应，但可以解释为一种作用力造成的结果，这种作用力牵引着可见恒星从一边运动到另一边。对这些恒星节律性的牵引作用最为自然的解释，就是它们都各有一个伴侣，有一个看不见的恒星在它们周围的轨道上通过引力牵引着它们。

通过仔细观察天狼星的运动方式，可以显示出其不可见伴星的轨道是什么样的模式。天狼星的亮度比夜空中其他恒星明亮两倍，在猎户座附近很容易看到它。正因为它是如此接近我们（只有8.7光年），它在空间中的运动可在“固定的”恒星背景下显示出来，这些固定的恒星实际上都在运动，只是它们是那么遥远，所以在一两年的期限内是看不出来其运动的。即使是天狼星划过空间的运动，每年也不过只有1.3弧秒而已——相当于从地球上看到的满月时月亮跨度距离的0.07%。事实上，它在空间的这一运动也不是直线，而是有一个微小的摆动，这揭示了有一个伴星存在。这种摆动告诉我们，天狼星的伴星轨道周期为49年，运用开普勒轨道运动定律和牛顿万有引力定律，天文学家就能计算出天狼星及其伴星的质量。天狼星的重量不到我们太阳质量的2.5倍，而它的伴星，现在被称为天狼星β，其质量大约为太阳的80%。天狼星是一个炽热的白色恒星，而它的不可见伴星，在19世纪中叶似乎就已经弄清楚了，是一颗冰冷的暗星。

第一个看到天狼星伴星的人，是美国望远镜制造商阿尔文·克拉克

（Alvin Clark）。1862 年，当调试和安装为伊利诺伊的迪尔波恩天文台新定制的一架 18 英寸望远镜时，他把仪器对准了天狼星。这架望远镜非常之好，使他能够看到那颗伴星。该伴星非常微弱，如果它处在与我们太阳相同距离上的话，其在空中的亮度仅有太阳的 1/400。天狼星和南河三暗淡伴星的问题，困扰了天文学家们又一个 50 年，20 世纪初，这个难题又跟一两个类似天体的发现混杂在一起。天文学家们对于这个难题的最初反应被美国天文学家西蒙·纽科姆（Simon Newcomb）在出版于 1908 年的一本书中进行了精确的总结。对于天狼星和南河三的伴星，纽科姆说："它们或者表面亮度远小于太阳，或者密度远大于太阳。毫无疑问，情况应该是前者。"[①] 纽科姆提出的这种二选一方案，实际上可能是唯一的解决难题的方案，但他的结论却是错误的。

即使是纽科姆对于这个结论也不是没有疑虑的，但因为天狼星本身的光亮很炫目，所以从望远镜里很难清楚地看到天狼星 β，没有人能够说这颗伴星应该是一颗白色（这意味着炽热）的、如同天狼星本身一样颜色的恒星。这个疑问在纽科姆去世之后的第六年被证实了。1915 年，天狼星 β 处于其轨道上距离天狼星最远的地方，这样相对可以看得更清楚些。在那一年的 12 月，沃尔特·亚当斯（Walter Adams，美国天文学家，1876 出生于叙利亚，他的父母作为传教士在那儿工作）第一次获得了天狼星 β 的光谱。这种光谱的重要特征，就是表明了恒星在不同波长（不同的色带）上辐射出多少能量，并给出其温度以及色度的精确量度。伴星的光谱与天狼星的光谱是一致的，与它的颜色也相同，这就意味着它的表面温度与天狼星的表面温度是一样的，也意味着（作为如此暗淡

---

① 《恒星》，约翰·默里著，伦敦。纽科姆（出生于加拿大）生于 1835 年，卒于 1909 年。他是美国海军的一位杰出科研人员，曾在华盛顿的海军天文台和约翰·霍普金斯大学工作，也是美国天文学会的创始人和第一任会长，他的评论实际上代表着当时的主流观点。

的缘故）它远比天狼星要小，只比地球略大一点。

对另一个选择，一些天文学家尝试着坚持了几个月，即伴星本身并不发光，而仅仅反射天狼星的光芒，就像月亮反射太阳光一样。但亚当斯对此有自己的答案，他指出，另一颗恒星波江座 β（Eridani β）的亮度也非常低，但它的光谱就像天狼星 β 的一样，在这个案例中，并不存在一颗白色的伴星，其光线会被投射到波江座 β（这暗示着天狼星 β）上，它必是一颗白色和小的恒星——白矮星，具有致密性、圆形、比铅的密度大一万倍。

很奇怪的是，波江座 β 的奇异性早在过去的五年中就已被哈佛的一位天文学家作为偶然的观测结果发现并记录下来。但先后进行过这种观测的三个人中没有任何一个人留意到这种奇异性。进行这种偶然观测的天文学家是亨利·诺瑞斯·罗素（Henry Norris Russell），他后来成为将恒星亮度与其温度（或色彩）联系在一起，形成一种被称为赫–罗图方法的共同发明者之一。这一著名的赫–罗图在 1913 年最终展现，但相关工作，涉及不同亮度的恒星颜色相关研究，早在 1910 年就已完成。

将恒星按照颜色进行系统分类，这一工作 20 世纪初就在哈佛大学完成了。但本应简单地按字母顺序进行的排列后来被打乱了，因为早期用字母顺序所标注的一些恒星类型其实是错误的，随着对其真实性质的精确了解，如今通过颜色对恒星进行分类的标注分别是 O、B、A、F、G、K、M。[①] O 和 B 是白色的炽热恒星；K 和 M 是低温的红色恒星。我们的太阳是颗橙色的 G 型星。罗素需要了解尽可能多的恒星光谱，以便找到连接颜色和亮度的一般规律，而哈佛大学天文台台长爱德华·皮克林（Edward

① 使用当初那个年代不可思议的大男子主义方式，产生了一个让哈佛分类系统可以被轻松记住的办法，即“噢，做个好女孩吧，吻我”（Oh，Be A Fine Girl，Kiss Me）。

Pickering）同意提供由贝塞尔首创的利用视差法所观察过的那些恒星的光谱，这就使罗素发现，清单中所有那些非常暗淡的恒星都是 M 型恒星。

许多年之后，罗素伤感地回忆起 1910 年的某天，他是如何同皮克林一道持续地讨论着这个发现，并提到当初若检测一下其他暗淡恒星是否也适合这个类型的话，将是一件很有趣的事情。

> 皮克林说："好吧，给这些恒星起个名。"我说："好，例如奥米克隆波江座的暗淡伴星。"皮克林说："行，我们弄一个能够专业范儿地回答诸如此类问题的东西吧。"于是，我们打电话给办公室的弗莱明夫人，弗莱明夫人回答道，好的，她会盯着完成它。半个小时后，她走上来说："我已经搞好了，毫无疑问是类型 A。"我完全清楚这意味着什么，即使如此，我还是大吃一惊。我真的很困惑，想弄清楚它的意思。皮克林想了一会儿，然后微笑地说道："我丝毫也不担心，正是这些我们无法解释的东西导致了知识的进步。"在那一刻，皮克林、弗莱明夫人和我，是世界上唯三知道存在着白矮星的人。

皮克林是对的，正是白矮星在类型分类上的错误导致了知识的进步。甚至在亚当斯获得了天狼星 β 的光谱之后，仍然又用了 20 年才解决了这一问题——而且这并不是每一个天文学家都乐于接受的答案。

简并星

作为正在进展中的从总体上弄清恒星内部结构的组成部分，一种对于白矮星性质的理解出现在20世纪20年代。这项工作是由曾参与1919年测量光弯曲效应的亚瑟·爱丁顿开创的，他同时作为广义相对论和恒星结构两方面的专家，是屹立在那个年代天文学界的象征性巨擘。

对于恒星如何演化的了解之所以发展得很缓慢，是因为首先需要了解原子是怎么回事，当量子力学在20世纪20年代中期得到发展之后，才促进了对它本身理解的进展。新的了解恒星结构的关键因素，在于理解了为什么诸如太阳一类的恒星，其内部深处可以被描述为完全的气体状态，而同时又具有非常高的密度。其秘密在于，原子由原子核和周围的细小电子云组成，原子核又由一些被称为质子和中子的微小粒子所组成。原子核的大小与整个原子相比，就像处在一个足球场中间的一粒灰尘。原子核的体积实际上只有整个原子体积的约一万亿分之一。

在诸如人类所呼吸的空气之类的气体当中，原子在迅速地运动，就像一个个微小的完全由弹性材料做成的球体，彼此间不断地碰撞。对于固体而言，原子基本上停留在原地，轻轻地振动着并相互推挤。在液体中，它们的能量正好足以让彼此间产生滑动。在上述每种情形中，原子的原子核都不参与碰撞、挤压或滑动——只有在外层的电子，能够彼此接触。

在恒星内部的高温和高压条件下，碰撞是如此激烈，致使电子被撞得离开了原子，使得原子核裸露出来，与电子一起形成了一种被物理学家称为等离子体的炽热流体。如果所有的电子都脱离了原子核，则等离子体就可以被压缩到原来气体体积的万亿分之一，但其行为仍然完全像气体一样——此时，已不是原子在高速运动和相互碰撞了，而是原子核在高速运动和彼此冲撞。这就是发生在太阳和大部分恒星中心的情况。在这个过程中，某些原子核之间的碰撞是如此激烈，以至于它们结合在了一起，由氢原子核转变为氦原子核，同时释放出能量，这被称为核聚变，也是恒星能维持其炽热的原因。[①]

但当所有潜在的核聚变都消耗殆尽，恒星的中心开始冷却下来时会发生什么情况呢？似乎可以想见的是，原子核会重新捕获自己的电子，恢复到原子状态并从等离子体回到气体云。但要做到这一点，它们就必须从某处找到能量，克服内向引力的阻挠，使恒星中心再次扩大，为原子创造出足够的空间。由于恒星无处获得这种能量，所以这个情况是不可能发生的。正如爱丁顿一贯所表达的那样，这样的恒星不得不捕获能量以使自己冷却下来！"看来，"他在自己的经典著作《恒星的内部结构》中写道，"当其亚原子能量的供应最终失败时，恒星就会陷入难以自拔的困境之中。"

就在1926年爱丁顿著作出版的同一年，工作于剑桥大学的拉尔夫·福勒（Ralph Fowler）指出了一个垂死的恒星怎样才能克服这一困境。他根据新的量子理论进行了推算，发现对于此类恒星，将要发生的情形是它会变为非常致密的状态，其中原子核会嵌入电子海中去。电子本身的压力会使其彼此排斥并撞击着原子核，当恒星收缩到一定尺度时，与其向内的引力达到平衡。使致密恒星达到稳定状态的实际大小，取决于它的质量。福勒计算了各种可能性，发现都非常接近于诸如天狼星 β 这样实际存在的白矮星的质量。量子理论令人满意地解释了白矮星的结构，用现代物理学的语言说，物质处于这种极端条件下时被称为"简并"，它们由于电子的"简并压力"而抱成一团，处于最低的量子能态上——成为一种"简并电子气体"。然而，此后的10年间，一些天体物理学家开始意识到，当考虑到量子力学的相对论效应时，甚至简并电子

① 我在自己的著作《被光蒙蔽》中提供了更多的关于如何保持恒星热量的细节，而相关量子物理学的细节，则在《寻找薛定谔的猫》一书中给出了详尽解说。

气体也无法阻挡致密星向内的引力作用。但这个结果不是来自广义相对论，而是爱因斯坦的老的狭义相对论。

白矮星极限

物理学家用来描述诸如气体、等离子体之类物质性质的方法是所谓状态方程。当气体所处的条件——体积发生改变时（例如，增加双倍的压力），利用它就能够计算出气体变化的方式。恒星中心位置的物质密度，取决于恒星本身质量的大小，因为质量更大的话，引力的挤压力量也就更大。随着恒星物理学的不断进展，一个好的状态方程，将告诉我们恒星中心的密度如何对应于其特定的质量。到 1929 年，利兹大学的埃德蒙·斯托纳（Edmund Stoner）已经表明，即使允许量子效应，简并星中的物质也必然存在着最大的密度，在此极限下，所有的电子将尽可能紧密地楔合在一起。他所讨论的这个密度大约比已知白矮星的密度大 10 倍，乍一看，这似乎并不是那么令人吃惊。但爱沙尼亚的塔尔图大学的威廉·安德森（Wilhelm Anderson）立即指出，在斯托纳所描述的这种极端条件下，恒星内部的电子互相撞击的程度必定空前激烈，这样才能抵抗内向引力的挤压使恒星保持稳定，而此时电子的运动速度将接近于光速，尽管它们只能在下次碰撞前运动一个非常短的距离，然后被反弹，又接着碰撞，恰似某种疯狂宇宙弹球机里被击打的小球一样舞动着，永无止境。如果涉及这么高速度的话，则状态方程就必须考虑狭义相对论效应的影响，特别是当电子高速运动时，其质量会随着运动速度的加快而大大增加。这意味着白矮星最大可能允许的密度，不太可能比天狼星 β 的密度大很多。考虑到这一点，斯托纳重新进行了计算，得到了后来被命名为斯托纳－安德森状态方程的结果，并于 1930 年，在更精确地考虑了相对论效应甚至量子效应后指出，任何质量超过太阳 1.7 倍的恒星，都不可能存在稳定的简并态。但他只说明了所有已知白矮星的质量的确低于此极限，而并没有推测质量超过此极限的恒星，一旦耗尽其核燃料时可能会发生什么情况。

事实上，斯托纳所计算出的极限质量只是一个近似值，他没有把所有的天体物理细节都纳入自己的计算之中——比如，他假设在方程中所涉及的“恒星”的密度处处一致，而没有考虑其内部的密度有所不同。在更精确的基础上进行这种计算，并正确地得出由氦组成的白矮星极限质量略大于 1.4 倍太阳质量的人，是一个了不起的印度科学家。他在进行这些计算时，完全没有意识到斯托纳和安德森的工作，而是在从印度到英国剑桥大学做研究生的旅途上，为了打发轮船上的无聊时间而完成的，当时他只有 19 岁。

苏布拉马尼扬·钱德拉塞卡（Subrahmanyan Chandrasekhar），1910 年（就在这一年，罗素、皮克林和弗莱明夫人意外地成为第一次得知白矮星存在的三个人）10 月 19 日生于拉合尔（当时是英属印度的一部分，现在属于巴基斯坦），他可与爱丁顿并列为 20 世纪的伟大物理学家。他于 1983 年获得诺贝尔物理学奖，除了其他贡献，颁奖词提及了他在半个多世纪前的 1930 年 7 月乘船旅行期间所做的计算。然而，具有讽刺意味的是，关于白矮星结构的研究，使钱德拉塞卡陷入了与爱丁顿的冲突之中，后者坚决不接受这个解释。的确，爱丁顿是如此强烈地反对恒星稳定的质量极限观念，通过他作为天文学界声望卓著巨擘的影响，他能够阻挡对于黑洞问题的研究达一二十年之久。这是十分令人奇怪的，因为作为在广义相对论和恒星结构两个领域中的双料专家，事后看，爱丁顿应该是坚持这一观念的理想人物才对。但当时钱德拉赛卡抵达剑桥时，只差几个月就到他 48 岁生日的爱丁顿，已经背负着最伟大的科学业绩而功成名就，并形成了自己的科学习惯，不再愿意容纳戏剧性的新思想。①

然而，钱德拉塞卡对于自己的新观念也是斩钉截铁般地坚信。当他还在马德拉斯读大学的时候，新的量子理论正在欧洲发展起来，诸如爱丁顿所著的《恒星的内部结构》和阿诺德·索末菲（Arnold Sommerfeld）的《原子结构和光谱线》之类的著作都是他的教科书，他在大学图书馆里阅读的科学论文，也是量子论的先驱如尼尔斯·玻尔、沃纳·海森堡和埃尔文·薛定谔等人的期刊著述。我们之所以能够了解到很多有关钱德拉塞卡在这个时期的经历，还要感谢他在 1977 年所做的口述，这些资料保存在美国物理学研究院的尼尔斯·玻尔图书馆。“我不是被教授了量子力学，”他说，“我是从索末菲的《原子结构和光谱线》上学会了它。”的确，所有的证据都表明，甚至在 1930 年他毕业之前，钱德拉塞卡就比他的大学老师懂得了更多的物理学。他还是个大学生的时候，就发表了两篇研究论文，这项工作的分量使他赢得了到英国学习的奖学金。于是，他在旅途上所做的计算，出自蓝色的海洋。

在剑桥，钱德拉塞卡名义上是在拉尔夫·福勒的指导下开始做自己的博士研究工作（事实上，他几乎完全被福勒所忽视，在六个月当中，他只见过导师一次，大部分时候是在自学，这是剑桥典型的对待研究生的方式）。钱德拉塞卡曾自豪地给福勒出示了自己有关白矮星的质量必须小于 1.4 倍太阳质量的计算——尽管其本人早期曾进行过有关简并星的研究，但福勒仍然认为这个计算没有多大意思。“我当时还不理解这个极

① 这似乎没有给钱德拉塞卡造成任何困扰，他在大学低年级时就把爱丁顿当作英雄来崇拜，并且后来还为其写下了充满感情的回忆传记。

限质量的含义，”钱德拉塞卡说，“所以我不知道它是如何终结的。但很奇怪的是，福勒不认为这个结果有什么重要性。”然而，钱德拉塞卡的计算最终还是于 1931 年发表在《天体物理杂志》——美好的历史性接触，因为他在 1953 年成为这份杂志的主编，并一直干到 1971 年。20 世纪 30 年代初期，在几乎没有任何鼓励的情况下，他坚持了下来，努力寻找着白矮星极限的真正含义。

对于白矮星必须有一个质量上限这一提议，由苏联物理学家列夫·朗道（Lev Landau）在一篇发表于 1932 年的论文中所做的陈述，可以获得科学家们如何对此进行回应的准确印象。朗道并不知道钱德拉塞卡的工作，但他完全独立地得出了相同的极限质量。他的论文中犯了一个错误——因为并非天文学家，他未能适当考虑当恒星中心的核燃料消耗殆尽时，普通气体压力在保持恒星对抗引力坍缩中的作用。但他对于简并恒星却得出了正确的极限质量，并认为，对于任何超过这一质量的恒星，“整个量子理论对此都不存在任何理由能防止系统坍缩到一个点”。那时量子理论还不满 10 岁，所以朗道并不担忧当压力变得极其巨大时必须给出一个解释的问题。如果量子理论认为质量超过一倍半太阳质量的恒星，能够因电子气体的简并压力而稳定存在的话，那么量子理论就是错误的——“我们必须得出这样的结论：任何比太阳质量大 1.5 倍的恒星，必定处于这样的区域，在其中量子力学的定律……是失效的。”

钱德拉塞卡当时正忙于填补其计算中的漏洞，并于 1933 年完成了自己的博士研究，当选为三一学院成员，年方 22 岁就已成熟。满怀对自己新身份的信心，钱德拉塞卡在 1934 年展开了有关白矮星完整理论的工作，并于 1935 年 1 月在伦敦的皇家天文学会上做了报告。但在报告之后，爱丁顿立即站起来说，钱德拉塞卡的理论完全是垃圾。他反对质量极限的观念，其物理学基础不过是朗道自己都不太重视的那个计算。如同朗道一样，爱丁顿也依靠直觉来判断物理学定律哪儿可以或哪儿不可以被应用。但爱丁顿自己在那次皇家天文学会会议的发言中，已经非常接近于意识到质量与太阳相当的黑洞必定存在。他说：

> 利用了过去五年中已被接受的相对论公式，钱德拉塞卡表明，质量大于某个特定极限M的恒星将以完全气体状态存在，并无法冷却下来。该恒星必须不断地辐射再辐射，收缩再收缩，直到它的半径只有几千米时，我想，此时引力已变得足够强大以便抵消辐射，该恒星到最后就能够安静平和下来。

如果他没有就此停步的话，爱丁顿现在将被视为黑洞天体物理学之父。很不幸，他所提到引力扭曲时空的程度非常之大，以致光线也会陷进去，只不过是为了取笑钱德拉塞卡而已。连喘息的停顿都没有，爱丁顿继续说道：

> 钱德拉塞卡博士之前已经得到了这个结果，但在他最后的论文中，他仍然固执己见。当与他讨论这个问题时，我被迫得出这样的结论，这几乎就是一个相对论简并公式的归谬法。虽然可以引入各种偶然因素来拯救恒星，但我想要比这更可靠的防护。我认为对于恒星应该存在着某个自然法则来防止它如此行为！

以后的几年中爱丁顿一直坚持着自己的反对意见，但他始终没有能够找到一个自然法则来拯救超重的白矮星免于坍缩。天体物理学家面对的只剩下爱丁顿所提及的“各种偶然因素”的可能性，这可能是一个巨大恒星年老的时候会失去其物质，物质被吹进太空，使得无论恒星开始的时候有多大，最后结束生命的时候其质量都必然小于现在已经众所周知的钱德拉塞卡极限。即使是钱德拉塞卡本人，也是沿着这些路径进行推算的，并在这些偶然因素中选择了能够使大质量减少的某种巧合的选项。在 20 世纪 60 年代早期，这仍然被教导说是最大的一种可能性（事实上，在 1966 年底，当我还是一名大学生的时候，这一套就被我的老师们严肃认真地宣讲着）。但这看上去总归不是那么合理——毕竟，一个一开始就拥有例如 10 倍于我们太阳质量的恒星，怎么就能“知道”恰好要将多少气体逸出到宇宙中去，以便在其生命即将结束的时候能成为一颗稳定的白矮星呢？这个观念之所以令人半信半疑，根本原因就在于，完全无法使人们接受这是唯一的选择，即恒星必须以最终的引力坍缩来结束自己的生命旅程。

虽然他的质量极限概念早在 1936 年之后就开始进入所有的教科书，但钱德拉塞卡有关白矮星结构的思想花了很长时间才被人们最终接受。1977 年，已经成为天体物理学祖师爷级人物的钱德拉塞卡，回忆其作为一个二十来岁的年轻研究者戏剧性地闯入这个领域的情景时说：“我很惊讶我始终没有被击败。”事实上，他在一定程度上被非议和流言击败过。1936 年他离开了三一学院，来到芝加哥大学工作，在 1938 年，“最终决定，总是处于战斗之中，声称我是对的别人都是错的，也没什么好处。我应该写一本书，表明自己的观点，然后离开这个主题”。

这部题为《恒星结构研究导论》（*An Introduction to the Study of Stellar Structure*）的书于 1939 年出版，并与爱丁顿的《恒星的内部结构》（1926 年出版）一样，已成为经典著作，至今仍为天体物理学专业的学生所采用。言既出，行必果，钱德拉塞卡真的把注意力转移到了其他问题上，并由此建立了一种模式，贯穿于自己一生的工作之中。他先花数年的时间致力于一个特定的领域，然后写一部关于这个主题的总结性著作，之后再转移到新的领域。这个模式使他的专业生涯在 20 世纪 60 年代，涵盖了恒星动力学、恒星大气和将广义相对论应用于天体物理学的其他各个主要领域；在 20 世纪 70 年代到 80 年代，涵盖了黑洞的数学理论。

风水轮流转，今年到我家。当钱德拉塞卡因相对论和黑洞方面的研究而获得诺贝尔奖的时候，他最后的和半个世纪前曾让他闻名于世的一头一尾的工作，都得到了承认，虽然 20 世纪 30 年代中期之后有关致密恒星物理学的研究工作被转到了其他人手中。而这项工作揭示了白矮星极限并不完全意味着恒星简并故事的终结，事实上，至少还存在着一个曾被爱丁顿非常蔑视的垫脚石，让垂死的恒星可以对行将到来的厄运先松上一口气，即“辐射再辐射，收缩又收缩，直到……引力变得强大到足以掌控住辐射”。

物质的终极密度

我已经以质子、中子和电子的方式，描述过原子的结构，但在 1930 年，当钱德拉塞卡首次推导出其著名的质量极限时，还没有人知道中子的存在，物理学家所知道的粒子只有质子和电子。中子携带一个单位的负电荷，而质量远比电子更大的质子，携带着一个单位的正电荷。有关白矮星物质的早期简并描述，只涉及原子核和电子，因为当时并不清楚原子核的精确结构。事情发生在 1932 的 2 月，詹姆斯·查德威克（James Chadwick）在剑桥的卡文迪许实验室检测到了中子。这是一种质量与质子几乎相同的粒子，但不带电荷——第一个电中性的粒子被发现了。一旦发现了中子，很自然地，就会有一些物理学家和天文学家开始猜测可能存在完全或部分由中子构成的恒星，鉴于钱德拉塞卡所得到的奇异结果，也怀疑对于这种稳定的恒星，是否会有任何质量的上限。

沿着这些路径进行计算的第一个物理学家，可能就是列夫·朗道。在有关简并星的原始工作中，他提及了一种可能性，即所有的恒星都可能包含着一个简并核材料的核心，即使是大质量的恒星也能以某种未知方式保持其稳定性（按照量子物理学的原理）。当朗道在一次访问哥本哈根的尼尔斯·玻尔研究所接近尾声时，查德威克新发现的消息传来了，根据当时在场的其他研究人员的说法，朗道立刻就开始谈论纯中子恒星核心的可能性。但他于1932年返回苏联后，直到1938年，却没有发表过任何沿着这些路径的想法。与此同时，有关朗道的种种传闻被乔治·伽莫夫（George Gamow）带出了苏联并广为传播，后者是一位出生于乌克兰的天体物理学家，因与斯大林政权格格不入，于1933年逃到了西方。

恒星内核可能由致密中子物质构成的猜测，吸引了当时的天体物理学家，因为即使到了20世纪30年代的中期，他们仍然不知道恒星是如何保持了自己内部的炽热。比较热门的观点是，某种方式的热核聚变反应提供了能量，使得诸如太阳这样的恒星保持炽热达数十亿年；但因没有人精确地指出究竟是哪种核反应可以在恒星中心的温度和压力条件下完成这一任务，所以讨论其他替代方案的门依然敞开着。中子核心的观点认为，如若恒星的中心是中子类核心，则当其周围的普通物质一层层坍缩进中子球，从而使核心不断生长的过程是十分缓慢的。这种恒星外围部分稳步缩进简并核心的过程，会缓慢释放出以热量形式呈现的引力能。太阳每10亿年辐射所需要的能量，朗道说，只是太阳内部1%的材料以这种方式坍缩的结果。

甚至还有一种坍缩如何才能发生的设想。就在中子被发现后不久，物理学家发现中子离开原子核而单独存在，其持续时间平均而言只有几分钟。它会很快发生“衰变”，分离出一个电子，从而转变成一个质子。这个过程被称为 β 衰变。相反的过程也可以发生——快速移动的电子可穿透质子，并与之结合成一个中子。这被称为反 β 衰变。伽莫夫、朗道和其他少数人认为，在恒星中心的高压高温条件下，电子会稳步地被挤压进质子从而产生出中子，并添加到不断生长的中子球里面去，恰如恒星中心有一个巨大的原子核一样，还有比这更自然的方式吗？

然而，面纱就在所有这些推测中被揭开了。20 世纪 30 年代末，物理学家终于弄清楚诸如太阳这类恒星保持其热度的真实原因，在于其内部的氢转化为氦的核聚变反应过程。理论计算与恒星相关性质的观测之间配合得非常之好，没有给中子球生长的猜测留下任何继续进行下去的余地。1941 年，伽莫夫和他的同事施温伯格（M. Schonberg）指出，恒星中心的“中子化”如果真的开始发生，就将是一个失控的极端过程，恒星内部的整个质量将会突然向内坍缩到一个中子球里，同时以大爆炸的方式释放出大量的引力能。这就给朗道的有趣想法钉上了最后一枚棺材钉。但对于另一位天文学家而言，这是个好消息。他在七年前曾提出，中子星可能是以超新星爆发的方式而得以形成的。尽管有了伽莫夫和施温伯格的理论计算，仍然需要 30 多年的时间才能使天文学界接受这个思路。

这个远远超前的人就是弗里茨·兹威基（Fritz Zwicky）。他出生于保加利亚（1898 年），但其父母是瑞士人，所以他终生保留着瑞士国籍，虽然从 1925 年起他工作于加利福尼亚。兹威基于 1974 年去世，这使他能够在生前就满意地看到自己有关超新星的思想最终被接受，即使必须等待 30 年。

超新星爆发是当今所知的宇宙中最大的恒星爆炸。虽然极其罕见，但在其发生时，一颗恒星所释放出的能量是如此之巨大，其光芒在爆发周期内相当于我们银河系所有恒星光芒的总和——尽管典型的这类星系包含了上千亿颗普通恒星。1934 年，在一篇他与德裔天文学家沃尔特·巴德（Walter Baade，1931 年移民到美国）合写的论文中，兹威基指出，这样一个巨大的能量爆发，势必涉及垂死恒星中有相当可观的质量转换为纯能量的问题，这符合狭义相对论有关物质和能量之间可以相互转化的预言。同年，巴德和兹威基还合作发表了另一篇论文，主要讨论从太空到达地球的宇宙射线产生于超新星爆发的问题。该论文的结尾部分是后来添加上去的，也主要是兹威基的想法（也确实是他们前一篇超新星论文的事后想法），他们表示：

> 就所有的证据而言，我们得到了这样的观点，超新星揭示了由普通恒星变为主要由中子构成的中子星的转化。这种星体可能具有非常小的半径和非常高的密度……因此中子星应该是物质的最稳定状态。

这个发现中子仅仅两年后的见解，从 20 世纪 90 年代的角度来看，也是一个直觉上的大胆飞跃。毕竟，在 1934 年，天体物理学家还罕有白矮星的概念。就算知道了白矮星，若以其半径计，大约是太阳的 1/100，而中子星的半径却只有同等质量白矮星的 1/700！大致上包含着与我们太阳同等质量的中子星，若做成一个球体的话，其直径只有大约 10 千米。就其含有的物质质量而言，白矮星大约 2000 倍于其史瓦西半径——还远远达不到成为黑洞的境界，这让物理学家相当快乐，因为它避免了终极的引力坍缩。但如果中子星存在，它们只比自身的史瓦西半径大 3 倍左右——非常接近稳定的终极（图 3.1）。中子星已经跨在成为黑洞的门槛上了，事实上，假若真的认为中子星存在，则将不得不接受黑洞的存在！

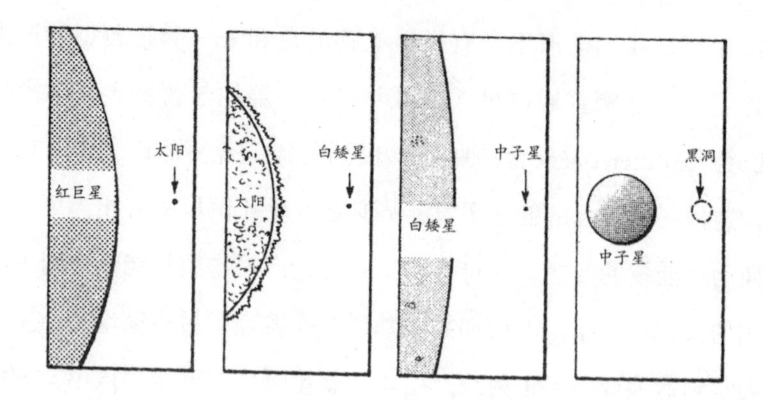

图3.1　天体的相对尺寸。就其直径而言，红巨星比太阳大200倍左右；太阳比白矮星大100倍左右；白矮星比中子星大700倍左右，而中子星只比黑洞大3倍（地球相当于白矮星的尺寸）。所以当中子星被发现时，许多天文学家开始相信黑洞必然存在。

直到20世纪60年代之前，天体物理学家其实一直在回避这种前景，他们宁愿相信超新星爆发之后所留下的不过是白矮星而已。最后，白矮星被证明确实存在，但没有人见到过中子星。那么摆脱多余的质量并确保残留下的重量小于钱德拉塞卡极限的就仅仅是超新星爆发吗？在20世纪30年代末，这么认为是很容易的。关于天体坍缩的研究停滞了1/4个世纪之后，出现了一些富有成效的理论成果。朗道的有关恒星都有“中子芯”的提议复活了，美国的一组研究人员探究了这种“中子芯”，甚至是完整的中子星是否稳定的问题，以及对于白矮星是否真的存在着一个诸如钱德拉塞卡极限的质量界限问题。对这两个问题的答案都是肯定的。

在中子星内部

罗伯特·奥本海默得到了这些答案。虽然他今天被人铭记主要是因为有关曼哈顿工程的工作，这项工作导致了第二次世界大战期间原子弹的发展——从 1943 年到 1945 年，当时他是设在新墨西哥州的洛斯 – 阿拉莫斯实验室的主任，领导着研制原子弹的团队。但在这一切发生之前，他就已经是个杰出的科学家了。

奥本海默 1904 年出生于纽约市，是一个严肃认真的孩子，中学时代一直是班里的尖子学生。他 18 岁进入哈佛大学，只用了三年时间就完成了官方所规定的四年制课程，并在 1925 年以优异成绩毕业，然后转赴欧洲跟随新量子物理学的先驱们继续自己的学业。开始是在英国剑桥大学，然后到了哥廷根。1927 年，他在那儿获得了博士学位。回到美国后，1929 年，奥本海默同时被加州理工学院和加州大学伯克利分校聘请为助理教授。他穿梭奔忙于两所校园之间，出色地完成了这一双重角色的任务，1931 年晋升为副教授，1936 年晋升为终身教授。

一开始，虽然奥本海默刚从欧洲“新鲜出炉”，比西海岸任何人都更了解关于量子物理学的最新知识，但他却是个无可救药的教师：语速太快，咕哝不清，且不停地抽烟。有关他的故事是这样说的：奥本海默一边用一只手在黑板上写着方程，另一只手还夹着香烟；一直注视着他但听不懂他在说什么的学生们，开始打赌说他会不会用香烟写字，或把粉笔当成香烟吸，但他却从未弄混过。当然，奥本海默还是从所布置的作业中得知了学生们的意见，他放慢了课堂演讲速度，使学生听得更清楚，并在课外花很多时间与研究生班的学生共处，最终成为 20 世纪 30 年代校园内外最好的物理教师。他对整个新物理学的发展有着广泛兴趣，这自然而然地使他对中子星的想法感到好奇，并引导一些研究生与他共同工作，研究这些课题。

1937 年，伽莫夫基于朗道的思想发表了一些猜测，而朗道本人有关中子星的思考是在 1938 年才印行出来的。朗道希望恒星在向其中子星的缓慢坍缩过程中释放出能量，让恒星闪耀更长时间这样的观点能够成立，当然，中子星本身也能抵抗引力的内向作用。朗道自己估计，如果其质量比太阳质量小 5% 的话，这样的中子星是可以稳定的，但他的计算太过简单，而且，除了其他因素，也没考虑到当中子星本身达到一定压力时，其行为类似简并气体所带来的影响。1938 年，奥本海默和他的学生罗伯特·塞贝（Robert Serber）指出了朗道计算中的一个缺陷，即为了使计算更精确，从而导致质量的估算偏差高达 30% 个太阳的质量，但这篇对朗道论文的迅速回应，依然没有考虑中子星简并。随即，奥本海默和另一个学生乔治·沃尔科夫（George Volkoff）解决了这方面的难题，同时也包括对中子星内部由于高密度所引起的时空扭曲的修正。他们的结论（论文发表于 1939 年初）是，仅当其质量处于我们太阳质量的 10% 到 70% 范围时，中子星才能稳定存在。所对应的密度范围从每立方厘米 100 万亿克到 10 000 万亿克。当质量大于“奥本海默 – 沃尔科夫极限”时，即使借助于相对论性简并中子态也无法让恒星存在了，他们写道：“恒星将继续收缩下去，永远达不到稳态。”

像爱丁顿一样，奥本海默也发现了这样令人不快的前景。“人们或许可以指望”，他在与沃尔科夫合作的论文中继续说道，该问题的解存在于“其中的收缩速率或更普遍的时间变化，当其变得越来越慢时，这些解不一定被视为稳态的解决方案，而可作为准稳态的解”。这即是奥本海默所看到的走出困境的方式，最终的引力坍缩是由于引力造成的时空扭曲带来的结果，这种恒星坍缩将会使时间流逝得非常缓慢，以致从外部看这个坍缩过程似乎永无尽头。如果恒星坍缩到密度无穷大的点需要无穷长的时间，则就没必要担心在现实宇宙中会发现无穷坍缩天体的可能性。

1939 年以来，简并中子星的状态方程已有所改善，奥本海默和沃尔科夫所得到的基本结论也延续到了今天。其最佳估计是这样的，一个中子星要稳定地存在，仅当其质量超过太阳质量的 10%，并小于三倍太阳质量（也许是太阳质量的两倍）时才可能。这相当于该恒星的半径仅为 9 千米到 160 千米（也许没有哪个中子星的半径大于 100 千米）。

对此状态方程的最终定型，尚未完全解决，这仍然是一个有争议的问题。现在的观点认为，中子本身是由被称为夸克的粒子所组成的，这就引发了一种可能性，在中子星的中心，这些夸克可以自由地漂浮在（相对论性简并态的）流体之中，该形式的流体一般被称为“夸克汤”（quark soup）。但因为，用大白话来说，就是夸克在中子中已经互相“接触”，这种情况不允许其密度大大高于“通常的”简并中子态。即使允许夸克存在，按照其原理，仍然可以很有把握地断定，若质量超过太阳的三倍，中子星就不会稳定地存在。

超越中子星

不像爱丁顿只计算了白矮星的质量比，或如朗道那样只研究了中子星，奥本海默不打算只留下个奥本海默 – 沃尔科夫极限就罢手，他要尽力揭开稳态中子星行为的奥秘。当他发现严格地应用广义相对论于该问题时，并不能防止坍缩的出现，他还是接受了广义相对论方程的结果。1939 年 7 月，通过与一个数学奇才，名叫哈特兰 · 斯奈德（Hartland Snyder）的学生合作，奥本海默完成了一篇论文，该文超出了稳定中子星的研究范围，应用爱因斯坦场方程的史瓦西解，探讨了坍缩恒星周围引力导致时空扭曲的方式。这篇发表在《物理学评论》1939 年 9 月期上（56 卷，455 ～ 459 页）的论文，被认为是当代第一次对黑洞的天体物理学描述，它也被认为是那 20 年中该领域的最后一篇论文。但正如沃纳·伊斯雷尔（Werner Israel）在《引力 300 年》一书中的文章所评论的，其视野之宽广是令人“叹为观止”的。它讨论并使用了若干新概念，这些概念将成为本书读者熟悉的朋友。书中所使用的语言与今天的相对论者所使用的术语也毫无二致。直到今天，要表达我们对于大质量恒星终极命运的理解，仍没有比奥本海默和斯奈德的论文摘要更加简明和清晰的方式了：

> 当所有的热核能源都消耗殆尽时，一颗足够分量的恒星将会坍缩。除了由于旋转而导致分裂，物质辐射或辐射对物质的蒸发，都会让恒星的质量退缩到其中心轨道上，这种收缩将无限进行下去……该恒星的半径逐渐逼近其引力半径，所发出的光一步步变红……对于与恒星物质偕同运动的观察者而言，整个坍缩过程的时间是有限的，是一个轨道日；而对于外部的观察者而言，所看到是恒星无限地向其引力半径收缩。

在这寥寥数语中包含了三个关键概念。第一个是，以一个恒星以外的、没有参与坍缩的旁观者的角度看，恒星确实是在永远地向其引力半径（或称为史瓦西半径）收缩着，这即是“无限逼近”一词在文中的含义。第二个关键概念是哈特兰·斯奈德所提到的变红的光。这是广义相对论所预言的引力效应，在该效应中，当光从大质量物体附近经过时，波长会被拉伸。在可见光谱——彩虹——中，蓝色光和紫色光的波长最短，而红色光的波长最长。如果从蓝色光起始，经过引力拉伸，将使光向红色的方向变动。该过程称为引力红移，只有当光线经过引力非常强的物体时，才能对其波长产生显著的影响。实际上，该效应可以通过测量天狼星 β 或其他白矮星附近过来的光加以验证，这也是一条坚实的证据，说明它们的确是非常致密的恒星。

这种引力红移的产生方式，相当不同于来自遥远星系的由于宇宙膨胀所导致的光红移。后者是因为当其穿过空间到达我们这里时要花费很长时间，在这段时间里空间本身会膨胀，使得光在其旅程中就被延伸了。宇宙红移是整个宇宙正在膨胀的关键性证据之一，也说明了宇宙产生于数十亿年前的一次大爆炸。因为某个遥远星系宇宙红移的大小，与该星系的距离成正比，所以这就为天文学家们提供了直接测量其他星系距离的办法。但这种宇宙红移与引力红移却毫不相干。

也可以从能量方面来思考引力红移问题。蓝光的能量比红光更强，红移相当于光在经过某些恒星附近时所对应的能量损失。虽然光的传播速度是恒定的，但它仍需要消耗能量来摆脱引力的束缚，这就表现为红移现象。对于非常巨大和致密的恒星而言，红移的能量也非常大，若从可见光的形式起始，其可以被削弱到不只是红光，甚至是超出可见光谱的红外辐射形式，或是波长更长的无线电波。这就是奥本海默和斯奈德所说的“一步步变红”。对于从坍缩恒星中逃逸出来的辐射，有个关键点，即当恒星收缩并且引力在其外表面上的强度不断增加的情况下，光就必须将其最初的光能量用完兴许才能逃脱。红移既然已经成为无限，那么光“波”就不再有波动，而是一片风平浪静。光不能逃离已成为黑洞的恒星。这种情况发生在从坍缩恒星逃逸出来的速度就等于光速的时候，此时恒星向内跌落的表面也跨越了其史瓦西半径——这就是为什么按照相对论理论计算出的黑洞引力（或史瓦西）半径，与按照牛顿式关于引力和光的想法所计算出的黑洞半径严格一致的原因。在广义相对论所得到的高度红移式图景中，从黑洞的引力中挣扎出来的光子，仍然是以光速，即每秒 30 万千米的速度传播。

论文摘要所提到的最后一点，包含着一个极其重要的新启示。“偕同运动”的观察者，是一个随着恒星的坍缩而一起落入黑洞的人——如果有人喜欢这么设想的话，也可以是一个坐在初始恒星表面上的人。奥本海默和斯奈德指出，即使在外部观察者看来恒星坍缩是个永远持续下去的过程，对于偕同运动的观察者而言，它仍然不过是数小时就结束的事件。从恒星自身的立场来看，坍缩成黑洞并非一件没完没了、永无终点的事情。虽然从奥本海默和斯奈德的论文中还不能完全弄清楚如何进一步将这些似乎不相容的观点加以调和，但正如我们将要看到的那样，这正是能否利用黑洞作为捷径，跨越空间和时间的关键之所在。

虽然所有这一切在 1939 年 9 月是连做梦也想不到的。但就在数月之前，如何排除以中子星作为基础假设，转而通过核聚变来保持恒星内部的热量问题已经得以解决。就在奥本海默和斯奈德论文出现的同一个月里，英国和法国对德国宣战了。先是在欧洲，然后是美国的这方面科学研究兴趣，就此被转移到了其他方向上去。1940 年，沃尔科夫离开了加利福尼亚到普林斯顿工作，而斯奈德就任于伊利诺伊州的西北大学。1942 年，奥本海默自己则被赋予了选择场地并建立实验室，以开展原子弹相关研究的任务，该工作于翌年在洛斯 - 阿拉莫斯实验室开始进行。这三位先驱者（若是四个人的话就应包括塞伯）后来没有一个人能重新回到中子星和黑洞性质的探索方面。这并不奇怪，因为战争结束的时候，除了兹威基承认中子星的存在性外，没有人相信有黑洞存在。20 世纪 50 年代末，只有少数几个数学家重新回到了黑洞之谜的认识问题。到第二次世界大战结束整整 20 年后，有关中子星确实存在的研究进展才令天文学界大吃一惊，当人们意识到仅仅比黑洞大三倍的天体都可能存在，那么黑洞本身也存在的可能性就极大。

脉冲星之谜

对于坍缩恒星的兴趣，在1967年由于一个偶然的发现而被重新点燃。该发现来源于第二次世界大战期间一批纯科学家转向军事应用研究的成果，这个成果就是雷达。战争之前，天文学家只能在可见光波长范围内使用光学望远镜对宇宙进行观测。实际上，虽然早在20世纪30年代，就已经有人〔在美国新泽西州贝尔实验室工作的卡尔·詹斯基（Karl Jansky）〕注意到在地球上可以探测到来自太空的射电噪，但迫在眉睫的战争没有给射电天文学留下发展的时间。战争期间，沿英国海岸线布设的雷达系统饱受了太空电噪的干扰，该射电噪经确认是来自太阳。这种情况激起了参与雷达研究工作的科学家们的兴趣。战争结束后，他们中的一些人开始使用剩余的军用雷达设备探索宇宙中那些比可见光波长更长的无线电波段的电磁频谱。这个新开启的宇宙观察窗口，改变了20世纪50年代的天文学，如同几十年后我们关于宇宙的观念又一次被改变一样，不过对于后一次而言，正如我们将要看到的，是用火箭和卫星将观测仪器运载到大气层上方，探测了那些波长短于可见光的宇宙射线。

如果利用更短波长的辐射——如紫外线、X射线和伽马射线——来探测宇宙，就需要火箭和人造卫星，因为这些波长的辐射无法像可见光和无线电波那样，穿透地球的大气层而直达地面。射电天文学比光学天文学有一个很大的优势。明亮的蓝色天空让星星在白天不可见，其实这蓝色的光是太阳光经过地球大气层时被空气中的微小粒子反弹（散射）到地球大气中的，所以整片天空都是蓝的。太阳近旁波长更长的红色光线未被散射很多，这就是为什么落日是红的。而这种散射不发生在射电波段，所以只要不直接对准太阳，射电望远镜就不会如我们的眼睛或连接到望远镜的照相设备在白天对着太阳那样被照耀得“眼花缭乱”（无论如何，太阳附近的射电波段都不会如它在可见光波段那么明亮耀眼）。所以射电天文学家可以一天 24 小时观察有趣的对象，而不必当太阳在地平线以上时就停止观测。

事实上，太阳对于来自太空的射电波还是有影响的。但天文学家们巧妙地利用这一“干扰”所得到的信号，找出了更多发射电波的空间物体。从太阳表面逸出着一种恒定的物质流，跨越太阳系而飘散到太空当中去。这种非常稀薄的气体云被称为太阳风，风中的原子不是电中性的。因为即使是太阳表面的条件也具有足够的能量移走原子外围的电子——所谓太阳风，实际上就是某种等离子体，虽然它远比类似太阳这样的恒星内部的热等离子体更脆弱。这种密度类似云雾的从太阳逸出的等离子体物质，使得穿过其间的射电波强度有所减小——表现为“眨眼”或闪烁的情况，就好像地球的大气层也会使来自太阳的光芒闪耀不定那样。

只有恒星会受这种方式的影响，因为它们的图像是一个个很小的光点。而空中显示为盘状图像的行星，就不会闪烁不定，因为细微的波动在圆盘上是看不见的。当然，恒星实际上要远大于行星，它们之所以看上去只是个光点而不是光盘，是因为太遥远了。射电源受到太阳风的影响也适用同样的规律——但对射电源却提供了额外的信息，因为不像恒星，某些射电源是如此之大，使得它们在太空中显示出一种大面积的图像，而不只是一个点。特别是在射电天文学的初期（今天已很少有这种情况了），很难获得类似恒星的光学照片那样详细精确的射电源“图像”，因此射电噪到底是来源于一个点抑或一个扩展域，并不总是那么显而易见。然而，那些闪烁不定的肯定应该是些点源；而那些不闪烁的，就应该是些扩展性物体。由此得到的一个推论是，闪烁着的射电源，距离一定非常遥远。

它在两方面都产生了作用。实际上遥远的闪烁射电源也揭示了有关太阳风性质的信息。正是这种进取路线，使得年轻的射电天文学家安东尼·休伊什（Anthony Hewish）开始调查这些闪烁的射电源，而这些射电源是当新的射电天文台于20世纪50年代在剑桥设立后，才众所周知的。生于1924年的休伊什，于20世纪40年代初在剑桥学习，他属于战争时期少数几个从大学阶段就被抽调到伍斯特郡莫尔文的电信研究基地从事雷达研究工作的物理学家之一。1946年，他返回剑桥继续完成自己的学业，于1948年毕业。然后他就直接从事这方面的研究，并于1952年获得博士学位。闪烁现象不但是他研究太阳风的突破口，整个20世纪50年代，他还用政府资助的仅仅17 000英镑，建造了一架新的射电望远镜，成为利用闪烁现象探索射电源性质的利器。先驱射电天文学家伯纳德·洛弗尔爵士（Sir Bernard Lovell）曾形容这笔奖励资金是“科学史上最具效益的投资之一”。正是利用这架望远镜，休伊什的一名研究生乔斯林·贝尔（Jocelyn Bell）于1967年发现了第一个脉冲星。

贝尔（现名乔斯林·伯奈尔）于1943年出生在贝尔法斯特，1965年毕业于格拉斯哥大学。接下来的两年里，她开始在剑桥攻读博士学位，投身于休伊什的新望远镜建造工作——其结果是形成了某种类似球状的天线，使得大部分人一提到术语“射电望远镜”，立即就会在心目中联想到这东西。观察闪烁的射电源需要特殊的望远镜，因为它能够非常迅速地响应来自太空射电噪强度上的改变。例如，人的眼睛之所以能看到闪烁的星星，是因为其对星光的反应非常快，用计算机行话说，就是“即时地”将一张照相底片曝光几分钟（或几小时）的图像全部显示出来（时间“集成”）。照相能拍摄到以往任何时候人的肉眼都看不到的暗星，但却永远无法显示闪烁。同样，射电望远镜长时间地集成某个遥远天体的信号，对于确定该天体的位置可能很有用，但却永远无法显示其闪烁与否。休伊什所设计的新型闪烁望远镜能即时运行，快速响应闪烁信号。

它的形象更像一个果园而不是司空见惯的望远镜。在四亩半的占地面积上，规律地排列着 2048 个偶极天线，每个偶极子（一种长长的棒状天线）被水平向地安装在一个竖杆上，离地面有两米左右，形成一个横跨很宽的“T”字形。根据休伊什的观测兴趣，横杆长度的选择要适合相应的射电噪波长（事实上，横杆略低于支撑杆的顶部，换个比喻，每个偶极子安装在支撑杆上，看起来就像航船的横帆卷起来挂在桅杆上）。所有这些天线都必须正确连接，使得接收到的射电噪合成为一个信号，该信号被导入一个接收器中，在此处，闪烁作为图表记录仪中连续展开图纸上的一条波浪线而被笔墨自动记录下来。通过改变 2048 个连接在一起的天线的输入方式，该系统可以在剑桥就直接通贯南北天空，持续进行线性扫描。但为了做到这一点，连线就必须恰如其分。而这种烦琐的布线任务，显然就是研究生的工作。

该项目的目的是通过闪烁来确定非常遥远的信号源，即类星体。到 1967 年夏天（就在此时，我来到剑桥，在新建立的理论天文研究所开始了自己的博士研究），新望远镜刚建成并投入了运行，如同所预计的那样，它显示了闪烁的射电噪。对于一块充满了天线的田野，无法像“操控转动”盘式天线那样将其对准周围不同的天域进行观测，但如今贝尔在其博士研究工作中所采用的这个系统，利用地球的旋转来进行周天扫描，这样每 24 小时就可以覆盖一次整个天域。由于闪烁是太阳风引起的，太阳高挂空中就是它最强的时候。但剑桥团队自系统建好之后就永久性开通着这个系统——因为它的运行成本很低，另外也因为人们永远不知道什么时候能发现一些有趣的和意想不到的东西。

1967 年 8 月 6 日，的确有事情发生了。每次周天扫描，都会在记录仪中产生一条 30 米长、带有三根波浪起伏的图线。当望远镜扫过天空，任何特定信号源都只有三或四分钟是“可见的”，即当它正好就在头顶上时。贝尔的工作是按千米数来检查图表，在波浪线上寻找任何看上去有趣的东西。8月6日，当她又在研究图表时，她发现了一个微小的闪烁波动，约一厘米长，对应着望远镜在深夜正好背对着太阳时所观察到的一个微弱射电噪源。这时是不可能有闪烁的，最大的可能是人类的活动所带来的干扰。贝尔在图表的这个她称之为“邋遢”的点上做了标志，并忽视了它。

但这个邋遢点却不断地反复出现——几乎是在每天夜里的同一时刻。到了9月，贝尔已经有足够的信息表明，邋遢点总是来自同一天域，其重复出现的间隔不是24小时，而是23小时56分钟。这是一个重要的线索，因为，地球环绕太阳的轨道运动，通过天上的恒星所显示的路径，确实是每23小时56分钟而不是每24小时重复一次。正当贝尔和休伊什已经肯定他们发现了有趣的东西，并将高速记录仪对准邋遢点进行监测时，它却消失了几个星期。但在11月，它又返回了——新记录仪显示，邋遢点确实是一个射电源，其规律性闪烁的周期是1.3秒。

这是一个惊喜，尽管实际上这个混在恒星群里的射电源就待在固定的地方，而人类无线电噪源的干扰，使休伊什一再地错过了它。没有人见过天体如此迅疾地变化——1967年时最迅速的变化，其闪烁的周期也需大约8小时。但持续的观察逐渐排除了任何人类干扰的可能性，并显示这些脉冲本身是非常精确的，准确地每1.337 301 13秒重复一次，每次持续0.016秒。

所有这些测量表明，脉冲源必须非常小。因为光虽以有限的速度传播，但没有什么能比它传播得更快，任何一个连着另一个持续不断地闪烁的信号源，只有在足够小的情况下，才能允许光线在脉冲间歇精准地跨越它。其作用是，如果一颗类似太阳的恒星距离我们足够远，我们只能将其看作一个点光源，其亮度就取决于恒星表面各个不同亮度区域的叠加。可以想象，若恒星的北半球多出 10% 的亮度，而南半球却暗淡 10%，其结果我们在恒星的总亮度上是看不出任何变化的。我们所能看到的亮度波动，仅仅是当整个恒星同步变暗或变亮的时候。若变化发生得足够慢，比如说，"我开始变得明亮，所以你也最好这么做" 这个信号有时间从北极传到南极，则会发生这种情况。这个 "信息" 可能就是规律性变化的压力，或者以恒星内部携带能量向外对流的方式反复改变，关键是任何物理上变化的原因，其影响最快也只能以光的速度传播。所以只有当恒星足够小，使得某个信息在其自身发生改变之前就能到达它的各个部分，则整个恒星对于外来扰动才能做到同步回应。否则，有些地方会变亮，有些地方会变暗，从而形成混乱。一个精确到 0.016 秒长、每 1. 337 301 13 秒精确重复一次的脉冲，的确只能来自某种很小的——实际上相当于行星大小，甚至更小的东西。

截止到 1967 年 11 月，休伊什和他的团队所面临的一种非常现实的可能性是，他们所探测到的确实是来自某个行星的信号——一束发自另一个智能文明的信号。这令他们万分惊愕，他们内部有人推测有可能是联系上了小绿人（little green men），所以戏称此射电源为 "LGM 1"。休伊什决定暂不公布这个发现的消息，直到他们观测到更多信息。这就是他当时所能做的。

我当时正在剑桥的另一个研究小组，如同所有天文学家一样，我只知道卡文迪许的射电研究员颠覆了某些事情。但也仅此而已，没有人详细了解他们究竟干了什么。于是我们认为，他们毫无疑问会在自己认为恰当的时候告诉我们。并且，我本人对此也并不真的感兴趣，我正焦头烂额地忙着自己的头等大事，作为一个研究生，我被指派开发一个计算机程序，用以描述恒星的振荡或振动方式。在 1967 年底，更有意义的事情似乎是把自己的时间花费在充满天线的领域，但我对于如何将自己的手头工作变得更有用处，以便得到博士学位，却还是没有一个清晰的思路。但是到 1968 年 2 月底，一切都改变了。

就在圣诞节前，贝尔又发现了来自其他天域的另一个邋遢点。这似乎是一个类似的射电源，其脉冲精确性与 LGM 1 相当，但周期是 1.273 79 秒。很快，清单上又增加了两个成员，周期分别是 1.1 880 秒和 0.253 071 秒。更多的射电源被发现了，用小绿人来解释似乎不太可能了。总之，到 1968 年初，对第一批这类天体的仔细观察表明，没有任何蛛丝马迹还能令人指望它们真的是来自围绕恒星进行轨道运动的行星。刨根问底，它们肯定是天然的。随着 LGM 跟班们静悄悄地降临，休伊什认为可以安全地面对公众了——第一次是在剑桥的一个研讨会上，以便让那里的其他天文学家加入行动，然后立即将论文发表在《自然》杂志（1968 年 2 月 24 日的那一期）上，向世界宣布了这项发现。射电天文学家发现了一种新的快速变化的射电源，标题为《对一种迅速脉冲射电源的观测》的原创论文，和术语“脉冲射电源”很快就引发了名为“脉冲星”（pulsar）的冲击波。但贝尔所发现的这些脉冲星到底是什么呢？

兹威基是对的：中子星揭秘

随着发现脉冲星的公布，理论家们摩拳擦掌，跃跃欲试。一种前所未知的天体被发现，必然有人准备为这些现象找到解释以使自己名垂青史。在公布发现的论文中，休伊什、贝尔及其同事直接指出了若干似乎是明显的可能性。如果射电脉冲的产生是个自然过程，而不是来自外星文明，则它们只能产生于一个致密的恒星，没有别的任何东西可以提供脉冲所需的能量。一个尺寸类似地球大小的恒星只能是白矮星，当然，尺寸更小（也允许快速脉动）的有可能就是中子星。已知很多恒星都在振荡或振动，作为其内部能量产生过程中规律性变化的结果，进行着能量的吸收和释放，导致其在亮度上发生变化。也许这也可以发生在致密的射电星上。“极端迅速的脉冲，”剑桥团队写道，“暗示了其以恒星整体脉动的方式作为来源。”他们还指出，快速闪烁意味着做脉动的恒星要么是白矮星，要么就是中子星。这里存在着一个问题。虽然对于白矮星脉动周期的计算已由理论家们在 1966 年完成了，其基本周期不少于 8 秒钟，但这对于解释脉冲星还是太长了。另一方面，即使对于中子星进行一个简单的计算，也能知道其振动周期比第一批发现的脉冲星短得多，在千分之几秒。如果能找到一种办法让它们的振动速度比早先的计算更快一些的话，白矮星看起来似乎是更好的赌注。

1968 年 2 月，我的恒星脉动计算模型工作进行得很出色，可以直接将它修改一下用来描述白矮星的振动。更重要的是，第一个对白矮星振动进行计算所使用的状态方程，并没有充分考虑广义相对论效应。我的博士生导师约翰·福克纳指出，若采用适当的相对论状态方程，也许就可以让其振动速度加快。但到底能加快多少，只有通过计算机的计算才能最终确定。我们一起承担了设计计算机程序的任务（其中使用到钱德拉塞卡在 1964 年发展的一种相对论结构方程），最后发现，我们实际上得到的白矮星振动模型其周期可以缩短至一秒半。我们的结果发表在 1968 年 5 月的《自然》杂志上；进一步的计算还表明，若允许旋转效应，白矮星的振动可以快到每秒 10 次，这是令人兴奋的几个星期，我参与到了重大发现中去。事实上，随着世界各地射电天文学家们观测到越来越多的脉冲星（到 1968 年底就发现了数十个，到现在就更多了），并且我把自己的旋转白矮星模型推到极致，情况就变得很清楚了，我所做的最终实际上是证明了白矮星不可能是脉冲星。

问题是，我所能获得的最快振动周期是使用了不现实的转动量，但仍大于一些新发现的脉冲星的周期。有个发现特别重要，它是天文学家用 300 英尺盘状天线在西弗吉尼亚州的绿岸天文台做出的——这证明一旦知道要寻找什么，任何种类的射电望远镜都能观测到脉冲星。他们发现每秒闪烁 30 次的这颗脉冲星，位于被称作蟹状星云的发光气体云中心附近。

当时已知的高速蟹状星云脉冲星，已足以给白矮星模型造成麻烦（更不必提自那以后所发现的更快的脉冲星）。然而，它的位置比它的速度更加重要。

蟹状星云实际上是一次超新星爆发后的残留物——中国天文学家早在 1054 年就从地球上观察到了这次爆发。兹威基的老同事沃尔特·巴德几年前就曾指出，如果兹威基是正确的，超新星爆发后会遗留下中子星的话，那么寻找中子星的最佳地点就是蟹状星云中心。他甚至在蟹状星云中分辨出了一颗特殊的恒星，并认为这可能就是爆发后留下的中子星。但直到 1968 年之前，几乎所有人（除了兹威基本人）都认为他错了——虽然事实上，休伊什团队在其发现脉冲星的论文中也提到了中子星，20 世纪 60 年代中期之前也有一些理论家曾涉足这类天体的结构及其行为的计算问题。但射电观测表明，蟹状星云脉冲星似乎与巴德很感兴趣的那颗恒星就在同一地点。进一步的研究显示，在可见光范围，这颗星实际上每秒闪烁 30 次——就在几个月前还没有人会认为这是可能的。恒星也能够闪烁得如此之快，这完全超出最大胆理论家的想象。但事实如此，它确实是脉冲星，其能量强大到足以在可见光范围被探测到，而不只是在低能的射电波段。

到了 1969 年 1 月，当设在亚利桑那州基特峰上的斯脱华天文台得到系列观测结果时，每个人都确信，脉冲星就是中子星。还有一点也清楚了，它们其实名不副实，因为它们并没有脉动，而是在旋转，从其比较活跃的那个表面向外发射出射电波束（在某些情况下发出光束）。脉冲星产生脉冲，相当于一个天体灯塔（但是自然的而不是外星文明的产物）旋转发出的光不断地扫过地球（图 3.2）。现在有一个重量级的证据，也是一个很现实的案例。脉冲星是飞速自旋的中子星，其速度之快，许多情况下在这样一颗恒星赤道上的点，就是在以相当于光速的速度旋转。

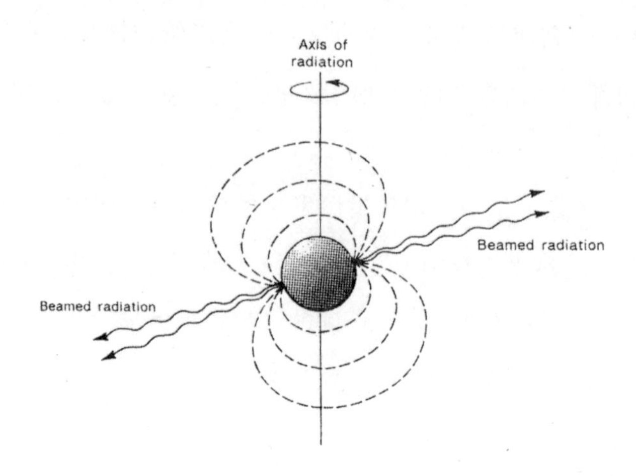

图3.2　脉冲星是一个旋转速度很快、有强磁场的中子星。从其磁极中挤压出辐射，当光束旋转时发出的闪光，就像从旋转灯塔所发出的光束一样。

我记得，自旋中子星可能正适合脉冲星的要求这个观念，在 1968 年春天的剑桥非常流行，也是街谈巷议的话题（伴随着其他或多或少更加狂野的对于脉冲星的解释）之一。但真正把想法写在论文里，并发表在那一年孟夏的《自然》（218 卷，731 页）杂志上的人是汤米 · 戈尔德（Tommy Gold），他也因此博得了脉冲星真正本质揭示者的名声。事实上，就在宣布发现脉冲星之前不久（而在乔斯林 · 贝尔第一次在图表上注意到邋遢点之后）的 1967 年底，佛朗哥 · 帕奇尼曾在《自然》上发表了一篇论文，他在文中指出，如果一颗普通的恒星真的坍缩成中子星，坍缩将会使它加速自旋（就像一个自旋的溜冰者夹紧了手臂）并加强该恒星的磁场，因为它是携带着物质被压缩到更小的体积中的。帕奇尼说，这种旋转的磁偶极子会向外产生电磁辐射。这就可以从细节上解释蟹状星云的中心部分似乎仍然被向外推动着的原因，是近 1000 年之前中国天文学家所发现的那次超新星爆发。这似乎在某种程度上有点不公平，戈尔德是通过把自旋中子星设想与脉冲星相连接而偷窃了帕奇尼的功劳；然而，值得一提的是，关于蟹状星云能量来源的类似想法，早在几年前就在苏联的研究者中间流传开来。并且，在更早的 1951 年，戈尔德就曾在伦敦大学学院的一次会议上推测过，强烈的射电噪源可能从坍缩的邻居致密星那儿获得能量。总而言之，也许审判本来就是个循环，很难有什么结果。戈尔德在其 1968 年的论文中曾提出，将这些想法应用到脉冲星有个关键点，即自旋的中子星应该随着时间流逝而略有减速；当使用在波多黎各的阿雷西博利用天然山谷建成的 1000 英尺碟形天线进行测量时，发现蟹状星云脉冲星的脉冲频率确实是在放慢中，约每月减缓百万分之一秒，“戈尔德模型”就此不再被怀疑。

主要是由于发现了脉冲星，乔斯林·贝尔获得了她的博士学位（休伊什后来获得诺贝尔奖）；我拿到了博士学位，部分是因为证明脉冲星不可能是脉动的白矮星。在当时，这似乎明显是个单调乏味、意义不大的工作。但事后看来，这又似乎比我当时所认识的更值得赞赏。因为如果脉冲星不是白矮星，那就意味着它们无论是振动还是旋转，都必须是中子星。我在那时还缺乏认知这件事情的重要意义的知识，也意识不到中子星的存在就使得接受黑洞的现实性几乎无可避免。但就在人们发现脉冲星的同一年，“黑洞”这个术语也首次被应用在了天文学领域，这绝不是个巧合。在随后的几十年里，黑洞被用来解释各种天文现象——其中包括一个自 1963 年以来就一直困扰着理论学家们的谜团。

第4章 黑洞很多

若隐若现的黑洞是宇宙中能量最强大的天体。X 射线星响铃如钟。霍金怎样输掉了赌局？第一次知道了黑洞——超过一亿个。

当射电天文学在 20 世纪 50 年代获得发展时，天文学家在很大程度上对于宇宙的性质已经有了相当清晰的概念——直接源于爱因斯坦广义相对论的理解。通过将时空结构作为一个连贯整体的描述，广义相对论实际上提供了弯曲时空中整个宇宙的图景。20 世纪 20 年代之前，天文学家认为，宇宙是由我们可以在夜空中看到的恒星和诸如空间中的云雾状气体和尘埃等相关材料构成的——银河系也是这么形成的。尽管单个恒星可能会产生或毁灭于银河系之中，但整个系统则被认为是永恒不变的，就像一个巨大的森林，经历了千百年的岁月之后仍然保持着原来的模样，虽然单个树木在森林里分别进行着自我生命周期的循环。然而在 1917 年，令爱因斯坦大吃一惊的是，当他用广义相对论的方程对整体时空运行进行描述时发现，一个静态的、不变的宇宙是不可能存在的。

红移与相对论

对于宇宙的这种数学描述也被称为宇宙模型。方程所描述的宇宙不一定特指我们当前的宇宙，而是要给出一个适合于我们宇宙各种可能运行模式的范围，如果广义相对论能够很好地描摹现实的话。方程所允许的各种模型宇宙，有的可能一直处于膨胀中，另一些则可能处于持续收缩之中，但却完全排除了静态宇宙的可能性，这似乎与观察到的现象是矛盾的。虽然，广义相对论在其他场合应对各种检验时一直是百试不爽。

这种困境在20世纪20年代得到了解决。天文观测者发现有一些模糊的云，通过望远镜所拍摄的照片看，它们实际上不是银河系里面的气体云，而是独立的恒星系统，其规模与整个银河系相当，位置远远超出我们肉眼所能看到的恒星。观测者认为，宇宙远比先前怀疑的任何尺度还要大，而现在所发现的这些星系，许多都含有数以千亿计的恒星，它们像散布在太平洋中的岛屿一样散布在虚空当中。他们还发现，这些星系彼此之间在不断远离——相互之间的空间在扩大，如此一来，宇宙作为一个整体就处于膨胀当中，这就正好满足了爱因斯坦场方程的要求。

在我看来，这是广义相对论作为时空描述理论的一个最引人注目和最重要的确认。这些方程告诉爱因斯坦，宇宙不可能是静态的，但他（数年中）拒绝相信方程，并怀疑这个理论是否有什么地方弄错了。[①] 大约10年后，又出现了完全独立的观测，并且没有抱着任何对广义相对论这个怪异且鲜为人知的“预言”进行验证的目的。但该观测表明，宇宙

① 实际上，为了保持模型宇宙的稳态，爱因斯坦为方程引入了一个附加项，称为“宇宙常数”（cosmological constant）。晚年，他说这是他职业生涯中“最大的错误”。

确实在膨胀。这个发现多少是个意外，除了少数早已洞悉爱因斯坦工作意义的理论家，观测者所新发现的，不过是他们用方程已经描述过了的并且一直待在科学杂志论文的页面上、藏在学术图书馆里的东西。从此，建立在爱因斯坦场方程基础上的相对论宇宙学，在很大程度上成为我们了解宇宙的依据。宇宙的膨胀告诉我们，所有的东西在很早以前必然都紧紧地包裹在一个炽热、致密的火球中——然后，著名的大爆炸（Big Bang）创生了宇宙。宇宙大爆炸式的膨胀，事实上，就广义相对论方程所述，不过是致密星坍塌为一个黑洞的镜像。

宇宙膨胀的证据来自研究遥远星系的光线。当恒星（或任何其他炽热物体）的光线穿过棱镜形成彩虹样光谱的时候，通常有一些波长非常精确的光线在光谱中显示出锐利的标志线。这些谱线有一定的组合性，每组都与某个特定元素的原子辐射相关联。例如，炽热钠原子（或钠原子被电流“激发”）发出黄色的亮光，就是我们所熟悉的街道照明灯光。研究从遥远的恒星和星系所发出的光谱线，天文学家就能揭开那些恒星和星系的构成成分。他们还指出，遥远的星系正在远离我们而去，因为与地球上同种元素的原子所产生的特征谱线相比，星系的该谱线朝光谱的红端移动了。每一组（例如氢原子）线都会形成如同指纹一样独特的样式；20 世纪 20 年代，天文学家发现，所有来自遥远星系光线的谱线样式，都向红色有所（少许）漂移。

对于这种红移的解释是，光在从遥远的星系传向我们的路上被拉伸了。光线到达我们这里需要花费一定的时间（可能是数百万年），在此期间，按照广义相对论的预言，星系之间的空间还在膨胀，光波也就随之伸长了。因为红色光的波长比蓝光更长，出发时具有特定波长的光线，到达我们时波长就会增加，这就使它们移向光谱的红端。这就是宇宙的红移，其产生的原因与第三章提及的引力红移完全不同。

宇宙膨胀有两个性质值得顺便提一下，即使其与黑洞的故事没有多少关联。首先，红移不是星系远离空间时的移动造成的，而是由于空间本身携带着星系的扩张造成的，类似制作葡萄干面包时，一个个葡萄干被正在发酵的面团携带着彼此进一步相互分离一样。其次，虽然从我们所在的地球上看，星系在各个方向上均匀地远离我们而去，但这并不意味着我们就生活在宇宙的中心。这种各星系之间的空间均匀伸展类型的膨胀，无论身处宇宙的何处，所有观察者所得到的都是完全相同对称的扩张图景，不存在膨胀中心。这种宇宙红移（除了它完全不存在的情形）的主要特征是，它告诉我们星系有多么遥远——红移越大，星系的距离越远。这是关于宇宙的背景知识，在此基础上，理论家们试图把 20 世纪 50 年代发现的天文射频源安放到合适的地方。

射电星系

截止到 1950 年，剑桥的射电天文学家已经分辨出了 50 个来自不同天域的射电噪源。不幸的是，由于无线电的波长远比光波更长，比之可见光之于恒星或星系来，它更难以精确定位射电源的确切来源。从效果上看，射电源的图像比恒星的图像更加模糊不清，除非能够建造远远大于任何光学望远镜的射电望远镜。因此，特别是在射电天文学的早期，很难在可见光对象和新发现的射电源之间加以区分。尽管如此，还是在仙女座分辨出了一个特殊的星系射电源，它是空间中的另一个“岛”，位于我们银河星系附近，是已知射电源中比较微弱的一个。第一批 50 个射电源中的大部分在射电波长上更加明亮。射电天文学先驱们所做的一个很自然的假设是，这些更亮的对象必定是离我们更近一些，是位于银河系内某处的“射电恒星”（radio stars）。

然而，这带来了一个难题，尽管当时几乎没有人注意到。银河系的恒星都集中在一个扁平的盘状空间中，太阳系位于盘子的中部附近，于是银河系就在空间中形成了一个厚厚的光带。而新发现的射电源似乎是随机地分布在整个空中。1951 年，汤米·戈尔德在一篇文章中指出，射电星必须非常紧凑和致密，才能借助强磁场产生这样的射电噪声；在同一篇文章中汤米还指出，这些物体在天空中如此均匀地分布，很可能意味着它们根本就不是恒星，而应当考虑是来自银河之外的其他星系。当时似乎只有弗莱德·霍伊尔支持这个想法，而大多数天文学家都拒绝接受，主要是因为射电源是如此强大——如果这些比仙女座星系的射电噪音强大上千倍的射电源，实际上又比仙女座星系更远的话，那么它们就必须在射电频谱部分产生远比数千倍更大的能量。

转折点出现在 1951 年，当时格雷厄姆·史密斯（Graham Smith）在剑桥使用一种被称为相干测量法（interferometry）的技术确定了一个被命名为天鹅座 A[①] 的强射电源位置。借助相干法，可将两个（或多个）射电望远镜连接在一起，模拟出一个巨大望远镜的观测效果。这种技术迄今已经得到了极大的扩展，它使地球两端的射电望远镜可以同时观察一个射电源并标识它，就如同我们使用的是一架单个射电望远镜一样，它还可以大到使整个地球都成为一架望远镜。当然史密斯在 1951 年开创这项工作时，规模远没有这么巨大，但也足以使沃尔特·巴德和鲁道夫·闵可夫斯基在加利福尼亚的帕洛马天文台用 200 英寸望远镜，确定这个哑铃形的射线源绝对不是银河系的恒星。巴德当时认为，天鹅座 A 有可能是个星系对；现在普遍接受的观点认为它是星系爆发。无论如何，

① 这个名字仅指它是天鹅星座（实际距离上远远超出了）方向上的最强射电源。

尽管它是空间最强的射电源之一，但在可见光波段上，它又是如此微弱，即使是在地球最大的光学望远镜中留下的影像，也只是个淡淡的斑点。当巴德和闵可夫斯基测量它的红移时，他们发现，这个遥远星系的特征谱线向红端飘移了 5.7%——这对星系而言是巨大的红移，意味着它的距离有上亿光年。天鹅座 A 的“退行速度”[①] 达到每秒 17 000 千米，这是个令人印象深刻的速度，并在射电波段上释放出比我们的邻居仙女座星系大 1000 万倍以上的能量。其实在绝对意义上，天鹅座 A 在射电波段产生的能量，也比通常的亮星系在可见光波段产生的能量大。

一旦某个射电星系被确定下来，其他的很快就会随之而来。剑桥天文学家们通过对太空进行普查，发现了很多射电源，普查中所采用的分类目录编号现在仍然被经常引用——例如，射电源 3C 295 就是被剑桥列入第三类、第 295 号的射电天体。3C 类目录完成于 1959 年，包含 471 个射电源的清单；天鹅座 A 也可以称为 3C 405。这些射电源并非都是星系，某些天体对象的确是与我们银河系有关联的，比如，蟹状星云（3C 144）里（我们现在知道）就包含着一个脉冲星。截止到 20 世纪 60 年代早期，其中一些尚未从光学方面加以确定。但很多射电源被确定是遥远的星系，有的甚至比天鹅座 A 更远，因此，相应的射电能量会更大，如此才能到达我们的射电望远镜。那么，所有这些产生射电噪的能量是从哪里来的呢？没有人确切地知道。但在一篇发表于 1961 年的论文中，苏联天体物理学家维塔·金兹堡（Vitahi Ginzburg）提出了一个颇有见地的建议，他认为诸如天鹅座 A 这样需要巨大能量来维持的射电源，可能是星系向其中心部分的引力收缩为其提供了能量。

---

① 天文学家是为方便起见而使用这个缩略的术语的，他们当然知道，红移实际上是因为空间的膨胀。

这里面也没什么特别神秘的地方，除了在金兹堡所描述效应的规模方面。如果把一块石头扔向地面，石块因被引力加速而获得能量——当它撞击地面时，石块的这种运动能量（动能）被转化成石块和地面内部原子和分子之间的挤压，而这样的挤压导致（微小的！）温度上升。石头所具有的引力势能首先被转换成动能，然后又转换成了温度（热能）。当大量气体云雾在空间中收缩形成一个新星时，同样的事情也可发生在更大的范围内。气体云雾内部的单个原子或分子，在引力的驱动下向中心下落时的加速度，也可以被转换成粒子之间相互撞击的紊乱热运动，从而使其中心变热。这就是恒星内部之所以能获得足够高的温度从而启动核聚变反应的原因，然后只要还有燃料供应，这种反应就会一直持续下去，源源不断地提供热量。如果有足够大的质量以这种方式收缩，那么，如金兹堡所指出的，就可以产生巨大的能量。使宇宙气体收缩下落的引力越大，能量的释放就越容易。就在金兹堡提出射电星系是以这种方式来增加其能量观点的数年后，天文学家们开始意识到，在某些情况下，他们应该着手应对强引力场的问题了。首先，这一切都开始于射电星的发现，然后，看上去纯粹是射电星的东西，却变成了某种前所未知的天文现象，包括在地球上所能看到的最遥远的物体，某些以相当于光速 90% 的速度退行，接收到的光信息是它们 100 亿年以前留下的，而太阳和地球的形成，也不过是在 50 亿年以前。

类星体

发现类星体之类天体的第一步，是在 1960 年迈出的，当时是为了查明剑桥第三类目录中的 3C 48 射电源的光学对应体。首先，天文学家们利用世界上最大的可控盘式天线，即把设在卓瑞尔河岸天文台的射电望远镜，连接到一个相干测量系统中，发现此射电源的射电噪发自空间中一个张角小于四弧秒（相当于火星距离地球最远时的张角）的细微区域。然后，根据这一信息，加州理工学院的托马斯·马休斯（Thomas Matthews）使用设在欧文斯山谷的射电望远镜，尽可能精确地对此噪源进行了定位。之后，他的同事艾伦·桑德奇（Allan Sandage）用200英寸望远镜对此天域进行了一个长时段的曝光（90分钟）拍摄。照片显示，这似乎是一个蓝色的恒星，甚至比乔德卓瑞尔河岸天文台观测设定的界限还要小，并精确地处于该射电源的位置上。

当天文学家们考察一个可见光天体时，他们所做的第一件事就是取得它的光谱。他们也及时地对3C 48做了同样的事情，并发现其光谱上的标识线虽然很齐全，但排列的样式却是在任何其他恒星上都难以见到的。特别是，观察者找不到氢元素所对应的特征谱线，尽管迄今为止氢是所有恒星中最常见的元素。

1960年12月，桑德奇在美国天文学会的年会上宣布了这个发现。但因他和同事都对3C 48的光谱感到非常困惑，所以他们甚至没有将其发现结果在该年会的通讯上公布出来。除了《空间和望远镜》杂志在数周后刊登的一篇对此次会议的报道中简短地提及了一下之外，直到1963年，有关这个发现再没有发表过任何只言片语。直到那时候，马休斯和桑德奇也还不清楚他们发现的到底是什么。《空间和望远镜》的报道是这样评论的：

> 由于3C 48的距离是未知的，那么它是一个非常遥远恒星系的可能性也很小。相关的天文学家普遍认为，它是一个相对较近但具有奇异性质的恒星。

到了1963年初，这个观点仍然是个共识。然而，仅仅过了几个月后，对另一个3C射电源的考察就表明，这个共识是错误的。

这些考察源于一个确定射电源位置的新方法，该方法是由英国天文学家西里尔·哈泽德（Cyril Hazard）创建的。当月亮在天空中移动时，会从一些恒星的前面经过，还有一些天体，也正好处在月亮通过天空所留下的径迹中。这种情形——很像日食——是众所周知的掩星现象。1961年，哈泽德指出，如果某个射电源被这样掩蔽，那么，通过仔细计量射电源"在空气中消失"的时刻以及它又重新出现的时刻，就有可能根据已知的月亮在天空中的位置，来确定射电源的位置。需要做的就是在星图上画出两条曲线，一条，当射电源消失的时刻，标记月亮的前缘；另一条，当射电源又重现的时刻，标记月亮的后缘。两条曲线彼此有两处交叉，空间的这两个点中至少有一个是射电源的位置，而通常的射电源测量很精确，足够在它们之间做出辨别。

事实上，如果幸运的话，还可以做得更好。哈泽德在1962年也意识到了这一点，即对射电源3C 273，实际上存在着三个被月亮掩蔽的机会（4月、8月和10月），但都一直未能分辨出有任何可见光天体。通过这三次掩蔽，对于该射电源，技术上就应该给出毫不含糊的、精确的定位。于是，哈泽德和同事在澳大利亚帕克斯天文台使用了一个新的射电望远镜来监测这些掩蔽，并再次用200英寸望远镜拍摄了图像，照片显示，就在该射电源的位置上，似乎依然存在着一个蓝色的恒星，但这次还清楚地显示了它在往外喷射出一些东西。

这颗"恒星"也有不同寻常的光谱，呈现出一种陌生的谱线样式。在加利福尼亚工作的荷兰裔天文学家马丁·施密特（Maarten Schmidt）第一次获得3C 273的光谱时，就对这种奇异性做出了解释。他意识到有四条谱线的一个特定组合，可以被解释为是氢的特征"指纹"谱线——

但有 16% 的红移，如果接受这一数值的红移量，则光谱中的其他特征谱线也都回归到了原位。与施密特一同工作于加利福尼亚的杰西·格林斯坦（Jesse Greenstein）曾在 1961 年获得了 3C 48 的光谱，这时也立即重新审查了他的旧数据，并发现那些奇怪的光谱也可以被解释为一个更大的红移——惊人的 37%，对应于每秒 110 000 千米的退行速度，距离为数十亿光年。

帕克斯团队“发现”3C 273 的论文、施密特宣布其红移的论文以及格林斯坦和马休斯宣布 3C 48 红移的论文，全部刊登在 1963 年同一期的《自然》杂志上。施密特在他的论文中指出，只有两个原因可以引起如此巨大的红移，或者是引力拉伸了光线，或者是宇宙的膨胀。他还指出，但“如果不是不可能，它会极其困难”，考虑到 3C 273 案例中观测到的引力红移引起的特殊光谱，“当前……用河外星系作为其根源的解释，似乎是最直接和最少令人反感的”。30 年过去了，仍然如此。现在有了更重量级的检验证据，这些看上去像恒星但却有巨大红移的天体，经过验证的也有数以百计了，它们的确处在那些红移所隐含的宇宙尺度的距离上。

宇宙能量站

虽然在其被发现后，立即就被命名为“quasistellar”（类星体），但旋即就缩写为“quaras”。就我们现在所知，以及我们在天文学中所知道的一切，类星体是遥远星系的明亮核心，输出着巨大的能量，比诸如仙女座的普通星系明亮百倍（或更多），使其能穿越数十亿光年的空间而为我们所见。类星体输出端的迅疾变化表明，若采用与限制着脉冲星大小同样的原因来理解，则该能量来自大小仅与我们太阳系相当的区域内。它们是宇宙中至高无上的能量中心。那么为何如此之小的源头，却可以产生如此之大的能量呢？金兹堡曾为此提供了线索。在《自然》杂志 1963 年发表 3C 273 论文的同一卷第 533 页，还有弗莱德·霍伊尔和威利·福勒合写论文提出的建议，其所需要的能量只能以这样的方式产生，一个质量相当于一亿个太阳的天体，坍缩到“相对论极限”——换言之，史瓦西半径——时所释放出的引力能。事实上，具有这种质量的天体，其史瓦西半径正好是相当于太阳系的半径。但天文学家们还需要再花 10 年的时间来接受这个观念，即类星体中的宇宙能量中心，确实是超大质量的黑洞。

在某种意义上，这部分是因为类星体被发现得太早了点——甚至是在确认脉冲星之前，脉冲星的存在表明，必有中子星存在，因此，几乎可以肯定黑洞也是存在的。20 世纪 60 年代，各种千奇百怪的有关类星体能量来源的理论被谈论着，但几乎尽数遭到淘汰。只有一个建议（来自苏联研究者雅科夫·泽尔多维奇和伊戈尔·诺维科夫，以及美国的埃德·萨尔皮特），早在 1964 年就已在某些细节上得到了推进，并经受住了时间的考验。自那时以来，虽然这种模型已被修改了很多，尤其是唐纳德·林登贝尔、马丁·里斯和他们的同事在剑桥所做的工作，但本质上还是相同的。

它为我们描绘了一个中心黑洞：大小如太阳系，质量为太阳的一亿倍，位于年轻星系的中心[①]，周围环绕着旋转的物质盘，供它逐渐吞噬质

① 该星系必须是年轻的，因为如果我们是通过光看到类星体，而这些光本身又花费了几十亿年的时间才到达我们这里，说明宇宙从大爆炸中诞生后没多久，它们就出发了。这是个合理的猜测，当时宇宙还很年轻，星系里充满了气体，也尚未形成恒星，就是这些东西喂养着黑洞。这也解释了为什么老星系离我们更近，并且不以这种方式活动，即使它们停靠在超大质量黑洞的附近，因为周围没有多余的气体来喂养这头怪物。

量。它所吞噬的每一口物质，都使它释放出引力能，加热周围的物质。因为它的周围是盘状物质，从黑洞区域逸出的能量，都是沿着黑洞的两极方向喷射出来的，往往产生类似在 3C 273 中所见的射电流（图 4.1）。确实，这很像脉冲星辐射能量的方式，但是没人知道类星体什么时候会被发现。

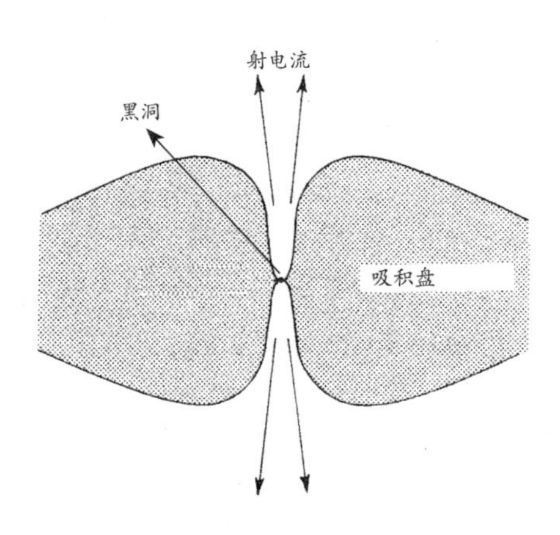

图4.1　物质吸积盘围绕着黑洞旋转，仅在黑洞的“两极”留下两个狭窄的通道，物质和能量可以通过这里逃逸出去。

以本书的观点看，这类黑洞有两个显著的特点。第一，尽管有巨大的质量，但像这样一个天体的密度，大致与我们的太阳相当——比水的密度小一半，几乎完全是米歇尔在 18 世纪所设想的“暗星”类型！第二个惊人的发现是，黑洞吞噬物质，将引力能量转换成辐射，是如此高效，使类星体可以发出比普通星系明亮 100 倍的光，而每年只需要消耗相当于二或三倍于太阳质量的物质以保持它的输出。由于星系含有数以千亿计的恒星，这就很容易明白为何一个类星体可以持续百万甚至上亿年地大放光明。

更重要的是，除了借助于这些宇宙能量中心，没有别的办法能解决类星体的能源输出问题。它们的存在是非常有力的证据，事实上，黑洞

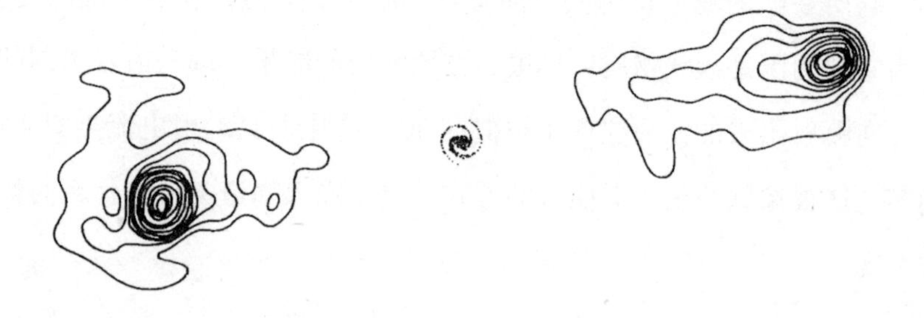

图4.2 从超大质量黑洞喷发出的能量流，或许可以解释为什么许多星系都位于两个高射电噪“混沌团块”的中间位置。射电噪有可能来自这样的区域，在其中，中心黑洞的喷发流与空间中的气体相互纠缠在一起。

确实存在——现在的天文学家已广泛认可，许多星系包括我们自己的银河系，也可能有一个黑洞的核心。有证据证明，各种能量活动都在星系的中心进行，从活跃程度处于安静如我们自己的星系，到最活跃的如类星体。我们的星系和类星体之间的差异，可能就是银河系中心有一个质量仅为 100 万个太阳的黑洞，它吞噬了周围所有的物质，所以没有吸积盘气体留下来持续喂养它。

所有这些成为现实的进展，都是在 20 世纪 70 年代后期——有些还延后到了 20 世纪 80 年代才发生。那么，在发现了脉冲星之后，为什么还会花费这么久的时间呢？部分原因是在 20 世纪 60 年代到 70 年代期间，对于黑洞产生了很多新的理论理解（更多有关情况见第五章）。但主要还是因为在 20 世纪 70 年代早期，天文学家发现了若干质量只数倍于太阳，并且身处银河系之中的黑洞存在的新证据。这种“恒星质量”尺度黑洞的存在性说服了怀疑者，有关类星体的超大质量黑洞理论才走上了正轨。但为这个发现奠定基础的，实际上是在更早的 1962 年 6 月，哈泽德和他的同事们使用月亮掩星观察技术，设法为 3C 273 定位的工作。

X 射线星

电磁频谱不仅包括可见光和射电波，还包括红外辐射、紫外线、X射线和伽马射线，这些波都服从麦克斯韦方程并以光速传播，但X射线、伽马射线等（不同于射电波和可见光）都不能穿透地球的大气层。为了在这些波长下观测到宇宙的形象，天文学家必须将仪器放置在大气遮蔽层以上。起初利用气球和火箭，然后利用轨道卫星。早在1948年，美国科学家利用第二次世界大战遗留下来的、捕获自德国V2火箭上的简易测量设备进行测量，发现太阳是个弱X射线源，同时也是射电和可见光源。X射线是比可见光能量更大的一种辐射形式，但波长更短，仅大量产生于比我们的太阳更热的天体。天文学家们对太阳本身能产生一些X射线并不感到惊讶，特别是当太阳表面发生剧烈耀斑活动时，但如果其他恒星产生相似数量的弱X射线，即使是从地球大气层外部探测恒星的X射线，也没多大的希望。虽然在整个20世纪50年代只是时断时续地研究着太阳的X射线活动，但没有人怀疑，有可能从比太阳更远的空间距离探测到X射线。的确，当研究人员实际着手从一个比太阳更靠近我们的天体——月球上去寻找X射线时，X射线天文学的阶段就到来了。

当然，月球过于寒冷，不能产生自己的X射线。但一些科学家推测，太阳发出的高能粒子（所谓太阳风）撞击到月球表面，这些粒子的撞击可能激发了月球物质的原子，使它们发出X射线的特征波长。如果发生这种情况，就可通过X射线光谱分析的方法来找出月亮是由何种物质组成的。1962年6月18日（星期一），通过发送携带探测仪器的阿罗比火箭，一个鉴定月球X射线的实验在美国新墨西哥州的白沙启动了。在某种意义上说，它是失败的，因为它未能从月球上探测到任何X射线，但它也有个惊人的和意想不到的成功，那就是发现了一个明亮的X射线源，它似乎来自空间中的一个点域。

在飞行期间，仪器处于大气层之上的时间不到6分钟，但旋转探测器还是发现了微弱的来自天空各个方向的背景X射线，并捕捉到至少另一个单独的弱X射线源，感觉上这个射线源应该是明亮的，似乎是个远离太阳系的天体，这被后来的探测所证实，它总是处于天空中天蝎座方向的同一区域。所以很快就被称为天蝎座X-1（意思是第一个天蝎座方向上的X射线源）。其外面有一个非常之热并且充满能量的东西，它生产丰富的X射线，在星际空间中清晰可见——是个真正的X射线星。

很快又发现了其他一些X射线源。但起初，没有人知道何种恒星可能会产生X射线。X射线天文学遇到了与射电天文学类似的问题，特别是在初期——探测器无法精确地定位研究对象的位置。在射电波的情形中，是因为要涉及很大范围的波段，而X射线波长很短，因此原则上精确的X射线望远镜不需要和射电望远镜一样大，甚至还不如200英寸光学望远镜大。因此，第一次火箭飞行所携带的仪器很小，几乎不能算得上望远镜——它们有像广角相机镜头一样的方向敏感度。更重要的是，它们是移动的。在发现天蝎座X-1以及突破大气层短短几分钟后再次回落的飞行中，火箭每秒旋转两次，确保探测器扫描到整个天空，但这却使得精确确定所发现的X射线来自何处变得更难。因此，X射线天文学家借用了射电天文学的技巧之一来辨别这些来源，第一个被确定的来源是在蟹状星云之中。

1963年4月的火箭飞行，大致确定了天蝎座X-1的位置。该飞行也在总体蟹状星云方向上显示出一个非常微弱的X射线源。显而易见的猜测是该射线源必然是在蟹状星云里面，毕竟它是超新星爆发的场所。美国海军研究实验室的赫伯特·弗里德曼（Herbert Friedman）认为，该X

射线源可能来自超新星爆发留下的一颗中子星，天蝎座 X-1 可能也是超新星的遗迹。这标志着兹维基和巴德早在 30 年前就提出的中子星产生于超新星爆发的观念又开始复活了，并很快随着脉冲星的发现而产生了一个戏剧性的转折。

弗里德曼很幸运。当时，他的团队所发现的 X 射线源被怀疑可能与蟹状星云有关，而此时哈泽德的月球遮蔽技术刚刚在 3C 273 的鉴定中取得了令人瞩目的成就。更重要的是，蟹状星云本身位于被月球遮掩的右半部分天空。这种情况每 9 年才会发生一次——下一次发生是在 1964 年 7 月 7 日。对于弗里德曼研究小组来说，这正是一段很好的准备时间来计划阿罗比的飞行，以监测月掩期间的 X 射线源。

不像听起来的那么容易。这次发射是完全定时的，以便 5 分钟左右的观看时间恰逢掩星——计时的延迟会破坏实验。阿罗比发射本身还远远不够完善——因为控制系统的缺陷，连续六次发射在接近关键时刻时失败了。但一个重要的部分还算运转完美，并显示出 X 射线确实是来自该星云中心的一点，这个点被弗里德曼自信地定义为一颗中子星，虽然这个结论直到发现脉冲星之前并不完全被大家所接受。然而，即使从未发现脉冲星，X 射线恒星的继续研究将很快证明，它们一定与非常致密的天体有联系。

天体能量站

弗里德曼自信的理由是，鉴于这些恒星所产生的巨大能量，至少有一些 X 射线源一定是中子星。正如我已经提到的，将物质投进一个强大的引力场，是一个释放能量的非常有效的方式。下降物体加速到非常快的速度，当它击中降落对象的表面，动能转化为热能。降落物体到达中子星表面，将是使恒星表面变热的一个好办法——的确，如此之热以至于会在 X 射线波段产生大量的辐射。甚至在 1964 年，人们也很清楚这是个常理（只要你相信中子星的存在）。但有什么样的证据能够支持这一观点呢？

证据是随着一个可见恒星与天蝎 X-1 的鉴别而到来的。随着 X 射线探测器的改进，射线源的位置被定位得更加精确了。1966 年 3 月，对光学天文学家们来说，已经有足够准确的定位来展开行动。在那年 6 月（脉冲星存在性线索发现前的整一年），日本观察者发现一个奇特的接近天蝎 X-1 猜测位置的恒星。借助 200 英寸望远镜的研究，很快就显示出这颗星以非同寻常的方式闪烁，每分钟亮度都在变化。天文学家按常规对天空进行拍摄记录，20 世纪 90 年代，这颗恒星也显现在这些照片上，表明它在一个长时间尺度上也有变化。但是鉴别这颗星与天蝎 X-1 有联系的显著特征是，它在光谱的 X 射线部分比它在可见光中明亮 1000 倍，并且放射出的能量大约相当于太阳释放总能量的 10 万倍。

闪烁、燃烧，和天蝎 X-1 整体输出的能量，可以进行一揽子解释。它需要有两颗恒星与 X 射线源有关联——这是一个双星系统，两颗星相互绕转，锁定在相互引力的怀抱中。在这种情况下，如果一颗星是致密和紧凑的，而另一颗是更大的，拥有更扩散的大气，来自大恒星大气的气体由于潮汐作用飞速离开，并被小恒星吸引。当气体盘旋而下到达小恒星时，它会形成一个原料旋涡盘，当引力能量转换成动能时，盘本身产生热量 ——在很多方面，很像一个微型类星体。但即使在 1969 年，所有天文学家的头脑中尚未完全建立类星体的模型。小而致密的恒星被非常热的气体或等离子体环绕着，它辐射 X 射线（还有相对数量的可见光），并通过从更大恒星下落的气体吸取原料而持续更新。

1969 年，就可以根据被掩蔽恒星周围的热等离子体振动来解释来自天蝎 X-1 的光闪烁，这颗掩蔽恒星是在这样一个双星系统中——有时这些闪烁在变得更加凌乱之前，显示出定期的短爆发和周期性波动；有规律的爆发通常伴随着大耀斑，它可被解释为一个特大型伴星释放到 X 射线星的物质所导致的额外爆发能量，并且能使等离子体震动，就像一个巨大的锤子在持续地敲钟。

如此高温等离子体的振荡，取决于其物理性质（如温度和密度）和其拥有引力场的能量。天蝎 X-1 光谱的研究显出等离子体的形象，因此等离子体的振荡周期显示出引力场的强度。我在 1969 年设法取得的数字是毫无惊喜的——天蝎 X-1 的闪烁表明，掩星有可能是一颗白矮星，不可能像太阳一样是一颗普通恒星，最有可能是一颗中子星。没有人对我的结论感到特别惊讶或印象深刻，因为随着两年后脉冲星的发现，这个结论到来了，那时的天文学家们不再怀疑中子星的存在。但有趣的是，这种对 X 射线源的研究，提供了完全独立的中子星存在的证据。因此，如果天蝎 X-1 早一点被辨别或者脉冲星晚一点被辨别，中子星就可能以这种方式被发现。X 射线源双星模式的出现成为接下来的巨大进步，它发生在 20 世纪 70 年代，并提供了有史以来某个确定射线源确实是个黑洞的最佳证明。

最初的候选者

随着用于探测空间中 X 射线的观测卫星的发射，X 射线天文学于 1970 年 12 月 12 日步入了太空时代，它取代了只能持续飞行几分钟的火箭探测。这颗卫星上的探测器在环绕地球的轨道上，能够连续扫描天空。

只要卫星不脱离轨道，它们就会不停地工作。并且，经过 8 年的发展，这些探测器比早期发射的阿罗比火箭上的仪器更加精确和灵敏。

第一颗 X 射线天文卫星是从东非肯尼亚海岸的海上平台上发射的。之所以选择这个位置，是因为它正好在赤道以南，通过从赤道发射火箭到西向东轨道，就能更好地利用地球自转的趋势使其加速进入太空。通过一种弹射效应，给予了它每小时约 1000 英里的初速度。这之所以很重要是因为由美国宇航局提供的火箭是由意大利团队发射的，而这是一个相对较小的、被称为童子军的团队。确切的发射日期选在纪念肯尼亚从英国殖民统治独立七周年之际，为了记录这一时刻，该卫星被命名为乌呼鲁（Uhuru），在斯瓦希里语中是“自由”的意思。名称的选择有两方面的考虑，一是因为这是第一次从非洲发射，二是因为这次发射将冲破大气层对太空的覆盖，把天文学家从与观测阻碍的斗争中解放出来。

乌呼鲁在三年的时间里所做的观察价值是巨大的，打个比方，它对科学的影响，就好像地球在 1970 年 12 月前一直被云层笼罩，然后，云层突然退去，露出了满天繁星。乌呼鲁发现，太空中实际上布满了 X 射线源，一些能够通过可见星来加以辨认，另一些则不能。有些射线源，比如，天蝎座 X-1 和蟹状星云源，很明显是银河系的一部分；其他的则明显与遥远星系有关。宇宙比天文学家想象的更加暴力，也更有活力。即使在发现天蝎座 X-1 以后，乌呼鲁和它的后继卫星又继续对这些射线源进行了大量监测，结果显示，它们像典型的 X 射线源一样多变。

自 1970 年以来，X 射线天文学的故事可以写成很多本书，目前已经有人在做这些工作了。我这里将集中记述乌呼鲁和它的后继卫星探测到的一个射线源。这个源头在 1962 年先驱阿罗比火箭的航程中同样被发现过，它比天蝎座 X-1 看起来要微弱。虽然其能量变化不定，有时却是天空中在 X 射线方面仅次于天蝎座 X-1 的第二亮天体。它位于天鹅座方向，也是那部分空间中的第一个 X 射线源，因此被称为天鹅座 X-1。

乌呼鲁监测的一些 X 射线星表现出有规律的变化，就像脉冲星的 X 射线变体。这与中子星的旋转有关，它们从伴星的下落物质中获得能量，正如已经被接受的天蝎座 X-1 模型。我们之所以看不见天蝎座 X-1 有规律的脉动，可能是因为太阳系恰好不在那个特定射线源的“探照灯”扫描区域。（同理，对于我们看到的每个射电脉冲星，一定有一些，也可能是很多，是我们无法检测到的，因为它们的射线束恰好不经过太阳系。）但是天鹅座 X-1 不是这些 X 射线脉冲星之一。它也不和天蝎座 X-1 完全一样，虽然它们有很多相似之处。它的 X 射线亮度快速变化，偶尔会有大的闪烁，并伴有短暂的间隔，这期间会呈现出比较有规律的闪烁，其周期从零点几秒到几秒不等。这些短暂的闪烁要比天蝎座 X-1 更快。这说明振动的等离子体受到更强大的引力场吸引，因为天蝎座 X-1 几乎可以肯定是中子星。这看起来就很有趣了。此外，根据通常的光速参数，这样的快速闪烁也直接告诉我们，这些 X 射线源直径一定不超过 300 千米。

随着乌呼鲁提供的天鹅座 X-1 定位值的不断改进，天文学家们开始寻找其光学对应源。不幸的是，那部分天空中有许多恒星存在，并没有明显的途径让他们寻找到自己感兴趣的对象。不过，也许射电天文学家可以对 X 射线天文学在这个阶段的发展提供帮助。卫星上正在使用的探测器，在定位方面并不比地面上的射电望远镜更加精确，而后者还可以利用正在不断改进的相干测量系统。西弗吉尼亚的绿岸天文台的射电天文学家指出，作为乌呼鲁普查射线源研究的一部分，他们的仪器可用于寻找天鹅座 X-1 的大方向。1970 年 6 月和 1971 年 3 月，他们进行了两次尝试，但什么也没找到。直到 1971 年 5 月 13 日，他们终于在那个空域中探测到了射电噪。与此同时，荷兰韦斯特博克天文台的射电天文学家，也在同一空域发现了一个突然“打开”的射电噪源，开始是在 1971

年 2 月 28 日（开始探测，但没有任何发现），然后是在 1971 年 4 月 28 日（当再次探测时，发现了射电源）。这两组观测表明，该射电源是在 3 月 22 日到 4 月 28 日之间的某个时间内打开的。乌呼鲁的数据显示，正是在射电源出现的这段时间里，从天鹅座 X-1 输出的 X 射线量下降到其前值的 1/4。没有人知道这是怎么回事（没有人能给出一个令人满意的解释），但所有这些事件在时间上是重合的。显然，这个“新”的射电源与天鹅座 X-1 必定存在着某种联系，其中 X 射线的能量以某种方式转移到了射电噪里面。射电天文学家提供了这两个射线源的位置，正好与哈佛大学天文台已编目多年的一颗普通星等恒星的位置几乎完全一致，这颗已知的恒星就是 HDE 226868。

HDE 226868 是一颗普通的 B 型星，大小和亮度都比太阳大，是颗蓝巨星。在我们看起来它很微弱，所以必然距离我们有数千光年之遥。光学天文学家立即将他们的望远镜对准了这颗星。在英国皇家格林尼治天文台工作的路易斯·韦伯斯特（Louise Webster）和保罗·莫丁（Paul Murdin），以及在加拿大的大卫·邓拉普天文台工作的汤姆·博尔顿（Tom Bolton），很快就彼此独立地发现，HDE 226868 实际上是一个双星系统的成员，这颗蓝巨星以 5.6 天的周期环绕着另一个隐形伴星做轨道运动。现在知道，这颗蓝巨星的质量可能远未超过太阳质量的 12 倍，而大部分这种恒星的质量是太阳的 20 到 30 倍。如果 HDE 226868 的质量是太阳的 12 倍，5.6 天的轨道周期，则使用牛顿和开普勒定律，就可简单地计算出 HDE 226868 伴星的质量是太阳的 3 倍。为了保持这样紧密的轨道（HDE 226868 到天鹅座 X-1 之间的距离只有地球与太阳之间距离的 1/5），如果 HDE 226868 的质量更大一些，则其伴星也必然要有相应的更大质量。换言之，它的伴星，即 X 射线源，必须至少有三个太阳的质量。它不能成为另一颗明亮的恒星，否则我们将能看到它——记住，闪烁显示，它所有的质量压缩成一个球体，跨度也不超过 300 千米。它的质量超过了奥本海默 - 韦尔科夫极限，这就使得 1972 年的这两个观测团队都意识到，它是一个黑洞。

此后，有越来越强烈的证据表明，天鹅座 X-1 就是一个黑洞。对其细节的更进一步了解，涉及该系统的光谱研究和轨道运动分析等。为此定调的是黑洞理论家罗杰·布兰福德（Roger Blandford）在 1987 年为《引力 300 年》一书所贡献的文章。在文中，他通过证据总结，得出结论，最低可能的蓝巨星质量是太阳质量的 16 倍，这意味着该 X 射线源是质量为太阳 7 倍的黑洞，而 HDE 226868 最有可能的质量是太阳质量的 33 倍，所以天鹅座 X-1 有 20 个太阳的质量。布兰福德说："质量超过奥本海默 - 韦尔科夫极限的天鹅座 X-1 案例是漂亮和强有力的，更重要的，它是自 1972 年以来最有意义的。"对于距离我们上千光年的天体对象，要想证明出什么是很难的，他得出结论说，不是用可能性非常之小的诡辩，将观察结果的解释从根本上加以否定（如果这样的话，意味着我们对恒星如何运动的理解是如此之少，倒不如彻底放弃整个天文学研究），"对于促进证据的接受，它是这个阶段更富有成效的进展"。接受证据，意思是说，这个黑洞确实存在。虽然天鹅座 X-1 仍只是初步的候选者，但推论是，光是我们的银河系中就有数以亿计这类对象——即使其中只有很少被实际探测到。

大量的可能性

截至 1991 年，从表面上看只有极少数的 X 射线源（5 个）有较好的证据，表明黑洞的引力能为其提供能量，使得我们在其中看到产生足够的热量使其放射出 X 射线。在这些案例中至少有两个，其证据与天鹅座 X-1 本身的一样出色。但自 20 年前发射乌呼鲁以来，还没有出现比这些更好的候选者，这个进展确实有点令人失望。而自 1967 年天文学家发现第一个脉冲星以来，已经确定了大约 500 颗中子星。但这种比较带有一些误导性，因为那 500 个脉冲星中，只有极少数被探明是双星系统。在空间自旋着的孤立脉冲星，仍然可以通过检测该中子星表面向外辐射的强磁场来探明。但一个孤立的黑洞，若食无下落，就真的要洞如其名般地黑暗了。因为它是黑色的，是不可检测的。实际上，跟研究脉冲星的双星系统情况类似，我们粗略估计适当的黑洞候选者应该大致与其数量相当，在银河系，孤立的黑洞数量有可能与孤立的中子星差不多一样。

那么到底有多少呢？根据目前的天文思想，500 多已知的脉冲星只代表了冰山一角。毕竟脉冲星不能永远活下去。我们看到的是相对年轻和活跃的中子星，因为其年龄，它们会逐渐慢慢放慢速度并辐射越来越少的能量，最终不可见而消失于无形。天文学家对研究恒星演化的方式想出一个好主意，即计算星系中每千年有多少转变成超新星就可估计其演化速度。在一个像我们自己的银河星系中含有上千亿颗恒星，年龄

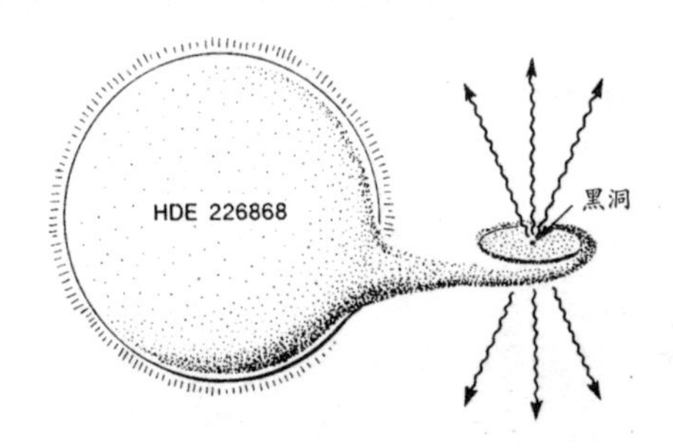

图4.3 在比图4.2规模要小得多的空间中，已知恒星HDE 226868附近的第一个被绝对确定下来的黑洞，被用来解释X射线的来源。黑洞从恒星上撕下的物质形成了一个旋涡盘，在里面引力能被转化为热能并释放出X射线。这个X射线源被称为天鹅座X-1。

有几十亿年。如果每百万年有少数超新星爆发，仍然意味着可能有多达400万的“死”脉冲星在银河周围。若按罗杰·布兰福德的谨慎估计，也可能有多达1/3，约100万的孤立黑洞散落在整个银河系。如果真的是这样，可能最近的一个黑洞离我们约15光年远——以天文标准看几乎触手可及，但我们却无法企及，也无从探测。

因为我们自己的星系是个很普遍的星系，这种计算也表明，宇宙中每个星系所包含的恒星质量尺度的黑洞，可以说到处都有。这也是个进一步的证据，即所有大型星系如银河系的中心附近，可能存在着更大质量的黑洞。谨慎的天文学家认为，关于大型星系中超大质量黑洞存在的证据，目前还只是间接的。但1990年发射的ROSAT探测卫星，第一次为天文学家们提供了与光学望远镜所拍摄可见光照片一样详尽的X射线频率上的空间照片。[①] 在发射该卫星的几个月内，就在1/3个平方度的空间区域中发现了24个X射线类星体（也就是说，发出普通可见光的类星体，也能产生X射线），相当于一个平方度中就有72个射线源。若不联系到黑洞的能量产生机制，则无法解释由红移所暗示的距离那么遥远的类星体，能产生出数量如此惊人的可检测到的X射线。从另一个方面看，正是借助了黑洞，仅相当于我们太阳几百亿倍的质量，就能很容易地产生这么大的能量。甚至也能允许这样的可能性，即在ROSAT最初观察到的特殊空域中，包含着大量诸如此类的不寻常天体（事实上，X射线卫星早期的观测研究之所以选择该空间区域，就是因为那里可能存在着一些有趣的事情）。由此得到的推论是，在整个宇宙中存在着数千个巨型黑洞，而有可能为我们所见（当ROSAT完整地对其进行拍摄后）的黑洞，就是X射线类星体。几乎所有类星体在这方面的证据，都活跃

① 这些精密的观测确认（该确认也未必真的需要）了天鹅座X-1与HDE 226868的位置。

在 X 射线频谱部分之中。

不过，即使这些涉及能量产生来源过程的黑洞，也不大可能是关于质量问题的最后定论。20 世纪 80 年代，天文学家们被若干新发现的类星体对迷住了，而每对类星体实际上又都似乎是某个单一对象的双重映像。对这种图景的解释是，来自某个遥远而单一类星体的光线，被中途的大质量天体的引力所弯曲，所以它们是从两个略有不同的方向上到达地球的，因此就会产生两个映像。这被称为引力透镜效应（图 4.4），与 1919 年日食期间由爱因斯坦本人预言，并被作为对广义相对论的第一次验证的光线弯曲过程是相同的，只不过规模更加宏大而已。在某些情况下，引力透镜效应是因为在我们和遥远的类星体之间，存在着巨大星系的缘故。但至少在三宗个案中没有明显的迹象表明，沿着光路的恰当位置存在着一个明亮的星系将空间扭曲，从而产生透镜效应。当然现在还没有任何证据，但在这些个案当中的透镜效应很有可能是由单个超大质量的黑洞的存在而引起的，该黑洞的分量为上万亿个太阳的质量。

总而言之，事实上几乎所有的天体物理学家现在都认为，黑洞是宇

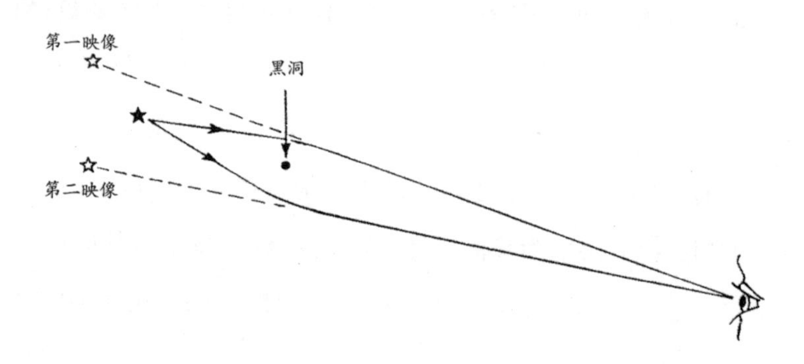

图4.4 黑洞的引力可以像透镜的作用那样，使背景上的恒星或星系的光线发生弯曲，产生多个映像。

宙的自然特征，它们似乎是大质量恒星演化的天然产物，在类星体和星系的运行和演化中扮演着关键角色。正如布兰福德所指出的，“天文学家和物理学家已经习惯了这个想法”。他们之所以习惯了它，是因为来自脉冲星、双星 X 射线源、类星体和具有活跃能量中心的星系有关的各种研究和观测证据中，它们具有压倒性的分量。30 年前，有关这些现象的一切都是空白的，没有天体物理学家会认真对待黑洞概念。1960 年以后，随着观测上的一棒又一棒的接力和进步，数学家不断改善着理论来解释有关黑洞的每一个新现象，提出新建议，理论已远超观察所得。到目前为止，我所描述的一切都是天体物理学家们已经习惯的传统智慧和黑洞的形象。然而，相对论者仍然把他们对许多天体物理学家的黑洞概念的反感和反对之情挂在脸上，就如同 30 年前一样。而观察者应当首先感谢那些少数还在工作的相对论者——即使是在今天已经明确了的类星体发现之前的黑暗日子里——所采取的除了奥本海默 - 韦尔科夫极限之外的其他隐喻黑洞理论的手法。很快，至少可以从理论上来说，这些调查把他们带到了时间本身的边缘。

第5章 时间边缘的黑暗

黑暗时代的理论家。数学爱好者是如何提出关于宇宙黑洞存在性的新观点的。黑洞命名之年和奇点的必然性。为什么无形的黑洞可以将宇航员拉成意大利面条？霍金如何（在得到一些帮助的情况下）将热量放入黑洞？揭开时间边缘的秘密。

在黑洞研究的黑暗时代，即1939年到1963年期间，只有少数理论家继续坚持着这一研究。第二次世界大战爆发时奥本海默和他的学生斯奈德发表了自己的研究成果，此后直到1957年，对致密物质状态方程的研究没有取得任何突破性进展。不过，到那个时候，物理学家不仅对原子核内作用力有了更多的了解，还可以应用一种前所未有的新工具——电子计算机。1957年，普林斯顿大学的研究者们将改进的物理学与新兴的计算机技术结合起来，用于更详细地计算致密星的状态。约翰·惠勒（John Wheeler）是负责执行这项工作的普林斯顿团队的领导者。他出生于1911年，已经在物理学方面取得不俗的成就。20世纪30年代他曾在哥本哈根与量子论先驱尼尔斯·玻尔共事，20世纪40年代他成了理查德·费曼（Richard Feynman）的导师和搭档，而理查德·费曼被公认为过去50年间最伟大的理论物理学家。

在早期的黑洞研究中，惠勒在普林斯顿的助手是肯特·哈里森（协助解决物理学方面的问题）和中野雅美（负责解决计算机方面的问题）。他们将钱德拉塞卡的白矮星研究成果和奥本海默、沃尔科夫的中子星研究成果放到统一架构之中，并且证实没有办法使得超过一定质量的冷星（cold star）保持稳定。

然而，惠勒对这一结果的解释与25年前爱丁顿对钱德拉塞卡的回应如出一辙。他认为，恒星必然以某种方式失去质量，避免在生命终止时剩下的质量超过临界量。1958年6月，在布鲁塞尔举行的一次非常重要的“索尔维”科学会议上，惠勒报告了这一研究成果，他说：

> 除非假设在高度压缩质量中心的核子必然消失于辐射之中（电磁辐射、引力辐射或中微子辐射，或者三者的某种组合），没有其他明显的逃逸方式并以这样的速度或数量保持核子总数不超过某一临界值。

“核子”是用于描述质子和中子的通用名词，因此，这段陈述也同样适用于白矮星和中子星。观众席中的奥本海默并不认同惠勒的结论，他问道：

> 关于超临界质量恒星命运的最简单假设应该是这样的吗——恒星承受着连续不断的引力收缩，并切断自己与宇宙其余部分的联系？

然而，惠勒没有被说服，他在一段时间内仍然相信，对于一些与中子星密度相同的致密星体来说，一些极端的物理状态允许某种漏洞的存在，从而防止持续的引力坍缩。1958 年之后，中子星的概念逐渐获得认可。但是，在西方世界，在发现类星体后黑洞才得到物理学家们的重视，那时候一些天体物理学家才开始意识到超大质量黑洞不是在超大密度物质条件下形成的，而是由与水同一密度的物质形成的，在黑洞形成之前无法设想任何外在进程蒸发掉多余的质量。

但是，有趣的是，20 世纪 50 年代初苏联就将坍缩物体视为标准的教科书式现象。奥本海默和斯奈德的研究成果一开始只是表面上被接受，到了 20 世纪 60 年代，基于这一观念培养出了整整一代学生。这就是为什么当发现类星体和脉冲星的时候，用于解释这一新现象的很多物理学观点最初都是由泽尔多维奇这样的苏联研究人员提出来的。然而，在类星体被发现之前，数学前沿的一次最新进展对黑洞研究产生了影响，这种影响一直延续到今天。

新时空地图

自 1916 年史瓦西提出爱因斯坦场方程解以来，有个难题一直困扰着物理学家们，而新的研究进展解决了这一难题。黑洞史瓦西视界的物理学意义是什么？乍一看，对于许多研究者来说，这应该是一个真正的物理屏障——空间的边缘。毕竟，如果一个物体向史瓦西表面靠近，随着它距离史瓦西视界越来越近，时间将会过得越来越慢，直到在史瓦西视界的位置，时间便会停止。这表明下落物体永远无法到达史瓦西视界，因此，显然没有什么能够越过史瓦西视界。

换一种方式来看，史瓦西视界表面的逃逸速度为光速。把方程式调过来，这意味着从远距离之外落到史瓦西视界上的任何物体都以光速运行，重力把它向内拉，使其增速。因为任何物体的速度都不能超越光速，下落物体必须以某种方式堆积在史瓦西视界，绝不会穿过它。正如在黑洞的中心位置存在着一个密度无限大的点——“奇点”，由此看来，在史瓦西视界上必定也有一个真实的物理学奇点。

然而，所有这些论证都是以一个观察者坐在黑洞外部看着物体落到黑洞表面的视角。从一个进入黑洞的观察者角度来看，在史瓦西视界没有发生任何异常！方程式告诉我们，根据下降计时器，落入史瓦西视界并且穿透黑洞内部只需很短的时间。只有当降落中的宇航员设法返回宇宙的时候，他们才会发现自己被黑洞的引力所捕获，并注定要陷入黑洞中心的奇点。到了 20 世纪 30 年代，一些相对论者开始意识到，史瓦西表面根本没有表现出物理奇点；这就像，由于选择了史瓦西度规，在爱因斯坦场方程的史瓦西解中也会有一个奇点。奇点是用于测量黑洞周围时空的一种人工坐标系统，就像我们测量地球纬度的方式，好像在北极和南极产生了奇点，实际上那里根本没有物理奇点。

例如，如果动身去北方旅行，最终会到达北极。在那里就不可能再往北了。由于我们定义坐标系的方式，从北极开始的所有方位都是向南的。但是，这并不意味着在北极存在一个行星的边缘，也不意味着极地探险必须集中在极点。甚至可以在同一方向继续旅程——穿过北极，则将发现正在朝南行进，即使一直没有转身。

在黑洞周围的史瓦西视界也出现了类似的情况。可以穿过史瓦西视界，并保持同一方向行进。但是，在史瓦西视界的位置发生了一些奇异的情况，虽然不会立刻呈现出来。看起来好像沿着同一方向朝中心奇点行进，但是，空间和时间的角色已经被互换。在黑洞之外，我们可以按自己的意愿自由（在一定限度内）走动，但是，我们无法阻挡时间以每分钟 60 秒的速度从过去走向未来。在黑洞内部，旅行者可以在一定限度内适时地自由走动，但不可避免地穿过空间撞到中心奇点。现在，我想谈一些关于黑洞几何学的最新理解，后文中我们还会看到更多这方面的内容。

在史瓦西表面，出现问题的是数学，而不是物理，因此，相对论者所需要的是对正在发生的事情做出一个更好的数学描述。但是说起来容易做起来难，如果仔细检查，就会发现，史瓦西发现的并不是一个爱因斯坦场方程的解，而是一对解，就像简单的二次方程的正负根一样。用于描述物体最终塌缩进入黑洞的方程式可以颠倒过来，然后可以描述离开奇点的物体的扩张（有时被称为“白洞”）。这些解相当于爱因斯坦发现的用于描述整个宇宙的宇宙学解，爱因斯坦的发现表明，宇宙要么处于膨胀中，要么处于收缩中，唯独不能处于静止状态。事实上，大爆炸后的宇宙膨胀正是“另一组”黑洞方程式所描述的过程。

20 世纪 50 年代开始形成了一种从物理学角度理解全部的方法，还有一个有助于更简单地理解发生的一切的坐标系统，它们在 20 世纪 60 年代确立了最终的形式。迈出第一步的是马丁 · 克鲁斯卡尔（Martin Kruskal），他是 20 世纪 50 年代中期惠勒在普林斯顿的同事。克鲁斯卡尔是等离子体物理方面的专家，作为一种业余爱好，他与同事们组成了一个自学广义相对论的小组。克鲁斯卡尔发现了一个坐标系统，黑洞结构在这一坐标系统之内被描述为一组光滑方程，将远在黑洞之外的平直时空与黑洞之内的高度弯曲时空连接起来，甚至没有关于在史瓦西视界位置的奇点的数学提示（实质上，坐标系统描述了光线进入黑洞的过程）。几年前，惠勒与哈里森和若野共同完成了致密星的研究，当克鲁斯卡尔将自己的计算结果展示给惠勒的时候，惠勒表示对此没有兴趣，因此克鲁斯卡尔就没有费心去发表自己的研究成果。1958 年，惠勒认识到克鲁斯卡尔这一数学发现的重要性，他开始在一些科学会议上传播与此相关的消息。但是，克鲁斯卡尔正全身心地投入自己的研究工作，对此已经失去兴趣，仍然没有正式发表这一研究成果。最后，惠勒自己撰写论文，并署上克鲁斯卡尔的名字，将论文投给《物理学评论》，在 1960 年发表。后来，牛津大学的罗杰·彭罗斯（Roger Penrose）对克鲁斯卡尔关于黑洞的空间和时间结构的表述进行了完善。对于一些数学家而言，克鲁斯卡尔度规是理解黑洞的关键；对于物理学家而言，主要观点来自被称为“彭罗斯图”的图形表示。

实际上，这一图形表示始于闵可夫斯基的一些见解，他的见解使数学家能以四维几何的方式描述平直时空。因为我们无法画出四维图，三个空间维度的表现又是相同的，而时间显然是奇特的维度，相对论者经常用画在二维图表上的线条来表示时空中发生的事件，在这样像曲线图的二维图表中，时间维度是纵向的，空间维度是横向的。这样一个简单的时空图（或闵可夫斯基图）如图 5.1 所示。这是图 2.4 所表示的一种图

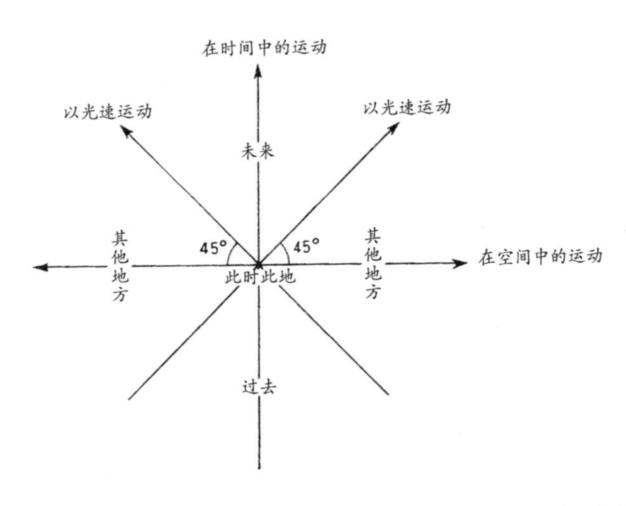

图5.1　时空图。这是图2.4的一个更复杂版本，显示了时空中的事件坐标与光速之间的关系。从“此时此地”出发，可以到达未来的任何地方，也可从过去的任何地方得到信息。但是，绝对不会知道或访问那些标注为“其他地方”的区域。

表的稍复杂版本；选择页面中向上方向的每个时间单元为一年，横穿页面的每个长度单位为一光年，我们可以确定这幅图上与垂线成 45 度的线条表示了通过时空的光束路径。

这类图的关键特征是，它给我们提供了关于观察者与整个宇宙如何相互影响的图像。图上的每一点代表着一个时间节点和一个空间位置。如果观察者始终位于空间的任意一点，那么他们与时间轴的距离始终相同，随着时间流逝改变的只是年龄。那条描述观察者过去经历（相当无聊的经历）的线（观察者的“世界线”）是完全垂直的。如果观察者移动，世界线就会出现波动。如果从图 5.2 中的 A 点移动到 B 点并用一年时间完成这

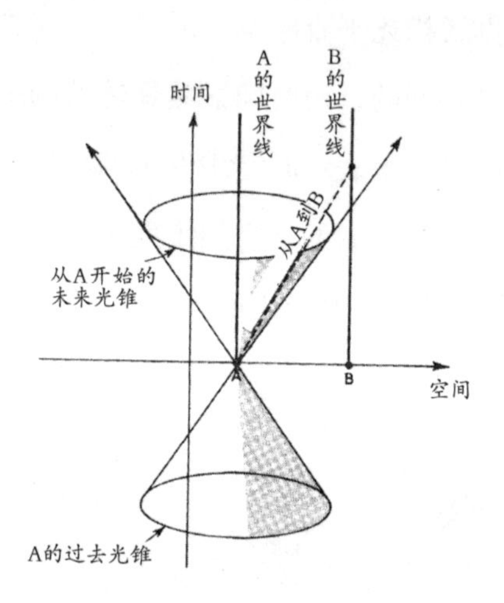

图5.2　事实上，更好的做法是，从未来光锥和过去光锥的角度考虑从“此时此地”开始可以进入的空间和时间区域。从点A的位置，观察者对点B发生的事件一无所知。但随着时间推移，在A点上方的世界线上的一点，关于B点的信息进入观察者的未来光锥。在那一时刻，观察者可以接收到来自B点的信号。

次旅行，则所形成的世界线将会与垂直方向形成一个适当的倾斜角度。移动的速度越快，与垂直方向的角度就越大。但是没有任何东西的速度能超过光速。因此，如果从 A 点出发，只能到达世界线范围内的与从 A 点出发的光线相对应的那些点。与相反方向延伸的光线相对应的两条世界线构

成了三角形的两边；想象一下，如果整个图围绕着时间轴旋转，两条世界线将会延展出锥形体的表面，被称为“未来光锥”。A点上的观察者只能影响到“未来光锥A”范围内的宇宙部分中运行的事物。

同样，从A点的观察者开始有一个锥形体延伸到过去。只有在“过去光锥”里面发生的事情对A点发生的事情产生影响——要记住，它表示时间节点和空间位置。尽管在两个光锥之外还有一些区域，但是这些区域内发生的任何事情都无法影响点A的事件或者被点A的事件所影响。无论所处什么位置，时空都被分为“过去”“未来”和“其他”。

在彭罗斯图中，空间和时间的远距区域（延伸到无限大）都反映为闵可夫斯基图上的一个菱形形状，这样它们才能够容纳到一页纸中。这是一种相当简单明了的数学方法，它与使用墨卡托式投影图法将地球球面绘制到一张平整的长方形纸张上面是一样的。虽然它（与墨卡托式投影图法类似）对图做了一些改变（例如，黑洞内的时空区域在图上所占区域相当于外部整个宇宙的一半），但它展示出了时空的不同区域是如何联系起来的，以及在不超出光速极限的情况下从一个选定点可以或者不可以到达哪些区域。

以这一方式描述在黑洞存在情况下的时空的第一步骤如图5.3所示。黑洞外部的整个宇宙用菱形表示。黑洞内部由右上端的三角形表示，而奇点用锯齿形线表示，这一锯齿形线能够覆盖某一时间点上洞内的全部空间——它本身标示着时间的边缘。在黑洞范围内，条条路都通向奇点。黑洞的边界线，即“事件穹界”，由箭头符号来表示，这表明它只能从一个方向来穿越。显而易见，想要逃出黑洞，你需要沿着与垂直线成大于45º角的世界线运动，而且运动速度要大于光速，而这是不可能实现的。

但是，故事只进行了一半。这些方程式的白洞解决方案在哪里呢？在完整版的关于史瓦西黑洞的彭罗斯图中，如图5.4所示，它同时包括

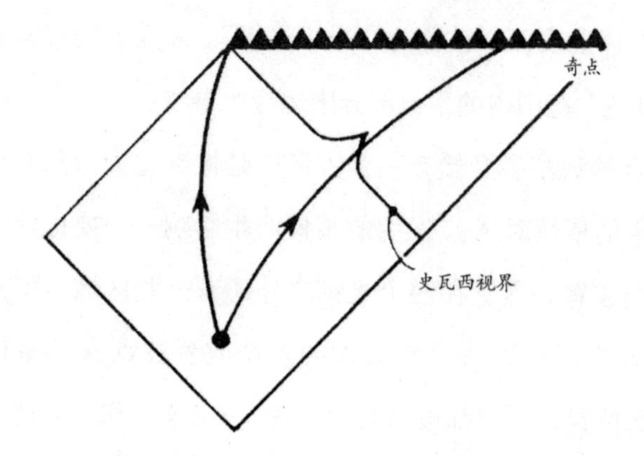

图5.3　整个宇宙的时空图可以用一个菱形表示，有点像将地球表面绘制到一张长方形纸上面的表示方法。照例，未来在“页面上部”，过去在“页面下部”，而且以光速进行的运动应当在45°角的位置。在这种表示方式中，黑洞由宇宙“旁边”的时空三角区域来表示。奇点由水平线标记，这表明穿过史瓦西视界掉入黑洞的任何物质都必然在势不可当地运动到未来的过程中撞击到奇点。描绘史瓦西视界的线条上的箭头表明，只能从一个方向穿越——进入黑洞之中。

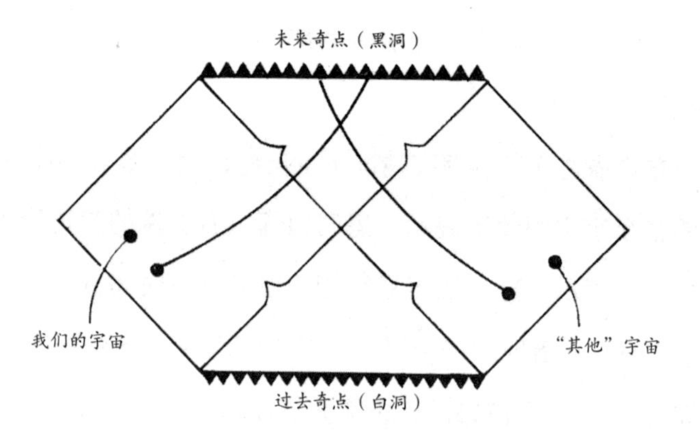

图5.4　事实上，关于黑洞与其余时空的连接方式的完整表述需要位于黑洞“另一面”的外部宇宙，并且需要被称为“白洞”的过去奇点。但是，如果不能超过光速或时光倒流，那么就无法从我们的宇宙到达外部宇宙。

一个完整的外部宇宙。现在有一个过去的白洞，从这开始事物可以出现在两个宇宙中的任意一个，但是任意一个宇宙中的任何事物都无法落入白洞之中。而且两个宇宙共享着未来的黑洞奇点。即使从任一宇宙进入黑洞的自杀式宇航员能够相遇，并且在被彻底消灭在奇点位置之前简短地交换意见，这些旅行者也无法从一个宇宙穿越到另一个宇宙。如果产生于大爆炸的宇宙注定有一天要崩溃为一个黑洞奇点（而且有一些有说服力的理由值得思考，在我的《大爆炸探秘》之中对这种情况有所论述），那么彭罗斯图是对宇宙的整个生命周期的最佳图示。此外，这意味着第二宇宙的存在必须被认真对待。即使在理论上，如简单的彭罗斯图所示，若无法与第二宇宙取得联系，也没必要过于担心。不过，这幅图表明了简单的非旋转黑洞的时空结构——这是爱因斯坦场方程式的史瓦西解所描述的类型，并且因此得名“史瓦西黑洞”。因为现实中的黑洞很可能是旋转的（而且恒星质量黑洞可能比脉冲星旋转得要快），这种形式的彭罗斯图可能太过简单了。在第六章中，我将会阐述如果考虑到旋转的影响黑洞表面将会发生什么；但是在本章的剩余部分，我想集中阐述一下一些现实黑洞（旋转黑洞和非旋转黑洞）是如何与整个宇宙相互联系的。

旋转的黑洞

1963 年后对黑洞（包括彭罗斯发明的现在以他的名字命名的“彭罗斯图”）的兴趣出现了爆炸性的增长。兴趣的增长源于两件事：类星体的发现和可以描述旋转黑洞性质的爱因斯坦场方程解的推出。在继续看这种物体的彭罗斯图及其连接不同时空区域的方式之前，我们需要考虑一下这些“糟透的东西”的物理本质——每一个黑洞包含不止一个视界，而是两个视界：奇点不是一个点，而是一个环。

虽然1916年爱因斯坦刚提出场方程的时候史瓦西就给出了自己的爱因斯坦场方程解，可以用来描述静态黑洞，但是又过了47年才有人提出了描述旋转黑洞的爱因斯坦场方程解。这能够衡量出广义相对论场方程式有多么复杂和多么难以解答；数学家们不会想着他们已经探索了方程式的所有深度，无论如何，这些方程式还会有更多的解（带来更多的惊奇）。关于旋转黑洞难题的一个特殊困难是旋转质量在旋转的时候拖曳其周围的时空，这一困难最终被在得克萨斯大学工作的新西兰人罗伊·克尔（Roy Kerr）解决。长期以来，这一效果被认为是爱因斯坦场方程的理论投影；然而，在1963年克尔做出研究成果之前，没有人知道黑洞附近这一时空拖曳的后果。又花了12年时间才证实，爱因斯坦场方程的克尔解是唯一能够描述旋转的（和电中性的）黑洞的解，就如已经证实（1967年沃纳·伊斯雷尔证实的），史瓦西解是唯一能够描述非旋转的和不带电的黑洞的解一样。事实上，史瓦西解是克尔解的一个特殊情况，在这种情况下旋转被设置为零。

如果观察者在一个极点位置落入旋转黑洞，观察者将不会注意到黑洞拖曳其周围时空的方式。观察者只有离奇点一定的距离（距离仅取决于黑洞质量）时才能够触及史瓦西视界，并且穿过史瓦西视界，开始单程旅行，直到消失。尽管在赤道上，拖曳效果仍然十分明显。不但重力的内在拖曳可以将观察者拉向黑洞，还会有侧面的拉力让他随着黑洞的旋转而环绕。在距离史瓦西视界的一定范围内，要保持静止不动是不可能的，无论宇宙飞船上面的发动机多么强大。虽然还可以使用火箭阻止自己落入黑洞，甚至可以逃回到宇宙外部，但是无论火箭如何开足马力，都将会被向侧面拖拉。发生这一不可避免的拖曳的极限距离被称为

“凝止界面”，当绕着极点运行的时候，越靠近赤道距离视界越远。凝止界面标志着被认为是静态表面的分界线，这个静态表面像一个油腻的甜甜圈一样围绕着旋转黑洞（图 5.5），由于罗杰·彭罗斯发现了黑洞的一个特性，静态表面和事件视界之间的区域被称为“能层”（来源于一个希腊语词汇，意思是“工作”）。

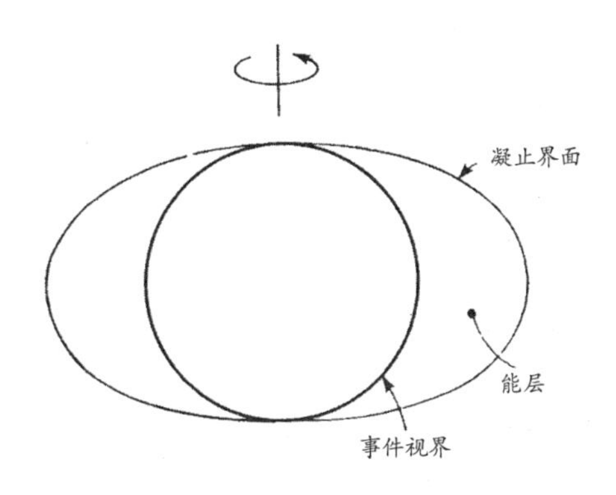

图5.5　旋转黑洞附近的时空由于旋转被拖拉着绕圈。受到影响的区域被称为能层，因为罗杰·彭罗斯证明了能量如何被从中提取出来。能层的外部边界被称为“凝止界面”，内部边界位于黑洞的视界位置（或者史瓦西表面）。

从 20 世纪 60 年代初开始彭罗斯成为黑洞“游戏”的主要参与者，我们应当将他的研究工作讲得再明白一点。他出生于 1931 年，1957 年获得了剑桥大学博士学位，接下来的九年时间里他先后在伦敦、剑桥、普林斯顿、锡拉库扎和得克萨斯从事研究和教学工作，1966 年定居在伦敦的伯克贝克学院。1973 年他移居到牛津大学，担任劳斯·鲍尔数学教授，兴趣远超出了他最著名的黑洞研究。他对旋转黑洞性质的特殊了解始于 1969 年，那时他说明了黑洞这种物体如何能够被用作能量源。

那个时候，像彭罗斯一样的研究人员已经在使用“黑洞”这个术语。这个名字于 1967 年首次被约翰·惠勒用于坍缩星，在 12 月 29 日美国科学促进会的纽约会议上首次向公众公开之前，他曾尝试以一种非正式方式与他的同事们谈论这个问题。“黑洞”这个词语的天体物理学应用首次见于《美国科学家》杂志的1968年1月刊，并且很快流行起来，替代了先前的“冷星”和“坍缩星”等术语。这个时机非常好，随后又发现了类星体、脉冲星和X射线星。就如惠勒在他的著作《重力和时空旅行》（*A Journey into Gravity and Spacetime*）之中所说的：“1967年出现的黑洞术语在术语学上来说是微不足道的，但是在心理学上是强有力的。越来越多的天文学家和天体物理学家意识到，黑洞可能不是凭空想象的，而是一些值得花时间和金钱去探寻的天体。”

然而，彭罗斯是为数不多的对黑洞着迷而且不需要鼓励就保持兴趣的研究人员之一。他说，在去伦敦与学生们见面的长途列车上，他萌发了关于从旋转黑洞中提取能量的方式的想法，试图思考一些关于这些物体的新东西并讲述给学生们。在众所周知的彭罗斯过程之中，一个物体落入能层，分解为两个单独部分。其中一部分穿过视界，向虫洞旋转的反方向行进（假如一团物质陷入虫洞之中，只有可能沿着旋转的反方向行进）。另一部分从能层之中出来，沿着旋转的方向行进——但是它的行进速度要比整个原始对象的进入速度快，接收到虫洞周围时空拖曳（受到能层的“影响”）所产生的能量。这就好像原始物体中往外去的团物质接收到来自落入虫洞的团物质的“反冲”，让人联想到开枪时步枪对枪手肩膀的后坐力。但是这一后坐力比外部宇宙中任何步枪的反冲都要强有力。如果落入物体的轨迹是仔细挑选的，而且分离时间的选择是正确的，那么从能层中出来的那一部分物体事实上将会带出更多能量，要比整个物体带入静态表面的能量多。能量来自黑洞的旋转，而事实上黑洞的旋转被放慢了一点点，因为它被迫吞没一个与黑洞自旋相反方向行进的物体。的确，黑洞质量减少了一点，因为它的一部分质能转化为了动能，通过时空的旋转区域也就是能层，给向外移动的团物质一个推动力。

这可以依据能层中一个粒子所具有的动能进行解释。对于位于地球上方或者太阳上方一定距离的粒子来说，当粒子处于静止状态并且悬停在一个地点（比如火箭腾空而起从而与重力相对抗）的时候，动能为零。这是简单的常识。但是，就黑洞而言应用常识需要谨慎。在能层之中，由于时空拖曳的作用，一个粒子要围绕着黑洞沿着轨道以黑洞旋转方式的相反方向慢慢运行，以便具有零动能。而且如果粒子沿着黑洞的反方向以快于临界速度的速度运行，它不会获得能量，而是失去能量——事实上它具有负动能。正是由于给黑洞添加这一负能量（相当于正能量的减少）使其损失了质量；由于系统的总质能必须保持相同，损失的能量要与原始物体中往外去的团物质的动能增加相匹配。

但是，无论向黑洞添加多少质量，黑洞总质量和角动量（黑洞自旋的一种测量方法）的这一特定组合总是会保持不变或者增加——绝不会减少。这一属性是普林斯顿研究生季米特里奥斯・赫里斯托祖卢（Demetrios Christodoulou）最重要的发现，他继承了 20 世纪 70 年代彭罗斯关于黑洞能量过程的发现。不可减少的数量被称为黑洞的“不可约化质量”，而且不可约化质量的范围与视界的表面区域是成比例的。换句话说，视界区域只能保持相同或者变大。像我们将要看到的，这是史蒂芬・霍金和他的同事们在 20 世纪 70 年代提出的主要观点。

彭罗斯过程事实上不是人们取得能量的一个可行途径，即使我们知道在哪里能够找到旋转黑洞（我们要理解为什么这类自然运行的过程有助于解释来自类星体能量的大量喷发，需要的只是一点想象力）。然而，我不得不提到关于方程式的另一个奇怪的而不切实际的预测——那就是可以利用旋转黑洞增强光，使其变为某种黑洞炸弹。20 世纪 70 年代早期，一些物理学家指出，在被称为超发光散射的过程之中，对彭罗斯过程的类似作用将会增加穿过能层的一束光线的能量。如果你想象一下，有一个带有小洞的球面镜围绕着旋转黑洞，把一束微弱的光线投入洞中，光将会穿过能层，得到放大，从镜上反弹回来，并且反复地穿过能层，每次都会变得更为强大。如果你让球面镜的洞口打开，辐射能将会在内部增强，直到从球面镜的洞口以强烈的光束喷射而出。但是，如果你将球面镜的洞口封闭，辐射能会继续增强，直到球面镜向外爆炸——黑洞爆炸。

这些推测是吸引人的，但是更吸引人的是黑洞视界内部发生了什么。特别是，奇点的意义是什么？这种奇怪天体是否必然会形成，即便隐藏在视界内部而且无法看到？若不隐藏在视界的后面，奇点是否能够以某种方式存在，从而实现与整个宇宙的相互作用？在彭罗斯开始关注从旋转黑洞能层中提取能量的方式之前，彭罗斯就已经在寻找这些奥秘，一开始的问题是奇点是不是广义相对论的必然要求。

奇点规则

如果认为黑洞是由寿命终结时的坍缩星形成的，其物质密度要大于原子核中的物质密度，那么在黑洞中心形成奇点的想法并不算很大的想象力飞跃。爱丁顿一直认为这一想法是悖逆的，惠勒花了几年时间才接受这一想法。如果我们在理论上涉及一些比在地球上遇到的事情更为极端的情况，那么发现方程式能够预知一些奇怪和极端的现象，这一点并不令人惊喜。但是，当我们涉及跟太阳系一样大的黑洞时——黑洞含有上亿个太阳的质量但密度并不大于水——在黑洞中心的奇点概念变得问题多多。由水组成的一个大球体——无论水量多少——是否真的意味着在黑洞中心位置的某个地方存在奇点？如果你有一大滴水在空间中浮动，质量并未大得可以构成黑洞，然后添加额外的一品脱[①]或两品脱，使其超过极限值，一个奇点是否仅仅由于添加额外的两品脱水在黑洞内部形成？

这听起来十分荒谬——但要记得，虽然黑洞的平均密度可能与水的密度相同，这并不意味着它真的是一个由水组成的球体。体积不大于太阳系的上亿个恒星在自身重力的作用之下快速地坍缩，无论它是由什么组成的。方程式告诉我们，黑洞是由视界、奇点和介于两者之间什么都不是的东西组成的。从外部，可以测量到由万有引力产生的黑洞质量以及黑洞的旋转速度。如果有一个电荷，你也可以测量它。不过，能测量的也只有这三个属性。在进入黑洞的物质被吞噬到视界后面之前，我们无法断定这些物质是什么——是一颗星、一大滴水还是一堆冷冻快餐。我们无法区别由恒星物质组成的黑洞与其他物质组成的黑洞，这一特性是由一些相对论者概括出来的，表述为 20 世纪 70 年代早期由惠勒和他的同事基普·索恩（Kip Thorne）所创造的“黑洞无毛”。

不过，这允许致密、超密黑洞和超大质量、低密度黑洞之间存在许多差异，至少就外部观察者而言。这方面的一个最明显例子关系到勇敢的宇航员的命运，因为他冒险靠近甚至跨越了视界。到目前为止，我已经简要地谈到了进行旅行的人和他们可能看到的东西，没有提到一个无法忽视的事实，那就是他们可能会被所遇到的重力和潮汐力撕成碎片。对于一个朝着黑洞自由落体而且脚先进入的观察者来说，他当然不会感觉到有任何重力；然而，由于观察者的脚要比他的头更接近于黑洞，脚感到更强的重力拖曳并且加速更快。结果，观察者的身体被拉伸开。同

---

① 品脱主要于英国、美国及爱尔兰使用，其代表的容量各不相同，作者为英国人，1 英制品脱等于 568.26125 毫升。——编注

时，由于被黑洞所吸引的所有东西都被挤向中心点，观察者的身体被侧面压扁。这一同时的拉伸和挤压就像潮汐力，它将地球表面上的水搬来搬去，就像月亮和太阳发挥引力作用——但是对于一个质量比我们的太阳大几倍的黑洞来说，潮汐力是很大的。对于一个具有 10 倍太阳质量的黑洞（因此史瓦西半径小于 30 千米）来说，当宇航员距离黑洞还有 3000 千米而且在星体的映衬下可能还看不到它的时候，施加在不幸的航天员身上的潮汐力应是地球表面上重力的 10 倍。甚至在这一距离，就好像吊在秋千上面，有 10 个其他人挂在你的脚踝上——同时受到侧面挤压。在注定要掉下来的观察者到达视界之前的很长时间，他将会被“拉成意大利面条”，并且无法注意到发生什么。

但是，特大质量黑洞是不同的。选择一个具有足够大质量和相应的大半径黑洞，通过视界落入黑洞时所感受到的潮汐力不会比乘坐一架飞机起飞时身体所感受到的力更糟。在这些情况下，勇敢的宇航员可以存活下来研究黑洞的内部。然而，这在很大程度上是一种时间的浪费，宇航员只需几分钟就可以下跌到中心奇点，“拉成意大利面条”的相同过程将会发生，在视界内部而不是外部。至少，如果黑洞内真的存在一个奇点，那么“拉成意大利面条”的同一过程就会发生。我们能确定黑洞内存在一个奇点吗？

事实上，我们对此确信无疑。罗杰·彭罗斯证实了这一点，早在 1965 年就发表了相关证据，并且预测了黑洞内部的重力在黑洞内的任何时空点扭曲光锥的方式。对于一个由均匀块物质组成的特大质量黑洞来说，在各个方向上块物质都是相同的（球对称的），并且在自身的重力作用下发生坍缩。很明显，这类似于坍缩星的情况，只是更为极端，而且必然会形成一个奇点。视界在较大半径的情况下形成，在这种情况下潮汐力不是很大，这一事实只不过是一个次要的细节。但是彭罗斯想要核实，如果形成特大质量黑洞的云团状物质不是球对称的，是否一定会形成一个奇点。假定黑洞实际上由上亿个像太阳一样的星体组成，以一些凌乱而复杂的方式聚集在一起，那么组成星体的粒子可能以某种方式跳入云团状物质之中，并且在不发生碰撞的情况下擦身而过，然后再一次移出引力的中心，就像彗星与太阳擦肩而过并且回到空间之中，是否存在这种可能性？还有，黑洞内的密度可能会很大，事实上不会变为无穷大。

这似乎是一个可信的想法，但是对黑洞内的光锥运行状况的数学探究排除了这一可能性。目前为止我已描述的直边光锥种类符合平直时空。但是，我们从爱因斯坦的研究工作中得知，重力扭曲空间，因此光线会沿着弯曲的测地线传播。从黑洞内任意一点发出的光线将会开始发散，但是重力的光线弯曲效应就像一个透镜，使光线朝相对的方向弯曲折回。如果光线在一个足够强大的重力场之中，它们将会被弯曲到这种程度，它们汇聚回到自己的位置并且在某一个点上碰面。这将会发生在黑洞视界内部任意一点发出的光线——这些光线或者其中一部分可能会逃离黑洞。彭罗斯表示，如果情况是这样，那么广义相对论的一个必然要求就是在视界内部的某个地方必然有一个奇点。这个奇点不一定与从一个球形星体的平稳对称坍缩得到的奇点完全相同，不过，正如彭罗斯在 1973 年的一档广播节目之中提出的，“接近无穷大的潮汐效应将会发生，产生一个时空区域，无穷大的重力实际上会将物质和光子挤压得不复存在”。

这个观点是由剑桥的一名研究生史蒂芬·霍金（Stephen Hawking）于 1965 年提出的。彭罗斯已经证明，经历重力坍缩的物体必然会形成一个奇点。霍金意识到，通过转变方程式，也许能证实膨胀宇宙必然是由奇点产生的。他与彭罗斯合作用了几年时间改进数学方法，1970 年他们联合发表了一篇论文，如果广义相对论是正确的，那么我们所观察的宇宙必然产生于大爆炸奇点。在这一重要发现之后，20 世纪 70 年代初霍金最先对黑洞的理论认识做出最新的突破性发展，与之相伴的是对天鹅座 X-1 这样的天体的最新突破性观察。他的最著名发现是黑洞爆炸，这一发现使得一个假设受到怀疑，大多数物理学家都十分希望这个假设是正确的，但事实上并无任何证据。

击败宇宙检查员

彭罗斯证实了在每个视界的背后都有一个奇点，这一点并未十分令人困扰，即便按照定义，奇点是一个物理定律不起作用而且任何事情都会发生的地方。如果我们从未看到过奇点，那么真的没什么关系。不过，如果奇点并未由于相当数量的视界屏蔽而被掩盖住，那么情况又将会是什么样的呢？这种裸奇点不单单是将物体吸入的极端引力作用，它体现出了奇点位置物理定律不起作用的方式，奇点将会抵御重力自身的作用并且把能量和物质喷射到宇宙之中。事实上，这更像一个白洞，而不是黑洞。更糟糕的是，就如霍金和其他一些人在 20 世纪 70 年代所设想的，这一喷射可能采取任何形式。就如同无法辨别一个黑洞是由恒星物质组成还是由冷冻快餐组成，裸奇点并不在意它所喷出的物质是恒星物质形式还是冷冻快餐形式。它极可能会是恒星物质——像质子和中子一样的基本粒子。 但是，由裸奇点所产生的任何事物都是完全随机的，所以有这样一个很小但真实的可能性，那就是这种物体可能突然喷射出泰姬陵的复制品、各种冷冻快餐，或者是几本你现在正在看的书。

物理学家对这一可能性感到不满。从每个视界都含有奇点这个意义上讲，彭罗斯已经证明没有空视界这种东西，因此，从每个奇点都被视界所掩盖这个意义上讲，他推断可能没有类似于裸奇点的东西。这似乎是合乎逻辑的，而且已成为众所周知的“宇宙监督假设”——“自然憎恶裸奇点”的观点。可惜，没有人能够证明绝对无误的宇宙监督实际上是起作用的。克利福德·威尔（Clifford Will）概括总结了这一情况，对《新物理学》做出了贡献：“关于宇宙监督假设没有令人信服的证明。关于如何将监督的模糊概念明确地表达为可转变为数学的术语，甚至并未形成大体一致的意见。”实际上，由于我们知道宇宙本身是在大爆炸之中从奇点产生的，这类现有证据表明宇宙监督假设是错误的。20 世纪 90 年代，对非球面物体坍缩方式进行的计算机模拟提供了更多证据。

鉴于此，奇点被最简单地理解为一个密度和重力无穷大的地方。它不一定是一个数学上的点，但可能是无限大密度的线甚至无限大密度的板。如果任何种类的奇点都能与外部世界相互作用，如我们所知物理学就会不起作用。

1972 年加州理工学院的基普·S. 索恩提出，只有当一个任意质量物体从各个方向变得足够致密的时候，带有视界的黑洞才会形成。索恩是为数不多的黑洞物理学专家之一，他出生于 1940 年，1962 年获得了加州理工学院的学士学位，1965 年获得了普林斯顿大学的博士学位，在对坍缩物体的兴趣复苏的时候才崭露头角。自 1970 年起，他开始担任加州理工学院的教授，并且与惠勒开展密切的合作。在担任这一职位后不久他就提出了自己的想法，即，如果坍缩物体穿过一个具有适当临界半径的圈，无论物体的实际形状如何，无论物体的方向如何，它都会只是形成一个黑洞，这被称为“环绕猜测”。20 世纪 90 年代，位于纽约州伊萨卡的康奈尔大学的斯图尔特·沙普罗和索尔·图科斯基利用了康奈尔的超级计算机，完成了重力坍缩的数值模拟。结果表明，索恩是正确的，而且宇宙监督说是可以违背的。

沙普罗和图科斯基推断了椭球体或球状体的坍缩效应，其中一些的初始状态是稍微扁长的（雪茄形状的），另外一些是稍微扁圆的（扁平的球体，就像地球）。致密球体的确发生坍缩以形成黑洞，向各个方向变小至足以通过具有适当的史瓦西半径的圈环。但是，如果球状体开始就很大，情况并非如此。

大的扁长物体坍缩成一个纺锤体，线性奇点通过坍缩物体的极点像长钉一样向外延伸。扁球形体最初坍缩成煎饼，之后先变得扁长，然后坍缩成一个纺锤体。在这两种情况下，线性奇点远远超出适当圈环的边界线——因此，没有隐蔽的视界可以将其与剩余宇宙完全隔绝。

这些推论充分考虑到广义相对论，提出在宇宙中能够形成无视界的主轴奇点。虽然引力辐射在坍缩过程中带走了一些质量，但是损失的质能总量远少于1%，因此不会使得一个大质量物体消失成为一个奇点。根据康奈尔研究小组的说法，在这些物体的中心，重力势能、重力、潮汐力、动能和势能都在放大，但是它们仍然可以被看到。由此看来，可以有一个没有视界的奇点，但是无奇点的视界是不可能的。让人略感惊讶的是，威尔说“广义相对论的一个最重要的未解决问题是宇宙监督假设的正确性（甚至意义）”。

当然，沙普罗和图科斯基的研究工作“仅仅”是一种计算机模拟，研究人员可能在他们的计算之中遗漏了一些东西。也许，所有的坍缩物体都掩饰在视界的外衣背后隐含着的奇点裸露性。但是，即使这样，根据霍金最著名的研究成果，这种掩饰不会一直持续，有一天奇点的裸露性以及其所暗含的全部秘密会完全暴露于宇宙之中。

黑洞是冷的

赫里斯托祖卢对彭罗斯过程和旋转黑洞的研究重点并未聚焦在从能

层逃离的粒子所获得的能量上，而是聚焦在黑洞自身损失的能量上。当黑洞把能量流失给逃离粒子的时候，它就旋转得更慢，因为它损失了角动量。可以想象一下——而且赫里斯托祖卢已经推断出——另一个粒子会以何种方式从外部被抛入黑洞，这样黑洞旋转再次加速、弥补所损失的角动能并且增加了黑洞质能。不过，赫里斯托祖卢发现，如果以正确方式给予黑洞它所损失的角动量，添加的额外能量总是多于在损失角动量的情况下所损失的能量。倘若我们想要精确地倒转角动量的变化，那么能量变化不可能是正好完全倒转的。这导致旋转黑洞的不可约质量概念的产生，史蒂芬·霍金将其与黑洞周围的史瓦西表面区域联系起来。

物理学家对这一发现很感兴趣，因为不可逆过程在自然界之中占有一席之地。它们与一个非常重要的物理学规律相关，这个物理学规律被称为热力学第二定律；简单来说，这个定律告诉我们任何事物都会“磨损掉”。如果向一杯热咖啡之中投入一个冰块并且看着冰融化而咖啡变凉，你就可以知道这是第二定律在起作用。热量从较热的物体（咖啡）流进较冷的物体（冰块），直到一切都顺利变为一个具有相同温度的均匀液体，在液体中没有发生什么有趣的情况。这个定律与能感知到的时间流相关——将正在融化的冰块拍成影片，如果将影片倒播，观众将会立刻知道有不正确的地方。表达这一规律的另一种方式是宇宙中的信息量（或者在一个完全孤立的盒子中包含的类似于咖啡中冰块的“封闭系统”）总是在减少。当系统由咖啡和冰组成的时候，系统中的信息量更大，因为它要比仅由温咖啡组成的系统更为复杂。的确，一些物理学家测量向后的信息——他们测量无秩序状态，并且将信息丢失称为熵属性的获得（相当于无序的获得）。一个普通少年不允许他的母亲进他的房间收拾整理，这就是熵增加的一个很好例子。熵只能增加（或者至少保持相同），这一规律是我们理解宇宙行为的一个关键特征。因此，当物理学家意识到黑洞也有只增不减（或者至多保持相同）这一属性的时候，他们对此产生了很大兴趣。

1971年霍金指出，黑洞不一定会旋转，因为其行为表现出这一不可逆性。即使一个非旋转（静止）黑洞都有一个保持不变（如果黑洞不吸收能量或质量）或只增不减（如果它能够吞没质量或能量）的表面区域。他还指出，如果两个黑洞相互碰撞并融合，那么新的较大黑洞附近的视界区域将会总是大于加在一起的两个原始黑洞的区域。所有这些都是在发射自由号的时候确定的。黑洞不断增长的表面区域和宇宙不断增长的熵之间的类比使得霍金和他的同事杰姆斯·巴丁（在耶鲁大学）、布兰登·卡特（在剑桥大学）开发出热力学定律与黑洞属性之间的其他类比；但是最初这些被认为只不过是数学技巧，没有任何真正的物理学意义。说黑洞的表面区域是对它的熵的一种测量，这似乎是一个棘手问题，因为系统的熵也能够用来测量该系统的温度。如果黑洞有温度，那么它们将会辐射出适合它们温度的能量，而在1973年“每个人都知道”黑洞不能辐射出任何东西。

不过，并不是每一个人。就如霍金已经承认（例如，在他的著作《时间简史》之中），他与巴丁和卡特一起完成的“黑洞热力学”研究工作在很大程度上受到一种愿望的刺激，这个愿望就是证明主张黑洞具有真实温度的那个人是错误的。在他们的论文之中，三名研究人员强调，在他们看来，视界区域和熵之间的类比只不过是一个类比。虽然他们指出由区域所产生的某个属性“类推为温度，与（该区域）类推为熵的方式相同”，他们强调，这一属性和区域本身“与黑洞的温度和熵不同”。他们教条主义地继续坚持：“事实上，黑洞的有效温度是绝对零度。”但是，他们是错误的。

一直对“众人皆知”的内容持怀疑态度的是雅各布·贝肯斯坦。他第一次提出挑战是在普林斯顿做研究生的时候，在约翰·惠勒的指导下开展工作。在《重力和时空之旅》（*A Journey into Gravity and Spacetime*）这一著作之中，惠勒叙述了他如何在不经意间使贝肯斯坦走上了最令人意外的发现黑洞性质的道路。惠勒说，1970 年的某个下午，他和贝肯斯坦在普林斯顿的办公室中讨论黑洞物理学。惠勒开玩笑地说道，如果允许一杯热茶和一杯凉茶交换能量以产生两杯温茶，他总是会有负罪感。在不改变宇宙总能量的情况下，这一行为会增加无序的数量或熵。惠勒提出，信息已经永久地丢失了，这种罪行会重复到“时间的尽头”。但是，他继续说：“当黑洞经过的时候，我将茶杯扔到黑洞中，我向全世界隐藏了我的罪行证据。”他提出的论点涉及“黑洞无毛”。黑洞仅有的一些属性是质量、电荷和自旋；关于它是由茶杯组成还是由恒星物质组成，或者关于扔入黑洞的茶杯是热的、凉的还是温的，没有任何信息。茶中的熵连同茶一起进入黑洞之中。

贝肯斯坦离开了，他仔细思考了这种半开玩笑式的评论。几天后，他回到惠勒那里做出回应。“当你将那些茶杯扔入黑洞中的时候，你没有破坏熵。黑洞本身已经有熵，而你只是增加了熵！”

可能是由于研究经验不足带来的信心，贝肯斯坦继续提出，事实上黑洞周围的视界区域能够直接测量熵和温度，而且他推断一个质量为我们太阳质量三倍的黑洞（由坍缩星形成的最小黑洞）应当具有绝对零度（-273.15ºC）以上低于百万分之一摄氏度的温度，在绝对零度的条件下原子和分子的所有热运动都会停止。此刻，这是一个非常适中的温度，而且计算结果显示更大质量的黑洞甚至会有更低的温度。但是这个温度肯定不会是绝对零度，这意味着能量能够以某种方式从黑洞之中泄漏出来。所有这些观点都出现在贝肯斯坦 1972 年的博士论文之中，当然此前这些观点就已经以不完整的形式公开发表过。

霍金目前为止在某种程度上是一名黑洞专家，他被贝肯斯坦的建议激怒了，认为这完全是一派胡言。巴丁和卡特的研究成果是对贝肯斯坦论点的直接回应。贝肯斯坦对其论点的反对意见（不仅来自霍金，也来自其他研究人员，包括沃纳·伊斯雷尔）感到懊恼，不过他仍然坚持推广“黑洞区域是对其熵的一种测量”的概念。在 1973 年发表的论文之中他对霍金及其同事们的评论做出了回应，他指出他所发现的属性不应当被认为是“黑洞温度：这种身份识别很容易导致产生各种各样的悖论，因而也是无用的”。贝肯斯坦对自己的判断坚信不疑，他的理论很快获得了一个意想不到的支持。

同样在 1973 年，在一次赴莫斯科的访问中，霍金得知两位苏联研究人员雅可夫·泽尔多维奇和阿历克斯·斯塔洛宾斯基已经发现旋转黑洞能够用能量创造出粒子并且将它们喷到空间之中。这是一个有趣的而且可以接受的观念，因为形成粒子的能量可能来自这种彭罗斯过程的能层。但是，当霍金试图用量子力学对泽尔多维奇—斯塔洛宾斯基效应进行数学处理的时候，他惊讶地和不无懊恼地发现方程式表明即使是非旋转黑洞也能发出粒子。他通过不同的路径并且按照自己的偏爱得出了与贝肯斯坦完全一致的结论。1974 年霍金承认，黑洞确实具有温度，而且它们发出粒子——现在这一现象被称为“霍金过程”（这似乎对于贝肯斯坦、泽尔多维奇和斯塔洛宾斯基是不公平的）。但是，黑洞温度不能作为一个单独属性增加到质量、自旋和电荷之列——温度取决于视界区域，而视界本身已经从这三个基本属性确定了。即使一个热黑洞也是“无毛”的。

最简单的方式是从量子物理学与相对论相结合的角度来理解霍金过程。相对论告诉我们能量可以转化为物质，量子物理学告诉我们系统中的能量总是存在内在的不确定性。此外，这意味着没有一个系统具有精确的零能量——如果一个系统具有精确的零能量，那么就不会存在不确定性。即使“真空”也含有能量，这种能量不能被直接测量，但是可以产生短命的粒子对，粒子对会在难以置信的短时间内出现和消失，少于 10^{-44} 秒。粒子应当是成对出现的，这样可以保证像电荷一样的量子特性的平衡。因此，例如，每一个以这种方式形成的临时电子（带负电荷）都与临时正电子（带正电荷）配对。这种‘粒子—反粒子对’几乎会立刻地彼此湮灭，将它们临时借来的能量归还给真空。它们被称为“虚”粒子对（图 5.6）。虽然这个概念听起来奇怪，这一虚粒子海洋的存在对真正带电粒子的行为却有着很大的影响，而且没有物理学家质疑虚粒子的存在。

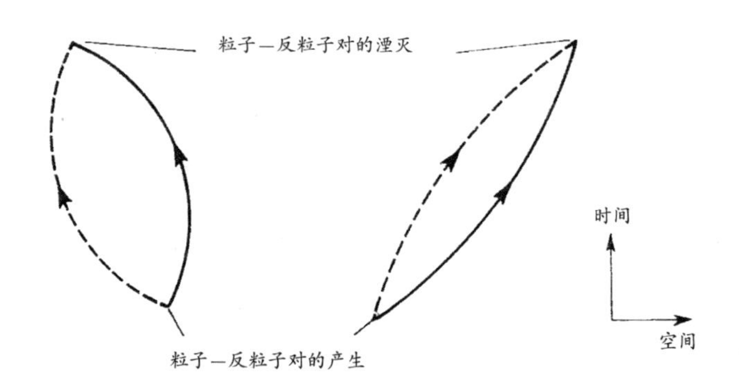

图5.6　实际上，我们所认为的“空”时空充满“虚”粒子的沸腾发酵，这些虚粒子是由于量子不确定性从什么都没有到成对出现的，但是它们立即彼此湮灭，形成封闭的世界线圈。

但是，对于正好产生在黑洞视界边缘的虚粒子来说又发生了什么呢？有一个过程让人联想到彭罗斯过程，在这个过程中，粒子对中的一个粒子会穿过视界并且被黑洞吞灭，使得另一个粒子没有彼此湮灭的对象。剩下的粒子从黑洞的重力场获取能量，成为一个逃入宇宙之中的真正粒子（图 5.7）。与彭罗斯过程一样，在霍金过程之中，黑洞自身损失质能而且其表面区域发生收缩。粒子以这一方式从视界的各个地方开始

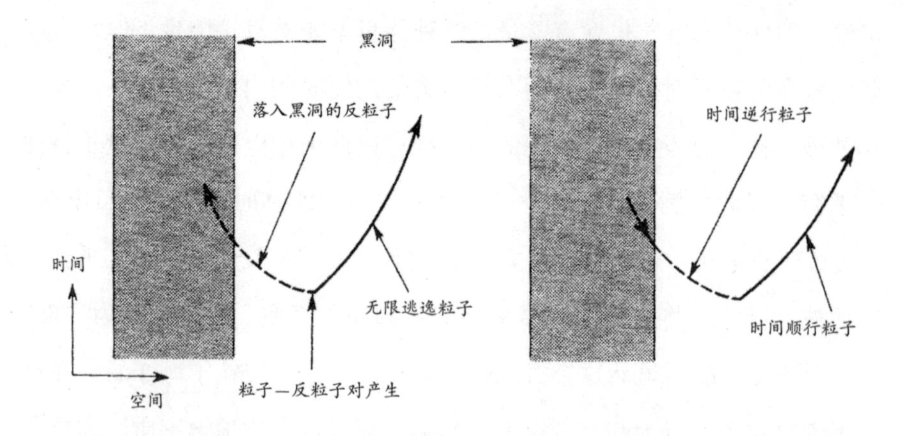

图5.7 如果紧挨着黑洞形成了一个虚粒子对，粒子对中的一个粒子可能会落入黑洞，留下另一个粒子，没有彼此湮灭的对象。这被“晋级”成为现实，从黑洞自身的质量获取能量。就方程式而言，过程是完全相同的，犹如一个粒子通过时间倒退旅行穿过黑洞，然后一旦与视界处于一个安全距离，这个粒子就会奔跑进入未来。

蒸发（现在被称为“霍金辐射”），粒子所带的能量能够提供贝肯斯坦认为的黑洞所必需的温度。温度以这样一种方式与视界区域相关，黑洞越大，黑洞温度越低。

对于恒星以及更大质量的黑洞来说，“黑洞是热的”是一个有些夸张的说法（事实上，“黑洞是冷的”也同样有些夸张），而且如果这就是霍金辐射故事的结尾，这个过程对于我们理解黑洞是非常受欢迎的。毕竟，这个过程将三个重大物理学理论——热力学、相对论和量子力学——整合在一个框架之内。但是，霍金的发现中还有另一个更为令人困扰的问题。

暴涨的视域

关于霍金过程令人烦恼的是，它告诉我们小黑洞可能完全蒸发掉，留下一个裸奇点。当然，所有大黑洞都将通过吞没尘埃增加质量，甚至通过吞没星光的能量和填充空间用的背景辐射来增加质量，速度要快于黑洞通过霍金过程损失质量的速度。但是，想象一下一个黑洞的初始质量是大约 10 亿吨。这是一个像阿波罗一样的较小行星的质量，或者像珠穆朗玛峰一样的大山的质量；需要 6 万亿个这一规格的物体才能达到地球的质量。具有这一天文学上适度质量的黑洞应该只有 10^{-13} 厘米的史瓦西半径，大概是一个原子的原子核尺寸。这种黑洞很难吞食任何东西——“吃掉”一个质子或中子对于它来说都是很难的。然而，根据霍金的推断，它将会具有约 1200 亿摄氏度的温度，以 6000 兆瓦的功率迅速辐射能量，相当于 6 个大型电站的输出能量。向外进入空间的正能量流动将会通过进入黑洞的负能量流动获得平衡，结果黑洞将会发生收缩。它收缩得越多，就会变得越热，而且收缩速度会越快。最终这一物体可能会完全消失，除了散发出的辐射什么都不会留下。或者，当黑洞收缩到一定尺寸，量子效应将会中止辐射。但是，还有第三种可能性——那就是辐射发散可能使得黑洞周围的视界退缩，直到视界消失，只留下一个裸奇点。更糟糕的是，这些预测告诉我们，这个奇点会有负能量，能够充分地平衡从黑洞涌出并且进入宇宙之中的全部正能量。

如果我们只需要担忧在当前宇宙中所形成的黑洞，这就不会那么让人困扰。目前，只能让黑洞以比我们的太阳质量大几倍的质量开始发生引力坍缩。而且，以这种方式形成的黑洞只有微小的温度，产生微弱数量的霍金辐射。但是，在霍金发现小黑洞可能激增之前三年，他已经提出小黑洞是可能存在的。1971 年，他指出，在宇宙大爆炸中存在的高压极端状况之下，甚至可能会产生具有十万分之一克质量的黑洞。毕竟，如果挤压得足够用力，那么用任何东西都可以造出黑洞——要记住，如果有办法将地球挤压成一个半径不足一厘米的球体，那么地球自身就会变为一个黑洞。除非宇宙大爆炸本身是完全平滑的，否则一定会有一些不规则性，一些区域会比平均水平更加稠密，一些区域则没有平均水平稠密，那么一些“过密”区域将会作为黑洞从宇宙大爆炸之中产生，这将会是不可避免的。

因此，在两组完全独立的研究之中，霍金确定微小的“原始”黑洞可能会从宇宙中逃跑，而且他指出这类物体必然会蒸发，非常可能留下负质量的裸奇点。我选择了一个特别的例子，一个初始质量为10亿吨的小黑洞，因为计算结果显示从宇宙大爆炸开始消逝的时间正好与具有这一质量的黑洞（当然，比这一质量更小的黑洞也可以）到目前为止蒸发掉的时间一样长。所有这些对于大多数物理学家来说都不是一个可喜的消息。还记得爱丁顿曾如何讥讽钱德拉塞卡的终极引力坍缩发现吗？

> 星体要继续辐射再辐射，收缩再收缩，直到它的半径只有几公里时，我想，那时候重力已变得足够强大能够抵消辐射，星体最终将会找到宁静。

霍金赋予了这一说法完全不同的含义。在释义爱丁顿的时候，可以说霍金的解释是：

> 黑洞要继续辐射再辐射，收缩再收缩，我想，直到视界消失，而且内部的奇点暴露在宇宙之中。

不仅仅是任何老奇点，而且还有负质量的裸奇点！时间边缘本身暴露给所有人看。在20世纪90年代，甚至有许多物理学家都认为这个概念是荒谬的，就像是20世纪30年代爱丁顿提出黑洞概念时一样。但是一些物理学家还是信念坚定的。在 BBC 的广播节目中我曾提到，在指出“没有令人信服的支持宇宙监督说的理论论据”之后，罗杰·彭罗斯说道：

> 人们常认为，如果出现裸奇点，那么这一情况对于物理学家来说将会是灾难性的。我不会分享这种情绪。到目前为止，我们确实没有任何理论能够应付时空奇点。但是我是一个乐观主义者。我相信最终这一理论将会被找到。

本着彭罗斯的精神，差不多到了该揭示这种宇宙边缘的存在为什么允许穿过空间和时间的可能性的时候了。但是，首先我想先放下奇点，并且简要地回顾一下在黑洞视界外部的时空区域发生的一些奇怪现象。因为，虽然时空最奇怪和最极端的扭曲都与奇点自身相关，即使靠近黑洞和不冒险穿越视界都会使你处于某种程度的旋转之中——精神上和身体上的。

离心困惑

如果靠近黑洞，第一件发生的奇怪的事就是我们称之为离心力的感觉。离心力的感觉就像乘坐一辆在弯道上行驶的汽车，当在弯道上的时候，这一力量会向外推。当然，真正发生的是，虽然人的身体试图保持在一条直线上，但是它被沿着汽车座椅侧推，推向车辆的一侧或者安全带的一侧。这可能会令人联想起学校物理老师曾将离心力解释为“惯性力”，也就是旋转的结果。但是，那并不意味着，这个力对于被认为是转动参照系的人来说是不真实的。如果将一个网球放到车上，当车向右转的时候，球滚动到左边，自转弯处向外滚动。在与车相连的转动参照系之中，有一个力可以将球向外推。除了有点计较这是否应当作为惯性力，我们都会知道发生了什么和球滚动的方式。但是，根据 20 世纪 90 年代在 NORDITA（位于哥本哈根的斯堪的纳维亚理论物理研究所）工作的马雷克·阿布拉姆维奇的说法，如果汽车是一只宇宙飞船，让人感到惊讶的是，如果车突然向右急转弯而掠过黑洞的视界，所发生的情况却是，球也立即会滚向右边。

自 20 世纪 70 年代早期开始，阿布拉姆维奇就对关于由广义相对论方程产生的离心力的一些奇怪预测困惑不解。20 世纪 90 年代，他和他的同事们确定，事实上离心力是以另一种方式起作用的，会使得沿着圆形轨迹被挤压得靠着车辆内侧，如果那个路径是掠过黑洞表面轨道的话。这仅发生在和视界一定距离范围内通过的轨道上，而且那个距离与黑洞的另一个经常引起困惑的特征相关。

回想一下，视界表面与中心奇点有一定的距离，在中心奇点位置逃逸速度等于光速。如果火箭有一个无穷强大的发动机和无限的燃料供给，那么通过让火箭喷焰指向奇点并且使全功率运转的发动机爆炸，就可以在视界上面停留片刻，静止不动。但是，视界并未与奇点保持那样的距离，以至于光线弯成一个围绕着奇点的圆圈。那事实上发生在稍远一点的位置，在离奇点一个半史瓦西半径的位置。在史瓦西半径和被定义为“光速圈”的距离之间，光线不能固定在黑洞周围的轨道之中。在光速圈范围内产生的任何光线必然会陷入黑洞或者在黑洞周围被弯曲并且在黑洞附近出现，紧接着一个开放曲线再次进入空间之中。在视界和光速圈之间，在离黑洞的一定距离位置通过明智地使用火箭发动机，无穷强大的火箭飞船能够平衡重力。然后，借助于侧向指向的火箭，火箭飞船能够在围绕黑洞的圆形轨道内行进。现在有趣的事情要开始了。

事实上，真正有趣的事情开始于光速圈。对于一些圆形光子轨道来说，离心力是零——当穿过这些轨道的时候它反转了方向。阿布拉姆维奇在物理方面对其进行了解释（数学解释费时更长），他指出光线的路径能够修正测地线——直线的相对等价物。因为只有当我们沿着曲线向前行进的时候离心力才起作用，沿着光路行进的任何事物都感觉不到离心加速度，而且这适用于以任何速度绕着黑洞轨道而行的宇宙飞船。倘若宇宙飞船沿着一个被困光子的圆形轨迹，如果火箭发动机能够平衡重力，使得宇宙飞船正好保持光速圈和黑洞的距离，侧面火箭能够推动宇宙飞船以任何速度围绕那个圆圈运动，宇宙飞船的成员将会失重并且不会感到任何离心力。

这与宇航员自由落体进入地球周围的轨道之中所体验到的失重完全不同。在那里，宇航员和他们的宇宙飞船在重力的作用下直接落入一个自然的轨道。虽然我们假设的黑洞探测器通过连续不断地点燃发动机使得宇宙飞船进入非自然的轨道，但是他们仍然是失重的。

对于其他圆轨道来说只会有一个速度，在那里离心力使得重力平衡，而且宇宙飞船将会留在轨道之中无须点燃发动机，就像宇宙飞船绕着地球轨道而行。对于所有其他的轨道速度来说，为了保持与中心体的相同距离，必须连续使用火箭发动机，以适当的力量将宇宙飞船推进或推出。在这些情况之下，宇宙飞船的成员将会感到离心力将他们推向飞船舱壁。但是，在这些特殊的光子轨道之中，发动机只能用于平衡中心体的引力。一旦做到这一点，宇宙飞船就能以任意的速度绕着圆形轨迹滑行。

然而，在这些圆形光子轨道范围内，离心力增加了重力的向内拉力。因此，宇宙飞船保持在圆形轨道之中的向外作用力将会增加，同样在那一轨道周围的宇宙飞船速度也会增加。快速移动的宇宙飞船的成员不是被离心力向外扔而是向内吸。换句话说，离心力总是通过将绕转的粒子排斥在圆形光子轨道之外而起作用。

不只是少数相对论者对此感兴趣。宇宙中已被识别的第一个黑洞是天鹅座 X-1 一样的黑洞，在这样的黑洞之中，由于物质被黑洞潮汐力撕裂而与伴星分开，并被黑洞吞噬。这些物质形成了一个旋涡状的吸积盘，在吸积盘之中可以达到较高的温度并且产生 X 射线，正是 X 射线向地球上的观察者揭示了黑洞的存在。

但是，吸积盘是如何将物质投入黑洞之中的呢？根据阿布拉姆维奇和他的同事们提出的新观点，一旦物体穿过圆形光子轨道的区域，旋转将会使其进入黑洞，无论它绕行速度有多快。这就像让杯子中的茶水旋转，茶水不是堆积在外侧从而形成一个凹面，而是旋转着堆积在中间位置，形成一个隆起。在黑洞周围的吸积盘之中的类似过程将会从源头影响 X 射线的产生，因此未来的观测可以揭示出离心力反转的影响，而无须勇敢的宇航员进入黑洞周围的近洞轨道进行测量。

但是，离心力反转并不是这类宇航员能够测量的唯一奇怪的事件。选择一个足够大的黑洞，视界附近的潮汐力不是很大，而且不需要穿过视界，他们能够使用黑洞周围的扭曲时空区域进行重复的时光之旅——但是仅在一个方向上——进入未来。

单程时间机器

引力在减慢黑洞附近的时间流动方面的作用是毋庸置疑的。这只是已知的时空扭曲的更极端的描述，特别是对白矮星的光的引力红移而言。

前面，我已经以光逃离致密物体的引力井为例描述了引力红移。但是，引力的时间膨胀效应给了我们另外一个视角。就这个视角而言，光本身可以被用作时钟。因为光以每秒 30 万千米的稳定速度行进，那么特殊波长的光可以被用于测量时间的推移。就如麦斯韦尔所指出的，构成光的电磁波将会使得电场和磁场发生震荡。我们可以在两者中选择一个，为简单起见，这种波可以被描述为就像图 5.8 中所显示的穿过空间的波动线。波的振幅能够表示振荡的程度，而且波长是一个振荡峰和另一个振荡峰之间的距离。现在想象一下，你看着波经过，并且计算一下它们经过的连续振荡峰，会发现每个峰之间的时间就是由光速决定的波长。每一个波峰都被认为是能量的闪现，而且对于这些具有特殊波长（特殊颜色）的光来说，这种能量闪现以规律性的时间间隔相继出现，就像是一个完美时钟的嘀嗒响声。事实上，这就是确定我们称之为秒的时长的方式。

秒的概念最初是依据地球旋转定义的，它是基础的天文“时钟”。一分钟有 60 秒，一个小时有 60 分钟，一天有 24 小时，因此秒的长度被定义为一天长度的 1/86400。但是，随着地球绕着太阳移动，一年中一天的长度会发生轻微的变化。在更长的时间尺度上，地球的旋转速度

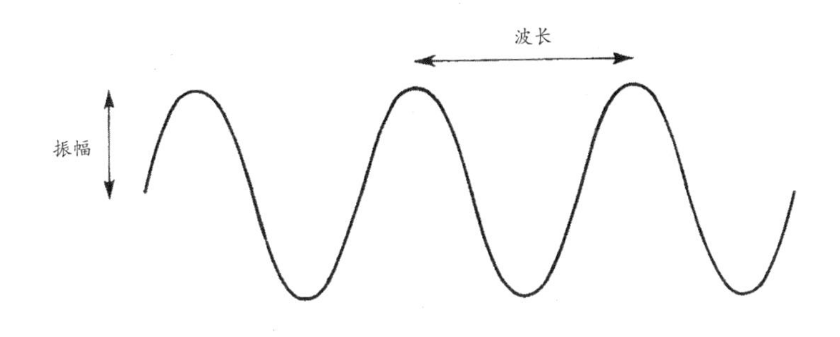

图5.8　一个波。

在逐渐下降。还会有一些更不规则的变化，例如，我们的星球在大地震的影响下发生震动。总的来说，自旋的地球绝不是一个完美的计时员。因此，秒是根据铯原子发出的辐射的特定波长的频率定义的——1秒是这一特定电磁波闪动9 192 631 770次的时间。这一时间定义带给我们“原子钟”这一名词；但是，事实上，原子钟是光钟。我们所有的时间信号最终都来自当前的这种时钟，而且当你根据无线电报时信号设置手表的时候，你是在将其与来自铯原子的光的“嘀嗒声”相符。但是，地球本身是一个不稳定的计时器，而且我们希望，当太阳在天空中最高处的时候我们的时钟和手表都能显示为正午。因此，地球慢慢地与原子时间不一致，有时候官方的无线电报时信号会加进一个额外的“闰秒”，使之回到从前的水平，这样可以确保当太阳位于天空中最高处的时候，你手表上显示的正午绝不会比这个时间多出一秒（假设你的手表设置十分准确，并且计时完美）。然而，为了讨论红移，最重要的是，每一秒都与另一秒具有正好相同的长度，并且都可以根据电磁波（光）的振动频率进行定义。

现在我们将这一点应用于黑洞附近的测量。接近黑洞的宇航员可以随身携带一个铯钟，他们将会测量来自原子的关键性电磁辐射的波长，然后发现就像回到了地球上一样。他们会恰当地根据光的这一波长的振动设置时钟，并且像平常一样做自己的事情。但是，如果来自铯原子的辐射从黑洞附近发出，并且被外部的在平直时空区域中的观察者获得，他们会发现，与地球上完全相同的原子发出的或观察者宇宙飞船中的铯原子钟发出的相同辐射相比，由于引力红移，这一辐射具有更长的波长。换句话说，能量连续闪现之间的时间会在红移光之中增加。从原子钟下降到黑洞附近到与外部平直时空之中的观察者擦肩而过，这需要经过9 192 631 770次闪现，根据外部平直时空区域中的时钟，时间过去了不止一秒。与平直时空中的事件相比，黑洞附近的强大引力场区域中的宇航员将会过得更慢。

但是，对于他们来说，在他们宇宙飞船上面的一切似乎都是正常的。事实上，他们会认为外部平直时空中的观察者正过着快节奏的生活！毕竟，如果来自那些观察者时钟的铯原子的光线向下照耀到黑洞上方的区域之中，它将会从引力场中获得能量，并且蓝移产生更高的能量和更短的波长以及相应的更高频率。将这种进来的光线与来自他们时钟的辐射相比较，宇航员会得出结论，时间在外部宇宙之中过得很快。

每一个观点都是正确的。如果宇航员现在点燃火箭从高度扭曲的时空区域之中出来与观察者比较时钟，已经跟随着宇航员下降到黑洞附近的时钟会显示，时间过去得很少；然而，跟随着观察员留在平直时空之中的时钟会显示，已经过去了更多时间。更重要的是，宇航员实际上会比观察员年轻。这一整个的时间膨胀情况并不是由于我们选择测量时间的方式所导致的错觉。从地球的旋转来测量时间对于宇宙来说没有任何意义；而选择根据电磁波的振荡测量时间才是基准的。那正是宇宙自身测量时间的方式。爱因斯坦已经意识到，光提供了宇宙中长度和时间的唯一的、基本的、绝对可靠的和根本的测量方法。如果你很难接受那些到视界上方区域进行访问的宇航员要比待在平直时空中的观察员年轻，那么请记住那些宇航员和观察员本身就是由原子组成的。如果重力影响到铯原子产生光的方式，我们会发现重力影响着活人体内的原子运行方式，这并不会令人惊讶。在黑洞附近的时空区域之中，时间确实过得比较慢。

这让我们使用一个相当大的黑洞作为单向时间机器成为可能。宇航员在视界附近度过的时间越长，他们就会越靠近视界，影响将会更大。甚至不需要强大的火箭来利用这一影响，因为宇航员可以在他们的火箭上面利用一个明智而短暂的喷发，使得他们的宇宙飞船落到一个开放的轨道上面，从而进入高度扭曲的时空区域之中，将观察员留在空间站之中绕着远离黑洞的圆形轨道而行。下降的宇宙飞船将会滑行，一路上自由落体，在黑洞重力的作用下加速达到最接近点。然后，它会猛一转身（仍然是自由落体，但是可能会产生一些令人眩晕的潮汐效应）爬出黑洞，在引力作用下一直减速。在距离黑洞最远的位置，宇航员再一次短暂地点燃火箭，让宇宙飞船回到观察者的宇宙空间站旁边，这些观察者留在高速轨道之中并且准备比较时钟。通过选择黑洞周围的正确路径，宇宙飞船上的时钟显示，这一旅行可能需要几个小时，而从外部宇宙看，多久都是可能的，100 年、1000 年或者更长时间。更重要的是，宇航员可以随意经常地重复这一过程，跳过百年和千年进入未来。在这种情况下，他们每次进入平直时空区域所遇到的观察员不会是看着他们出发的那些初始观察员。那些观察员会年迈去世，为一代代继任的新观察员所取代。

这听起来像科幻小说，而且其最基本的思想的确被用于不止一部科幻小说之中。但是这都是清醒的科学现实。这个情境的一个潜在困难（这使得那些故事充满科幻色彩）在于，为了利用单向时间机器过程，首先要找到然后进入一个巨大的黑洞，以避免潮汐的问题。可能足够大刚好符合要求的离我们最近的黑洞位于银河系的中心，超过 3 万光年远。甚至光线要从最近距离可用的单向时间机器附近出发到达我们都需要 3 万光年。因为没有什么比光的速度更快，为了利用光所提供的可能性，我们要在空间之中找到捷径，这样我们就可以在适当的时间进入空间。当然，那是另一种常见的科幻构想，即，穿越“多维空间”的隧道概念。无论你相信与否，这一构想被证明是建立在可信的科学事实之上的。

超空间连接 第6章

当科幻小说成为现实。白洞、虫洞和时空隧道。进入其他宇宙和回到过去的旅行。蓝移块。借助反引力线可以打开超空间的“咽喉”。

当天文学家卡尔·萨根决定写一部科幻小说的时候，他需要一个虚构设备让小说中的人物能够穿过宇宙进行旅行。当然，他知道要比光速快是不可能的；而且他还知道，科幻小说有一个普遍惯例，它允许作家们利用“超空间”的捷径作为解决这一问题的方法。作为一个科学家，萨根想要自己的故事更为真实而不落俗套。有没有办法能够修饰一下那些在令人敬畏的科学语境下关于科幻多维空间的艰涩语言？萨根也不知道。他不是黑洞和广义相对论的专家——他的专业背景是行星研究。但他知道应该向谁寻求建议，让明显无法实现的通过时空的超空间连接这一想法，在他的小说《接触》中听起来在科学上是可信的。

1985年夏，萨根请教了加州理工学院的基普·S. 索恩。索恩很感兴趣，便对他的两个博士生麦克·莫里斯和尤瑟福指派了任务，让他们详细地了解关于一些相对论者所谓的“虫洞”的物理特性。在20世纪80年代中期，一些相对论者就意识到广义相对论方程提供了这种超空间连接的可能性。事实上，它们是爱因斯坦场方程史瓦西解的一个组成部分，而且早在20世纪30年代，爱因斯坦本人就曾与普林斯顿大学共事的内森·罗森探讨过此事，他们发现史瓦西解实际上将黑洞描绘为两个平直空间区域之间的桥梁——“爱因斯坦－罗森桥”。这与爱因斯坦场方程有两套解的事实有关，在第五章已经提到这一点。但是，在萨根再次开始动笔之前，这种超空间连接好像还没有任何物理意义，甚至在原则上来说，也绝不可能用作从宇宙的一部分移动到另一部分的捷径。

莫里斯和尤瑟福发现这个普遍观点是错误的。他们从问题的数学部分开始，构建了一个时空几何，它符合萨根对虫洞可以被人类利用作为身体穿越的要求。然后，他们又研究了其物理学特性，探讨一下已知的物理定律能否促使所要求的时空几何产生。令他们感到惊讶和令萨根感到高兴的是，他们发现存在这样的物理定律。（几乎可以肯定，索恩并未对这一发现感到惊讶。莫里斯回忆道，当索恩向他的学生们提出这个问题的时候，他清楚地记得索恩自己已经得出问题的答案，虽然莫里斯花了几个星期的时间去追踪调查索恩给他们的提示。）可以肯定的是，一些物理学的要求好像是不真实的和不合情理的。但这不是问题的重点。重要的是，物理学定律中没有什么能够阻止穿越虫洞的旅行。科幻小说作家是正确的——至少在理论上可以这么说。超空间连接提供了一种方法，不需要以低于光速的速度在普通的平直空间中漫步数千年，就可以到达宇宙的远方。

在萨根1986年发表的小说中，加州理工学院研究小组所得出的结论似乎在科学上为其装潢了一扇精确的“门面”，因为很少有读者能够读懂完全基于一些数学相对论者最新发现的“艰涩语言”。从那以后，还出现了一些方程式能够描述物理学上允许的可穿越虫洞，这导致了从事这些奇怪现象研究的数学家“家庭手工业”的急剧发展。这些都是从爱因斯坦 - 罗森桥开始的。在理解索恩和他的学生们如此之多的惊人发现之前，我们需要评估一个传统观点，那就是，当 1985 年萨根提出问题的时候，虫洞只是数学上的虚构事物，没有任何物理学意义。

爱因斯坦连接

这是科学史上一个有趣的奇特现象——也是一个很好的例子，说明在不进行历史叙述的情况下就想讲述黑洞是办不到的——事实上，在有人认真研究黑洞的概念之前，一些数学相对论者早已对时空虫洞进行了详细的研究。早在 1916 年，当爱因斯坦提出广义相对论方程之后不到一年，奥地利人路德维希·弗拉姆（Ludwig Flamm）认识到，爱因斯坦场方程的史瓦西解实际上描述了连接两个平直时空域（两个宇宙）的虫洞。关于虫洞性质的推测断断续续地持续了数十年。最值得一提的贡献者是 20 世纪 20 年代的赫尔曼·外尔（Hermann Weyl，一位德国数学家，他曾在黎曼的故乡哥廷根学习，专长于黎曼几何研究）、20 世纪 30 年代中期的爱因斯坦和罗森、20 世纪 50 年代的约翰·惠勒。但是，他们感兴趣的当然不是那种成为科幻小说素材的可穿越的大虫洞（所谓的“宏观”虫洞）。

人们最初对虫洞产生兴趣，是通过思考诸如电子这样的基本粒子的性质开始的。如果电子以一个物质点的形式存在，那么描述那一点周围时空的正确方法是使用史瓦西度规，连同一个能够提供与另一个宇宙连接的微小虫洞（由于显而易见的原因，被称为“微观”虫洞）。我前面提到的理论家和其他一些理论家提出了这样的疑问，基本粒子是否实际上本身就可能是微观虫洞，以及是否诸如电荷这样的属性，也是来自其他宇宙通过虫洞而激发的力场（在当前情况下是电场）所产生的。这种观点对于爱因斯坦和其他一些相对论者来说很有吸引力，因为它提供了一种可能性，即可以从作为扭曲时空最终产物的粒子的角度，来解释物质的结构——换言之，为根据广义相对论来解释一切事物提供了可能性。虽然（在第八章我们将会看到）在20世纪90年代关于这一主题的一个有趣变化再次引起相对论者的兴趣，但是他们的愿望没有达成。一些具有开创性的相对论者很早就已证实，史瓦西虫洞无法让一个宇宙与另一个宇宙相连。

以彭罗斯图的现代形式就很容易理解这个问题，如图6.1所示。连接两个宇宙的史瓦西虫洞或爱因斯坦 - 罗森桥可以通过页面上连接图标两侧的一条线表现出来。但是，要记得在这一图标上的对角线对应着光速运动，构成浅角的线对应着超光速运动。为了穿过爱因斯坦 - 罗森桥从一个宇宙到达另一个宇宙，无论可能画出哪种连接两个宇宙的弯曲侧线，在旅行的某些阶段旅行者都需要以高于光速的速度运动。关于这种类型的虫洞，还有另一个问题——它是不稳定的。想象一下由像太阳一样的大块物质被挤压进仅比它的史瓦西球大一点的球体时产生的时空“凹痕”，那么将会得出一个如图6.2所示的“嵌入图”。关于史瓦西度规，令人意想不到的是，当将物体缩到史瓦西半径之内的时候，得到的不是图6.3中的无底洞，而是嵌入图的底部打开与平直时空的另一个区域连接起来（图6.4）。但是这一漂亮而敞开的“喉部”提供了两个宇宙间旅行的诱人可能性，仅存在几分之一秒钟。如果我们再看一下彭罗斯型的图，可以从图表的顶部到底部相应的不同时间取一些部分（“过去”在图表的底部，而“未来”在图表的顶部），并且画一个与每一部分空间相对应的嵌

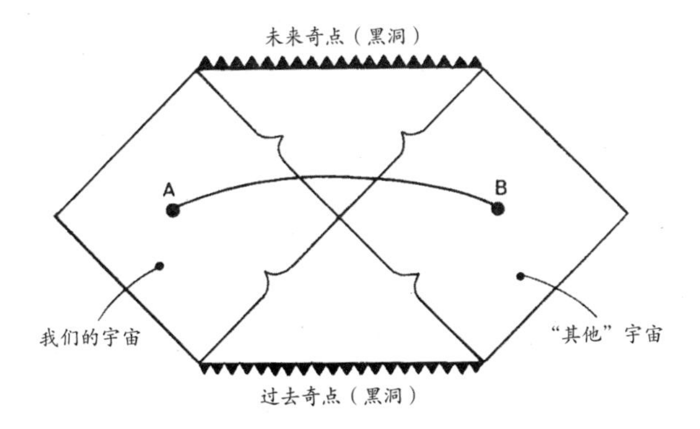

图6.1　为了从一个宇宙移动到另一个宇宙，你需要“穿过纸页”。这涉及小于40°角的移动，意味着高于光速。乍一看，这似乎是不可能的。

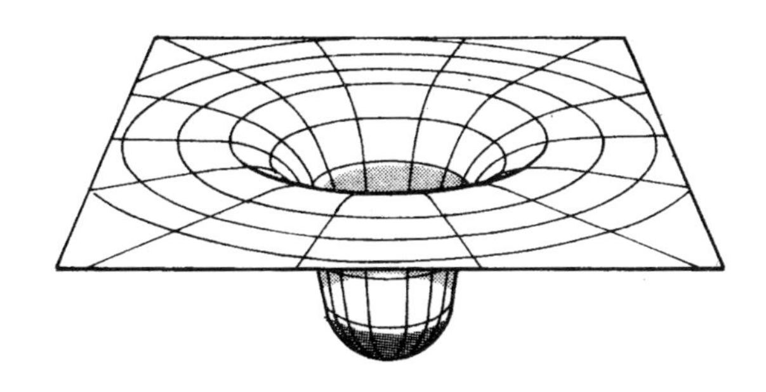

图6.2　一个“嵌入图”，它表明了像太阳一样的物体扭曲时空的方式。

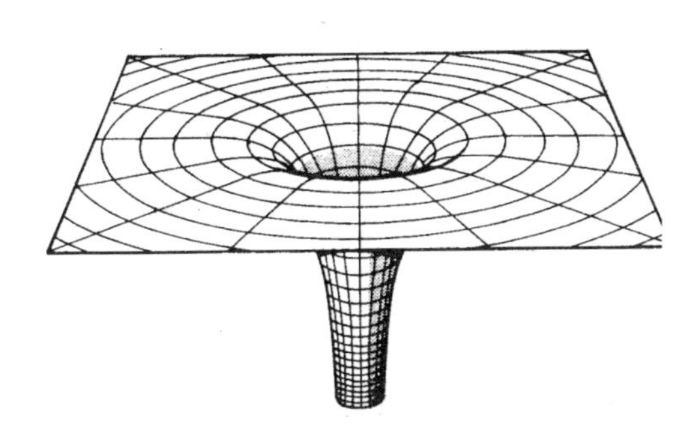

图6.3　我们一般都认为黑洞是一个极端形式的嵌入图，因为在时空结构中确实有一个洞。

入图（图 6.5）。这表明，史瓦西喉部是由平直空间相反区域内的两个扭曲形成的，扭曲向着各自的方向伸展、连接并且开放到实际尺寸，然后再次缩小、断开连接和分离。对于具有和太阳相同质量的黑洞来说，虫洞的整个演进过程——从与过去奇点相关的断开状态，经过史瓦西喉部状态，然后到与未来奇点相对应的断开状态——经黑洞内的钟表测量，这仅需要不到千分之一秒。虫洞本身不会存在足够长的时间，能够让光

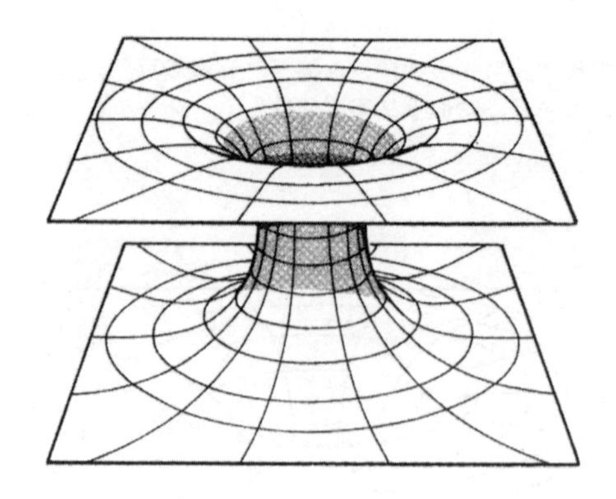

图6.4　不过，要记得还有另一种形式的时空，构成方程的一部分。黑洞事实上是连接两个宇宙的“喉部”或“虫洞”。

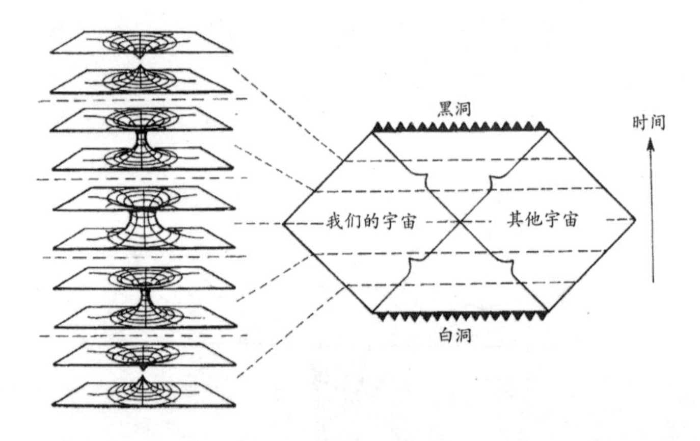

图6.5　一个小问题是图6.4中显示的情况事实上只是虫洞的一个短暂“快照”。事实上，随着时间流逝，虫洞打开，然后拍照，再次关闭。这发生得很快，以至于任何东西都无法通过，甚至是光。

从一个宇宙穿越到另一个宇宙。引力有效地关闭了两个宇宙之间的门。

这相当令人失望，因为如果忽略了虫洞的快速演变，只关注于在“喉部”打开的那一瞬间相应的几何图形，那么这种类型的虫洞仿佛连接而不是分离多个宇宙，并使我们所处的宇宙分割成多个区域。在虫洞口附近的空间可能是平直的，而在远离虫洞的地方开始平滑地弯曲，那么（虫洞）这样的连接就是从宇宙一部分到另一部分的捷径（图 6.6）。如果你想象一下将这一几何图形展开，使得整个宇宙平展，除了虫洞口附近，这样将会得到如图 6.7 所示的情况，一个弯曲状虫洞连接了一个完全平直宇宙的两个单独区域——不要被这样的事实所欺骗，即在这幅图中通

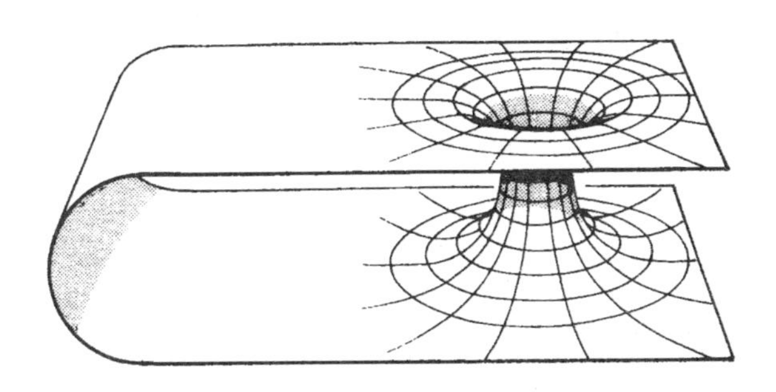

图6.6 如果能有一种方式保持虫洞开放，那么就可能提供一个从我们宇宙的一个区域到另一区域的捷径。

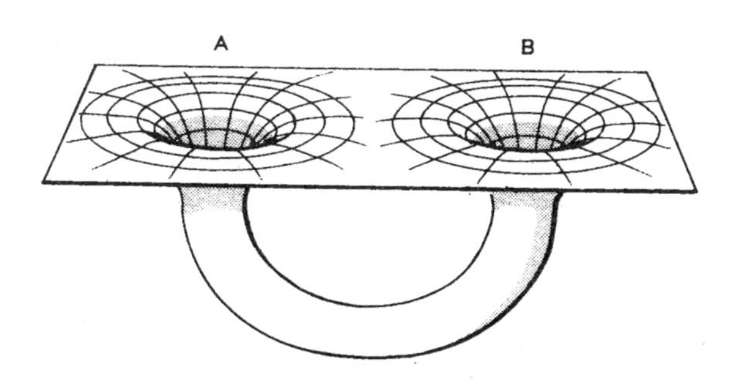

图6.7 虫洞在四维上来说仍然是一个捷径，即使我们将它画在纸上使其看似距离很长。

过虫洞从一个口到另一个口的距离要比通过普通空间从一个口到另一个口的距离长；在适当的四维处理方法之中，这种弯曲状的虫洞仍然能够提供从 A 到 B 的捷径。

或者至少可以说，如果虫洞能够保持打开状态足够长时间而且穿过虫洞不涉及超光速运动，那么这一捷径就是可能的。第二个问题是这样一个事实的直接结果：即在一个史瓦西黑洞的彭罗斯图之中未来奇点横跨整个页面，这样越过活动视界的任何东西（或任何人）都别无选择，只能撞入奇点。但是，这不是超空间连接故事的结局。一个简单的史瓦西黑洞不包括总电荷，而且它并不旋转。有趣的是，为黑洞增加电荷或旋转都会改变奇点的性质，由此打开通往其他宇宙的通道，并且使得低于光速运动的情况下的旅行变为可能。

突破超空间

一方面，没有人认为带电黑洞可能存在。例如，如果黑洞以某种方式逐步建立起一个大的正电荷，通过吞没来自周围空间的带负电荷的粒子（例如电子）很快就能中和自身，同时排斥发生在自己身上的其他正带电粒子。另一方面，没有人认为真正的黑洞很有可能不具备角动量；它们当然必须旋转，它们越是致密，我们就越期望它们旋转得更快。然而，首先来研究一下一个非旋转带电黑洞的不太可信的理想情况，对于了解黑洞如何提供到达其他宇宙的通道来说，这是最简单的方法。这正是一些相对论者开始调查研究这一现象的方式。爱因斯坦对广义相对论方程做出权威解释的墨迹未干之时，当第一次世界大战仍在欧洲肆虐的时候，开拓者们就又开始工作了。

对带电（非旋转）黑洞附近时空结构的描述被认为是赖斯内尔 - 诺德斯特洛姆几何——但是，与爱因斯坦和罗森不同，赖斯内尔和诺德斯特洛姆不在一起工作。海因里希·赖斯内尔在德国，他是第一个偏离目标的，在 1916 年爱因斯坦理论的背景下发表了一篇关于电场自重的论文；1918 年芬恩·缪达尔·诺德斯特洛姆做出了自己的贡献。然而，虽然他们不曾一起工作，但是在关于相对论的教科书中他们的名字被永久地连在一起。从标准相对论者的视觉并借助“彭罗斯图”考虑，最容易理解他们发现的重要性。

给黑洞添加电荷能够提供除引力之外的第二个力场。但是，因为相同电荷（全部正电荷或全部负电荷）相互排斥，这一电场可以在与引力相对立的意义上起作用，试图将黑洞分开而不是将其更紧密地控制在一起。当然，没有什么可以使得黑洞向外迸发（直到霍金辐射使得视界本身枯萎外什么也没有）。但是这并不意味着在带电黑洞内部存在一种力，它能够在某种意义上对抗引力的向内拖曳。其最重要的后果是，在与黑洞引力场相关的视界内部存在着与带电黑洞相关的第二个视界。

这在物理方面的意义是，在中心奇点周围存在两个球面，一个球面在另一个球面的内部，两个球面都标记出一个远距离观察者测得的时间停止的地点。与具有相同质量的不带电黑洞视界相比，外部的视界要更靠近奇点；若黑洞只有少量电荷，内部视界就靠近奇点；若电荷量更大，内部视界就会距离奇点更远一点。原则上来说，如果黑洞具有足够大量的电荷，内部视界就会越过外部视界移动到黑洞外部；然后两个视界都会消失，留给我们的是一个裸奇点。但是这要求给黑洞增加大量的电荷，而且没有可行的措施来完成这一点。然而，赖斯内尔 - 诺德斯特洛姆方程似乎没有注意到宇宙监察说的原则。更奇怪的是，大胆地靠近这类奇点的航天员也不会被吸引和被重力挤压——实际上，赖斯内尔 - 诺德斯特洛姆奇点排斥那些太过靠近自己的物体，起着反重力区域的作用。

但是，这只是带电黑洞离奇命运的开始。要记得，当跨越史瓦西黑洞的视界的时候，空间和时间的作用就颠倒了。结果，彭罗斯图中的奇点世界线不是空间中随着时间推移垂直地“穿过整个页面”的一个点的世界线。相反，一旦在接近黑洞的过程中跨越了视界，奇点就会在你面前贯穿整个空间，你就会不可避免地落入其中。然而，如果不得不落入赖斯内尔 - 诺德斯特洛姆黑洞，当你跨越第二个视界的时候，空间和时间的作用将会出现第二次反转。结果，彭罗斯图中的奇点并不会表现为一个横跨整个页面的水平线，而是穿过整个页面的垂直线（图 6.8）。通过宇宙飞船的精确导航，虽然通常是以低于光速的速度移动并且在靠近黑洞的过程中再次跨过视界，你也可以避开奇点！虽然引力试图紧闭通往其他宇宙的大门，电场却为旅行者敞开了大门。但是还有另一层意义，那就是这是一个单向门；你无法回到出发的那个宇宙——图 6.8 中所描述的单向视界意味着你将会不可避免地出现在另一个时空区域，通常解释为另一个宇宙。正如这些新的时空地图显示，转身回到来时的道路需要以快于光速的速度移动。这还不是故事的结局。再看一下图 6.8，时空图是开放式的。赖斯内尔 - 诺德斯特洛姆几何连接着无限数量的这种宇宙对，而不是只有由史瓦西几何连接的两个宇宙。这种时空图有时被称为“纸娃娃”拓扑，因为这种重复的形式类似于用一张折叠的纸剪出来的一连串相连的纸娃娃——但是每一个纸娃娃是一个完整的宇宙对（图 6.9）。

原则上来说，这是很好的，但是几乎可以肯定的是我们的宇宙中并不存在带电黑洞，那不过是一件深奥的令人感兴趣的事情。除了一个例外。在某种程度上，旋转对于黑洞时空几何的影响类似于电荷的影响。特别是，一个旋转黑洞的角动量也对抗着引力的向内拖曳，将内部视界

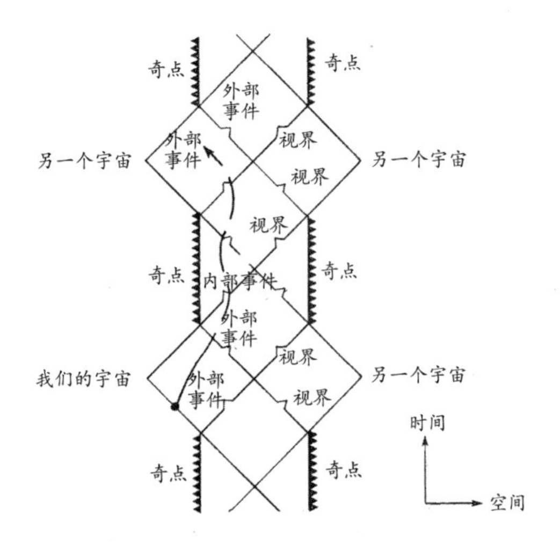

图6.8 带电黑洞的时空图显示出黑洞如何将许多宇宙（或者一个宇宙的许多区域）连接在一起。因为奇点是垂直的，在不超过光速的条件下，宇宙飞船中的专业领航员能够指引通往黑洞的道路并且进入一个不同的平时空区域。

图6.9 通过带电黑洞连接的一组宇宙的时空地图就像一串没有尽头的纸娃娃。

从奇点开始推出去，打开通往其他宇宙的门。与带电黑洞不同，旋转黑洞是肯定存在的。而且旋转黑洞拥有另一个自己独有的特点——在中心位置的奇点不是数学意义上的点，而是一个环。通过这个奇点（如果黑洞足够大而且旋转得足够快），一个大胆的太空旅行者甚至可以冲进黑洞并且活下来讲述他的遭遇。在萨根向索恩提出自己关于虫洞的无知询问之前，这是数学家们所说的最可信的和能穿越的宏观虫洞。

连接各个宇宙

类似于克尔黑洞的能层边界，旋转黑洞的内部视界在赤道上最大限度地膨胀，而在极点位置不膨胀。这使得克尔黑洞周围的时空几何变得复杂化，并且有助于解释为什么数学家花那么长时间来解释方程式——黑洞的赖斯内尔-诺德斯特洛姆变化是球面对称的（各方面都是相同的），而且这使得方程式几乎总是很容易解答。一旦克尔弄清（1963年）如何处理旋转的影响，那么增加电荷影响就相对容易了。这是由匹兹堡大学的以斯拉·纽曼和他的同事们在1965年完成的；他们对爱因斯坦场方程的解答就是现在大家熟知的“克尔-纽曼解”，它描述了一个旋转带电黑洞周围的时空。如果采纳克尔-纽曼解并且将电荷设置为零，将会得到克尔关于旋转黑洞的数学描述；如果将旋转设置为零，将会得到一个带电黑洞的赖斯内尔-诺德斯特洛姆解；如果将电荷和旋转都设置为零，那么将会得到针对一个非旋转的不带电黑洞的史瓦西解。爱因斯坦场方程的克尔-纽曼解包含了黑洞能够具有的每一种属性——质量、电荷和旋转。根据“无毛”原理，这是那些方程的最终解决方法，至少就黑洞而言是这样的。但是，由于没有理由认为旋转黑洞带有电荷，而有理由认为在真实的宇宙之中非旋转黑洞带有电荷，我不会再提克尔-纽曼解，而将专注于给大质量黑洞添加旋转所带来的有趣可能性。

首先是环奇点。受到关于黑洞质量和环奇点大小的通常条件约束（宇航员不会被潮汐力撕裂），在一个极点位置跳入克尔黑洞并且恰好通过由奇点形成的环圈是可能的。一旦你这样做，世界就会完全颠倒。方程式告诉我们，在通过环圈的过程中，你将会进入一个时空区域，在这个区域中你与环圈中心之间的距离和重力的乘积是负的。这可能意味着重力表现得十分正常，但是你已经进入一个负空间区域，例如在这个区域中可能距离虫洞中心“负十公里”。甚至是一些相对论者都在面对这种可能性时有困难，因此他们通常将这一负性解释为，当通过环圈的时候引力反转并且转变为一种推而不是拉的排斥力。在环圈之外的时空区域，黑洞的重力将物质和光排斥开，这样它就可以表现得如同上面提到的白洞。

从心理上接受这一点是让人不舒服的；但是，在描述这一反重力宇宙的方程式之中，还有另一个让人更加不舒服的含义。一个宇航员跳入环圈之中，但是停留在它附近并且在一个合适的轨道之中绕着黑洞中心旋转，他会在时间上向后旅行。从传统物理学的角度来看，可取之处应该在于，如果这样做了，然后通过环圈再跳回到旋转黑洞的外部，你仍然不能回到你出发时的相同时空区域。类似于赖斯内尔 - 诺德斯特洛姆黑洞的视界，克尔黑洞的世界也只允许单向旅行，将你带回到另一个宇宙之中（图 6.10）。在某种意义上，你可能在离开初始宇宙“之前”到达那个宇宙，但是没有切实可行的办法能够与开始地点进行沟通，以便在开始旅行之前向你传递信息。

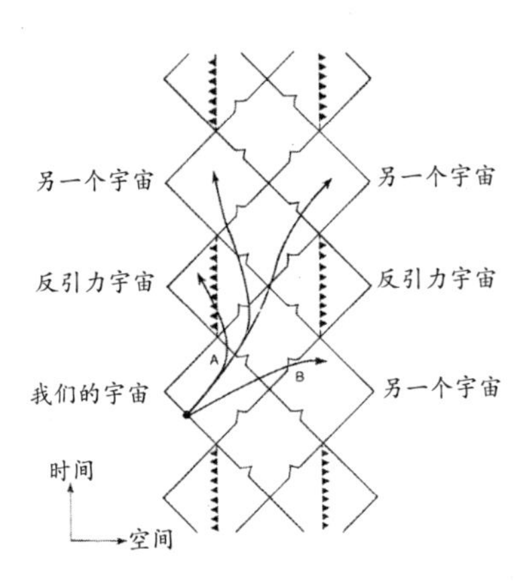

图6.10　旋转黑洞的时空地图与带电黑洞的时空地图十分相似，但是包含一个额外部分——反重力宇宙。A是允许的路线；　B是被禁止的路线。

虽然如此，就像你可以想象的，带电黑洞有一个强大的电荷，这样内部视界就能推动外部视界并使得内部奇点显露出来，因此，迅速旋转的克尔黑洞将会冲出它的视界，且留下一个显而易见的“裸奇点”。但是，这个奇点不同于赖斯内尔 - 诺德斯特洛姆黑洞的奇点，它仍然是一个环的形式。不仅可以经过这个环，而且还可以使用高倍望远镜从远处进行仔细观察。而且，如果你经过环并进入负时间区域，就不会再有单向视界能够阻止你再次回到初始地点。反映这一情况的彭罗斯图十分简单，它由一个负宇宙和一个正宇宙组成，它们被一个环奇点分开，通过环奇点任何东西都可以从一个宇宙达到另一个宇宙（图 6.11）。从原则上来说，从任一宇宙中的任何空间点和时间点以适当的方式沿着奇点周围

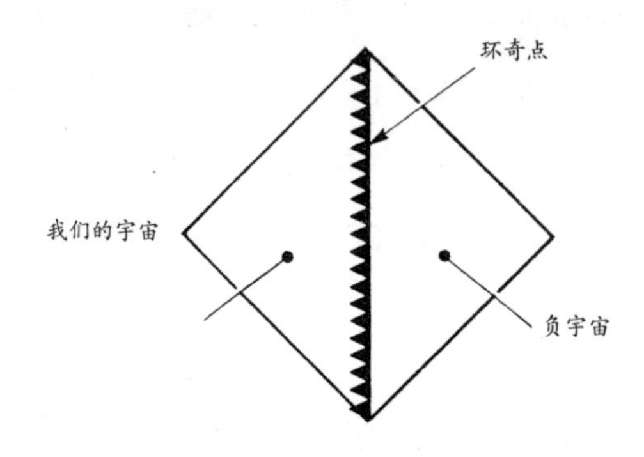

图6.11　一个旋转足够快的黑洞将会冲出它的视界，暴露出连接“负宇宙”和“正常宇宙”的裸奇点。

的轨道都可以接近奇点，并精确地返回到初始的同一地点，但是要在你离开之前回到那里。如果在宇宙中的任何地方都存在这样一个克尔奇点，那么原则上来说你可以从所处的地方到达宇宙中你所期待的任何地点和任何时间——过去、现在或未来，只要你能够找到正确的路径。而且，这也不需要你的速度快于光速。

当然，在旅行过程中你可能会老死，但这不是重点。广义相对论方

程——我们已有的关于时空的最好描述——明确允许时间旅行的可能性。难怪大多数物理学家十分期望真的有一个不可侵犯的宇宙监察说定律——他们十分担忧没有证据能够证明自然界实际上是按照这一定律运行的。但是，他们至少可以从这一事实得到安慰，那就是，要使黑洞旋转得足够快到角动量冲出它的视界是十分困难的。这种裸奇点可能是爱因斯坦场方程的一些不现实解，即使严格来说它们是不可能的。让我们将环奇点的奇异特性放到一边，再看一下克尔黑洞的整体时空地图。

除了奇点的这一漏洞，克尔几何的时空地图允许一个时空旅行者跳入环中并且再次返回，就像赖斯内尔 - 诺德斯特洛姆几何的纸娃娃拓扑。忽略负时间区域，将图 6.10 中通常用来表示奇点世界线的锯齿“打磨光滑”，就可以体现出奇点温柔的一面。

所有这些估计甚至不考虑地图的反重力和负时间区域难题，它的底线是物理学家确信在我们宇宙之中肯定存在一些物体（旋转的大质量黑洞）能够提供前往其他时空区域的超空间连接。我们应当如何解释其他这些宇宙？在层层宇宙之中是否真的有某个无限的时空区域能够永远继续下去（无论那意味着什么）？事实上，在广义相对论方程的背景下，若要说所有这些不同的时空区域实际上都是我们宇宙的一部分，旋转黑洞起到多维空间连接的作用，就像前面我所描述的爱因斯坦 - 罗森桥概念发展而来的黑洞，也同样是合理的。一个旋转黑洞可能将我们的宇宙与其自身连接起来，不止一次而是反反复复地，提供了通往不同地点和不同时间的大门。实际上，在图 6.10 所示的旅行之后，你出现在的“其他宇宙”可能就是我们的宇宙，不过是 100 万年前（或 1000 万年后）。这是一个非常令人担忧的前景，就我们掌握的常识性现实而言，20 世纪 70 年代一些新的预测表明在真实的宇宙之中与奇点和视界相关的强大重力效应将在任何事物穿过它们之前中止这些多维时空连接，当时大多数物理学家对此都十分宽慰。似乎虫洞只能存在于空宇宙之中（在这种情况下，不会有任何事物穿过它们，而且任一空间或时间旅行都不存在利用超空间连接的真实可能性）。

蓝移块

研究白洞自然属性的数学家最先意识到了关于虫洞的这个问题。特别是加州理工学院的数学家道格拉斯·厄德利在20世纪70年代初就得出结论，证明了在真实宇宙之中不存在白洞。我对此特别失望，因为它破坏了我对银河系形成方式提供简洁解释的计划，我对这一理论（20世纪60年代由苏联研究人员开发出来）特别感兴趣甚至撰写了一本与此相关的书。

20世纪60年代白洞概念再次流行，它的主要倡导者是伊戈尔·诺维科夫。他对宇宙活动中爆发的证据很感兴趣，例如，与类星体相关的活动。那时，没有人能够彻底找到落入特大质量黑洞的物质产生能量的方式，这种能量将会被从物体的极区输送回来，对于一些研究人员来说提出这个问题似乎是很自然的，即与黑洞相比，白洞并不能更好地解释这种现象。诺维科夫提出，并不是从奇点开始爆发形成突然的宇宙大爆炸，可能会有一些原始奇点以某种方式延迟这种扩张并且在晚些时候迸发进入宇宙。然后这些“滞后的核心”会以我们看到的类星体表现方式将物质喷出到宇宙之中。另外，在迟滞核心爆发之前，引力作用可能已经抓住扩展宇宙之中的一团周围物质。如果在滞后核心周围的大团气体之中形成了星体，这就能解释银河系的起源。唉！这全部都是厄德利著作所驳倒的思想。我们可以通过研究更多的彭罗斯类型图来一探究竟。

除了黑洞和白洞，相对论者有时会讨论“灰洞”。黑洞是物质和辐射落入的对象，但没有什么能从中脱离。白洞是物质和辐射从中脱离的对象，但是没有东西落入其中。灰洞也是物质和辐射从中脱离的对象，物质和辐射上升到视界以上的一定距离，然后落回到灰洞之中。[①] 在每一种情况之下，请记住黑洞 / 白洞 / 灰洞都由两个奇点来描述，一个是过去的奇点，一个是未来的奇点。这实际上是观察事物的一种理想化数学方法，就像在图 6.12 中表明的那样。这一时空图显示一个相当大质量的星体坍缩形成了一个黑洞，而实际上，只有在星体表面上方（或外部）区域中的爱因斯坦场方程史瓦西解准确地描述了时空。星体本身隔断了图 6.12 右侧的大部分时空图，使其不具有任何实际意义。只有当星体坍缩的时候，史瓦西解才能真正得到承认，未来奇点才具有真实存在的可能性。对于一个现实的坍缩星体，不存在任何事物能够摆脱的过去奇点

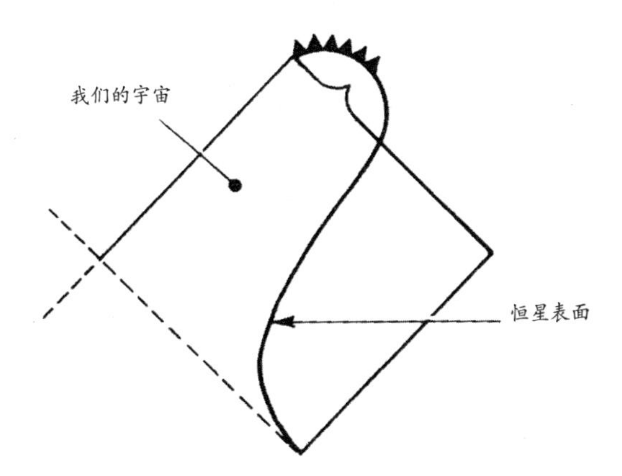

图6.12　美中不足之处。今天在我们的宇宙之中形成的黑洞没有一个过去奇点，而未来奇点是由星体坍缩形成的。这一规则切断了所有有趣的空间旅行和时间旅行的可能性，除非有一些人为的方式能够打开虫洞的喉部。

① 这就像在描述我们的宇宙：始于大爆炸、膨胀，然后又收缩为一个压缩球。我们可能生活在一个灰洞之中！

和过去视界。在关于这个问题的三个可允许的数学变化之中，只有黑洞具有真实的物理意义。

当然，如果坍缩星体旋转得足够快，我们还可以选择创建一个克尔黑洞，提供一个通往其他宇宙的大门，这样在我们的宇宙中坍缩成为黑洞的物质可以作为一个白洞，在那个宇宙之中摆脱过去的视界；但是这一情况也有一些问题。一个问题是关于霍金辐射。一方面，未来在时空图上水平排列的奇点（这种水平奇点被称为“类空间的”，因为它们存在于所有空间之中，但是仅在一个时间点）不会受到霍金蒸发的影响。从这类奇点的角度来看，所有时间都位于过去，不存在霍金蒸发可能发生的未来时间（假设时间不能倒流）。另一方面，过去的一个类空间奇点能够通过霍金过程产生过量的粒子，甚至可能使其自身蒸发得什么都没有。当然，这些粒子的命运是填补黑洞内部，而且必然挤在一起，形成一个类空间未来奇点。这实际上并未将史瓦西黑洞的情形改变很多，虽然它为了解黑洞内部可能发生的情况提供了新线索，在黑洞内部（一直以来都认为）从未发生过令人感兴趣的事情。当我们对与旋转或带电黑洞相关的“垂直”（或“类时间”）奇点使用相同推理的时候，真正的障碍出现了。事实是，未来奇点被翻转过来，成为一个类时间奇点，原则上来说这使得驾驶宇宙飞船穿过黑洞进入另外一个宇宙而不受到重力挤压成为可能。但是，如果类时间奇点本身由于霍金过程被蒸发，所有这些产生的粒子将会发生什么呢？按照一些物理学家主张的对方程式的最简单的解释，它们必须再次填补黑洞内部并且在未来的一个时间点积聚起来，形成一个类空间的未来奇点并且阻拦通往其他宇宙的道路。

我必须说，我并不完全相信这些论点。最初形态的霍金蒸发的一个重要特征是，它涉及视界里一些正在进行的过程，这样一对粒子中的一个能够逃脱而另一个落入洞中变为负能量状态。没有证据证明在视界背后接近裸奇点的地方也发生着同样的事。还有一些比我更杰出的数学家好像也十分重视这一概念，而且如果他们是正确的，那么量子过程可能关闭广义相对论打开的通往其他世界的大门。但是，我们还没有一个完整的理论，可以将量子力学和广义相对论结合到一套方程式之中，因此这一令人失望的结论还不能被认为是这个题目的最后陈述。我们会看到厄德利的研究进展是如何戏剧性地颠覆了有关黑洞的结论，似乎在他提出这一观点的时候就杜绝了白洞的可能性，甚至是在广义相对论的基础之上。

他对星球坍缩形成黑洞进行了更现实的考虑，其重点是我们需要考虑到外部宇宙中物质的真实分布，而不仅是描述弯曲时空的优美方程式。当我们描述大爆炸本身的时候不会产生这类问题，因为不存在外部干扰，因而不需要担心外部物质或能量。但是对于一个滞后核心来说许多东西是不同的。之前提过的诺维科夫观点的一个吸引人的特征在于，滞后核心的重力能够控制物质，可能可以解释扩展宇宙之中银河系的存在。但问题是这种核心可以有效地控制物质，甚至是光。要记住，从黑洞表面漏出来的光红移得这么多，以至于它失去了所有能量。这种红移是无限的。但是落入黑洞的光获得能量，而且当穿过视界的时候它被无限地蓝移。只要积聚的能量被安全地紧闭在黑洞里面（虽然它有一些有趣的宇宙哲学含义，我将会在第八章中讨论这一点），这就与我们无关。但是现在让我们考虑一下，在包含物质和能量的真实宇宙之中，当试图摆脱奇点的时候，白洞发生了什么。

白洞的扩展核心将会拥有与同等黑洞完全一样强大的引力场。因此，物质和能量将会自宇宙外部从顶部开始涌入，正如内部的白洞设法向外扩展一样。对于大爆炸遗留下来的任何滞后核心来说尤其剧烈，因为在造物的火球之中滞后核心已经被其所依靠的沸腾的能量旋涡所包围；但是厄德利证明，即使是在今天的宇宙之中仍然有充足的能量可用，只是以星光的形式，在视界之中进行积聚。毕竟，如果蓝移是无限的，那么只需要很少量的光落入白洞之中，就可以让蓝移出现问题。那些问题表现为现在被称为“蓝移墙”的形式，围绕白洞形成了一面能量之墙，墙的密度很高以至于光的能量使得时空变形，从而在初期白洞的周围形成一个黑洞。正如斯坦福物理学家尼克·赫伯特所生动表达的：“像我们这样的宇宙包含有致命量的光和物质，这将会形成一些致命的蓝面，它们会将一些婴儿期的白洞扼杀在摇篮中。”更加无法想象的是，一些推断表明，如果宇宙中的任何滞后核心决定停止滞后并且试图成为白洞，那么扼杀的过程只需要千分之一秒。

更糟的是，这一扼杀是从赖斯内尔 - 诺德斯特洛姆和克尔解的史瓦西解保留下来的。当然，这种洞通常有过去的视界。过去视界的能量积聚是在创造宇宙（和视界）的时候开始的，并且形成了一个无法穿透的蓝面。目前仍然没有人能彻底解决这个数学难题，即准确地描述蓝面是如何与虫洞相互作用的，但是在 20 世纪 80 年代末大多数物理学家认为这种蓝面的存在可能是为了切断宇宙之间的连接。20 世纪 80 年代最末期到 90 年代初期做出的一些推断表明这可能完全不是那么回事，想想他们会有多么吃惊吧！

分割蓝移墙

在萨根询问的促使下，索恩和他的同事们对一些可穿越的虫洞进行了研究，此后这一工作才得以实现。但是，从逻辑上来说，它发生在厄德利从事蓝移墙的研究工作之后，所以先讨论一下这一点很有意义，然后我们再回到由此产生的科幻场景和事实性突破（我保证！）。

厄德利指出蓝移墙的问题出现在真实的宇宙之中，因为除了考虑奇点周围时空的曲度，我们需要考虑到扭曲时空与来自宇宙外部的物质和能量相互作用的方式。但是，它是如何与外部时空相互作用的呢？那些推测假定黑洞 / 白洞外部的时空自身是平直的。这与我们太阳系或银河系级别的空间区域情况如此相似，以至于一些专家几乎认为是理所当然的——这当然是他们所使用的最接近于现实的情况。但是按照宇宙自身的规模来说，事实并非如此。爱因斯坦的宇宙学方程告诉我们，宇宙非扩展即收缩，并且也告诉我们宇宙几何不太可能是平直的。最有可能还是非欧几里得的和弯曲的——或者像第二章中讨论的马鞍面一样打开，或者像球面一样封闭。泰恩河畔纽卡斯尔大学的一些研究人员已经证明，如果宇宙真的是封闭的（由于第八章所提及的一些原因，这是大多数宇宙学家所支持的选项），而蓝移墙本身没有洞，对蓝移墙的描述就可能有漏洞。

超空间旅行

由于“赖斯内尔 - 诺德斯特洛姆解”比“克尔解”更容易使用，这些调查研究就集中在带电黑洞在真实宇宙的数字模型中的运行上。与每一个这种黑洞周围存在两个视界相关的一些重要特性有望延续到旋转黑洞的克尔解，但是，这些仍是处于早期阶段的工作，而且当旋转被添加到这些推测之中，肯定还会有更多惊喜。在老图片之中（这里的“老”指的是 1988 年之前），在被称为“柯西视界”的内部视界，一些关于蓝移墙的问题就出现了。从物理学的角度来讲，它们可以被解释为，一个观察者坐在柯西视界的位置，并且在观察者钟表的有限时间内观察外部宇宙的整个无限未来。但是，假如外部宇宙没有一个无限的未来呢？如果它像球体的封闭曲面一样有限而无界，情况又如何呢？

这一可能性最初是由纽卡斯尔大学的弗利西蒂·迈勒研究得出的，还有伊恩·莫斯（史蒂芬·霍金的昔日门徒）和保罗·戴维斯（那时候是纽卡斯尔大学物理学教授，目前住在澳大利亚阿德莱德）与其共事。他们着眼于封闭宇宙几何中与带电黑洞相关的虫洞的数学描述——封闭宇宙有自己的宇宙视界。换句话说，他们要考虑三个视界，两个与黑洞相关的视界和一个宇宙视界。他们所研究的特殊宇宙模型还包括与常数相关的另一个未来，爱因斯坦曾设法将这个常数用于自己的方程式以使得广义相对论的模型宇宙保持静止不动。但是这一现代版的宇宙常数可不是为了让宇宙保持静止不动，而是用来解释宇宙如何膨胀远离最初奇点的强烈引力的。宇宙时间的边缘，靠近宇宙诞生的奇点并且充当一种负压力的反引力，在几分之一秒内"嗖"的一下使得胚胎宇宙从远比原子要小很多的体积变为葡萄柚大小，之后膨胀逐渐放慢，形成了我们现在看到的宇宙。快速扩张的阶段被称为膨胀，并且是现代版本大爆炸理论的一个重要组成部分。莫斯表示，纽卡斯尔研究小组关于虫洞的所有结论证实，宇宙是封闭的；但是如果他们不在宇宙暴涨论的背景下开展工作会十分尴尬，因为在宇宙学之中宇宙暴涨论是当前"最合算的"，因此不核对这些推测与这种宇宙常数的存在就太愚蠢了。在这种情境之下，远离高密度物质核心的空间几乎是平直的，被称为德西特空间；但是时空本身是周围轻轻弯曲的，从而形成一个封闭的宇宙。时空类似于宇宙"两端"的两个黑洞。迈勒和莫斯发现在这些情况下宇宙可能包含许多黑洞，这些黑洞被几乎完全与德西特空间相对应的区域所分离，而且这些黑洞可以（如果是带电的）被一些稳定的虫洞连接起来。在一些情况下，将会形成裸奇点，违背宇宙监察说；而且，用纽卡斯尔研究小组自己的话说，“原则上来说，一个观察员可以通过黑洞旅行到另一个宇宙”。

保罗·戴维斯对这一工作的主要贡献是考虑到了量子效应。20 世纪 70 年代，霍金就生动地证明了量子效应对于黑洞的行为具有重大影响，而且想要知道它们是否将会阻止迈勒和莫斯所描述的这类虫洞出现在真实宇宙之中，这一点是非常自然的。但是答案是否定的。1989 年戴维斯和莫斯报告称，在考虑量子效应的情况下，在一个封闭宇宙之中“一个物体可能通过黑洞并且进入‘另一个宇宙’的推测”也适用于带电黑洞。只要宇宙关闭，宇宙常数的存在和量子的复杂化都不会阻止可穿越虫洞的存在，而且“迈勒和莫斯解可能提供通往其他宇宙的‘空间之桥’”。

所有这一切工作都关系到宇宙的自然特征——黑洞是自然形成的，就如同类星体的自然特点或大爆炸超密态所留下的自然特点。如果所有这些数学公式在旋转黑洞的条件下也成立，那么就意味着在与我们宇宙相似的宇宙之中会自然地出现超空间连接。这一惊人发现给一些推测提供了背景支持，这些推测受到萨根愿望的激发并且由一些加州理工学院研究人员和其他研究人员促使形成，推测认为假如科技文明足够先进，事实上可以人工地构建一些可穿越虫洞。

虫洞工程

还有一个需要超空间工程师认真考虑的虫洞问题。一些最简单的推测提出，无论宇宙中外部世界发生了什么，宇宙飞船穿过虫洞的实际通行（或者更确切地说，通行企图）应当使得星际之门“砰”地被关闭。问题是，即使暂且将冲向奇点并且产生一个无限蓝移墙的宇宙飞船发出无线电波或光的问题放到一边，按照广义相对论，一个加速物体会在自身的时空结构之中产生重力波。这是脉冲双星的重力辐射作用，那就是释放能量以使脉冲星的轨道发生适度改变，这为爱因斯坦理论的精确性提供了最好的证明。重力辐射以光速行进，超过宇宙飞船并且进入黑洞，当其接近奇点的时候能量可以被放大到无穷大，使其周围的时空发生扭曲并且把前进中的宇宙飞船拒之门外。虽然存在一个自然的可穿越虫洞，但对最轻微的干扰似乎都是很不稳定的，包括试图穿过虫洞所产生的干扰。

但是，索恩团队为萨根找到了一个答案。毕竟，小说《接触》中的虫洞肯定不是自然的，它们是人工虫洞。一位团队成员解释道：

> 在精确的爱因斯坦场方程克尔解之中有一个内部隧道，但是，它是不稳定的。最轻微的干扰都可以将其封锁起来，并且将隧道转化为一个物理奇点，任何东西都无法从中通过。我曾试图想象一种高度的文明，它能够控制坍缩星的内部机构，从而保持内部隧道的稳定性。这是十分困难的。这种文明需要永远监视隧道并使其保持稳定。

但是，问题的关键是这个手段是可以实现的，尽管可能十分困难。它是按照被称为“负反馈”的程序运作的，虫洞时空结构中的任何干扰都会产生另一种干扰，从而将第一个干扰抵消。这是常见的正反馈效应的对立面，如果通过置于喇叭前方的扩音器将话筒与喇叭相连，就会导致从喇叭中传出号叫声。在那种情况下，来自喇叭的噪声进入话筒，然后被扩大，于是从喇叭中传出的声音比原来更大，再扩大……以此类推。想象一下，从喇叭传出并且进入话筒的噪声被电脑分析，电脑制造出一个从第二个喇叭传出来的属性完全相反的声波。两个声波将会相互抵消，完全寂静无声。对于一些简单的声波，如图 5.8 中类似正弦曲线的波，20 世纪 90 年代这一做法实际上是可以实现的。抵消一些更复杂的噪声，像足球观众的吼叫，这还不能实现，但是几年后就能做得很好。因此，想象一下萨根所说的“高级文明”创建出一个位于虫洞喉部，并且记录宇宙飞船通过虫洞所引发的干扰的重力波接收器 / 传感器系统，在重力波破坏隧道之前“传回”一组重力波就能完全抵消干扰。

不过，最初的虫洞是从哪里来的呢？对于萨根所提出的问题，莫里斯、尤瑟福和索恩的考虑方式与此前每个人考虑黑洞问题的方式完全相反。他们开始构建可用于描述可穿越虫洞的几何图形的数学表达方式，然后使用广义相对论方程解决哪种物质和能量与这一时空相关，而不是考虑宇宙中的某种已知物体，例如，一个大质量的死星或类星体，也不是试图找出在已知物体身上发生了什么。他们的发现几乎（事后看来）是常识性的。重力是一种将物质拉在一起的吸引力，易于产生奇点并且夹断虫洞的喉部。方程式说明，为使一个人工虫洞保持开启状态，它的喉部必须被某种形式的物质或某种形式的场穿过，这种物质或场能够施加负压力并且具有与此相关的反重力。

这类似于与现代版本宇宙常数相关的场，这一宇宙常数被认为驱动了极早期宇宙的膨胀。保持虫洞开放的关键因素是施加的负压力（或拉力）必须大于构成黑洞的原始物质的能量密度。换句话说，与负压力相关的反重力不只是抵消虫洞内部的重力影响。对于一个几千米宽的洞（相当于中子星的尺寸），负压力必须大于中子星中心位置的正常压力。并不奇怪的是，具有这一奇怪属性的假想物质被称为“奇异”物质。加州理工学院研究小组证实任何一个可穿越虫洞必然含有某种形式的奇异物质。迈勒、莫斯和戴维斯的研究成果可能会削弱这一限制，因为他们的调查研究表明，即使在不借助奇异物质的情况下自然虫洞也可以存在。但是因为我们对人工虫洞很感兴趣（一种高级文明不能依赖于仅在需要它们的地方发现自然多维空间连接，无论如何在靠近类星体中心方面还有一些其他明显的困难），实际上无法避免对于奇异物质的需要。

现在，学过高中物理的人可能会想，这完全排除了构建可穿越虫洞的可能性。负压力不是我们在日常生活之中碰到的东西（想象一下将负压的东西吹入气球之中，然后看着气球放气）。奇异物质是不是肯定不会存在于真实宇宙之中？你可能错了。实际上霍金过程中的黑洞蒸发涉及负能量状态，记住，这相当于一种在黑洞视界内运行的负压力；还有另一种方式，使得负压力不仅能够在理论上被推导出来，而且已经在实验室被制造和测量出来。

制造反引力

反重力的关键问题是由荷兰物理学家亨德里克·卡西米尔于 1948 年发现的。卡西米尔于 1909 年出生在荷兰海牙，因其关于超导电性的研究而闻名，在这一现象中一些冷却到非常低温度的材料会失去所有抗电阻性（物理学家和工程师发现一些超导体不需要过度冷却，能在相对较高的温度下运行，虽然在普通室温条件下还是完全不行的）。从 1942 年起，卡西米尔就开始在电气巨头飞利浦的研究实验室工作，在那里工作期间他提出一个比量子力学定律中隐含的超导电性更奇怪的可能性，那就是卡西米尔效应。

理解卡西米尔效应的最简单方式是利用两个平行的金属板，两个金属板贴得很近地放在一起，中间什么东西也没有（图 6.13）。但是，就如

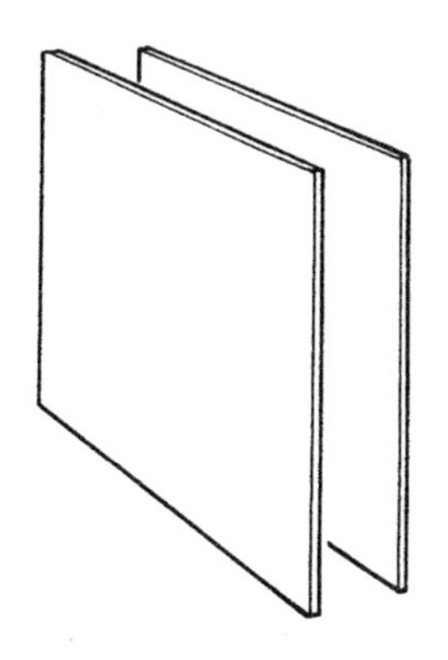

图6.13　当两个简易的金属板被放置在真空中挨得很近，使虫洞保持开启状态成为可能的物理学正在起作用。

我们所见，量子真空不像一些物理学家所想象的在量子科学时代之前真空应当是那种“什么都没有”。它热气沸腾，充满不断被制造出来并且彼此消灭的粒子 - 反粒子对。在量子真空存在或爆破消失的粒子之中，将会有许多光子，它们是一些带有电磁力的粒子，其中有一些是光粒子。事实上，对于真空来说产生虚光子是特别简单的，一部分原因是光子是自身的反粒子，一部分原因是光子没有“静止质量”需要担忧，因此从量子不确定性借用来的所有能量是与特殊光子相关的波能量。具有不同能量的光子与不同波长的电磁波相关，波长越短相应的能量越大；因此，考查量子真空的这一电磁力方面的另一个方式是真空充满暂时性的电磁波海洋，包含所有波长。

这一不可化约的真空活动给真空提供了一种能量，但是这一能量到处都是相同的，因此它不能被检测到或使用。只有当两地之间存在能量差时，能量才可以被用来做功，从而使其存在为人所知。一个很好的案例就是电照亮你家的方式。在照明电路之中，一根电线保持在适当高的电位能（可能是 110 伏特，或 240 伏特，取决于你的居住地点），而另一根电线（“接地线”）的电能为零。在连接到低压电线之前，高电压电线中固有的能量什么都做不了——这就是为什么被称为“势能”。当完成连接的时候，电流经过连接，将势能释放为热和光形式的实际能量。电势差异是至关重要的，如果两根电线电压相同，无论是0伏特还是240伏特或者更大，都没有电流流过。事实上，如果整个世界都加电到几百伏特，电能不会带来任何光和热，因为不存在低能量的地方可以供电流流入。这样的世界大约就像被均匀塞进能量的真空，逻辑上被称为真空能量，而且卡西米尔证明了如何使其可见。

卡西米尔指出，在两个导电片之间的电磁波仅能形成某些稳定的模式。两个板之间跳跃的一些波像被拨动的吉他弦上面的波一样。这种弦只能以某些方式振动，弦的振动以这样一种方式适应弦的长度，以至于在弦的固定端没有振动。一些被允许的振动是对弦特定长度、谐波或泛音的基本说明。同样，只有某些辐射的波长能够适应卡西米尔实验的两个板之间的间隙（图6.14）。尤其是，波长大于两个板间隔距离的光子无法进入这一间隙。这意味着，当外部发生平常活动的时候，一些真空

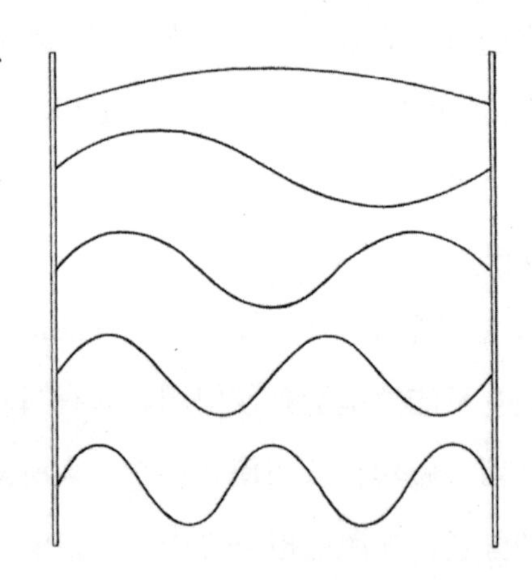

图6.14　仅有某些波长能够符合图6.13中两个金属板之间的间隙。

活动被压制在两个板之间的间隙。结果是，与外部相比在两个板之间很少有虚光子弹跳，因此板感到一种力量将它们推到一起。因为被排除的光子是具有较长波长的光子，所以具有较低的能量，影响也很小。但是，这种力量是存在的，表现为两个板之间的一种吸引力，将两个板吸在一起——这就是负压力。

这可能听起来很奇怪，但却是真实的。一些实验采用各种材料的平面板和曲面板，测量了两个板之间卡西米尔力的强度。在板距离从 1.4 纳米到 15 纳米（1 纳米是 1 米的十亿分之一）的情况下，测量到的力完全符合卡西米尔的预测。像萨根一样撰写科幻小说的另一位科学家是美国加利福尼亚州马里布休斯研究所的罗伯特·福沃德。他曾提议将卡西米尔效应运用到实际之中，从真空之中提取能量。与萨根不同，福沃德可能更多地以一位科幻小说家著称，而不是一位科学家。他是一个传奇人物，是设想在宇宙飞船的推进系统之中使用反物质的科学家，同时还是描述中子星地表上生命形态的科幻小说家。对于他来说，把来自真空的能量从我们过去常常认为什么都不是的东西之中提取出来，是十分容易的。

福沃德的“真空涨落电池”是由加电的超薄铝箔螺旋物组成的；它看起来更像著名的“机灵鬼”玩具。正电荷让箔叶保持分离，而卡西米尔力试图将它们拉在一起。在这种状态下，如果整个装置像手风琴一样慢慢收缩，来自卡西米尔力的能量将会被释放为可用的电能。一旦“手风琴”收缩，“电池”可使用外部电源的电力再充电，就像普通的可再充电电池。

实际上，福沃德的“真空涨落电池”（1984 年 8 月《物理评论 B》期刊所描述的）是完全不切实际的；但是，那也不是重点。这是物理学定律所允许的，它完全取决于已证实的负压力现象的现实，尽管这种现象是非常小规模的。在 1987 年发表的论文之中，莫里斯和索恩对这种可能性给予了关注，并且指出，如果穿过虫洞的直接电场或磁场“恰好处于外来物的边缘，如果拉力稍微大一点……就能满足构建虫洞的需求”。在同一篇论文之中，他们得出结论：“我们不应当轻率地认定可穿越虫洞喉部所需的奇异物质是不存在的。”两位加州理工学院研究人员强调，一旦涉及那些描述在更极端的条件下的物质和能量的方程式，大多数物理学家都感受到自己想象力的失败。他们通过一个例子说明了这一点，在萨根询问的激励下完成第一阶段工作之后，1985 年秋，加州理工学院为广义相对论初学者开设了一门课程，此前这类课程讲授的都是一些常识，即使对于相对论者来说也是如此。但是，这次课程没有向学生们讲授关于虫洞的具体内容，而是讲授了如何探寻时空度规的物理意义。在测验中，他们向学生们提出一个问题，引导学生们一步一步地对虫洞所对应的度规进行数学描述。莫里斯和索恩说：“看一下学生们的想象力多么贫乏，结果简直令人吃惊。”大多数学生可以解释度规的具体属性，不过，很少有学生能够认识到它代表着连接两个不同宇宙的可穿越虫洞。

对于那些不墨守成规的学生来说，还有两个问题——想办法让虫洞足够大，可以让人（和宇宙飞船）穿过，让奇异物质不接触到任何航天员。关于这些线路，密苏里州圣路易斯华盛顿大学的马特·维瑟提出的建议是最棒的，提高了高度文明能够创造出超空间连接的可能性。最关键的要素就是弦。

弦驱动飞船：一个可行的建议？

如果目前关于宇宙诞生的一些想法是正确的，我们所看到的膨胀宇宙是疯狂膨胀阶段的一个更为缓慢的产物，被宇宙常数形式的负压反重力驱动，这发生在宇宙创建之后的一瞬间。当与宇宙常数相关的一些场变为其他形式并且将宇宙常数一起带走消失的时候，这种膨胀就会降低到更稳的速率，就如我们今天所见。但是，没有理由认为，从膨胀时期到现有膨胀状态的这一转变平稳而一致地出现在胚胎宇宙中的每个地方。正好相反。宇宙学家们认为，与这一转变相关的一些场的变化更可能独立地发生在年轻宇宙中一些被称为“域”的截然不同的区域之中。在每个域之中，转变将会是非常平稳的。但是在两个域之间的边界位置，负引力场衰减所产生的残余场不会顺利地拼合在一起，导致在时空结构中出现扭曲。

这些扭曲更像被称为晶体中经常发生的“位错”的一些特征。完整晶体的特征是构成晶体的原子整齐地排成一排。然而，当晶状固体由冷却液体形成的时候，液体不会固化为一个完整晶体。不同区域以稍微不同的方式结晶，就像宇宙学家们的域，这样固体中不同地方的原子在排列方向上有轻微的差异。一个域内的整齐排列与相邻域中的整齐排列不相匹配，而且还有一种断层线，在那个位置两排原子汇合。不同区域之间的边界线像刨刀，或者像一些细长的线，沿着它很容易将晶体一分为二。

根据一些极早期宇宙物理学的推测，宇宙转变中将会发生同样的情况，有时被描述为相当于液体凝固为固体——宇宙转变中涉及的“液体”和“固体”相当于真空本身的不同状态。随着不同“域”略有不同地“凝固”，形成了以贯穿宇宙的墙壁和细管为形式的时空缺陷，而且甚至形成了数学点。在我们这部分宇宙之中，我们看不到这种墙壁，据说，因为它们随着宇宙的继续膨胀而从视线中消失。而且我们没有看到一点缺陷，因为它们很难被发现（尽管一些版本的理论认为，它们可以表现为单独的磁极——没有南极的北极，反之亦然）。这一时期所留下来的管状体可能还会很好地存在于我们这部分宇宙中，甚至可能在确定宇宙中的物质分布方面起到重要作用。

这种管状体被称为宇宙弦。它们没有端点，要么在可见宇宙中形成闭合环，要么伸展贯穿。如果这种弦存在，它们确实是非常细——只有1/1030 厘米宽。可是，一个只有 1 千米长的宇宙弦可能与地球的重量相同。在宇宙中伸展、长度为 100 亿光年的弦可能蜷缩成一个比单原子还小的球，但是重量与超星系团相同。一些天文学家认为，宇宙早期就存在的弦环可以提供星系和星系团生长所依赖的重力“种子”。由于它们的强大引力，弦圈可以控制宇宙膨胀所形成的物质，允许其构成星星和星系。但是，这一强大引力只是弦的一个外在特征，而且在构建可穿越虫洞的背景之下，这是它最无趣的属性。更有趣的是，管状物内部究竟存在着什么东西。

对于宇宙弦内部的最简单的想象是，在宇宙转变为现有状态之前，它是一个由最早阶段宇宙膨胀留下来的物质组成的薄管。充满宇宙弦的不是物质，而是初始能量场，就如瞬间形成的化石。那些场仍然带着宇宙常数的印记，带着宇宙诞生时延伸到每个地方的大量负压力的印记。在一个拉紧的橡皮筋之中，皮筋中的张力力图将两端拉在一起。在一个拉伸的宇宙弦之中，与负压力对应的负张力试图将弦拉伸得更多。宇宙弦内部是奇异物质，具有可用于稳定虫洞的任何物质的所有能量。

马特·维瑟的想象力飞跃在于省略了球形对称的假设，一些相对论者经常应用这一假设让他们的估算更为容易。在 1989 年引力研究基金会论文比赛（维瑟的论文没有获胜，但是获得了荣誉奖）的一篇论文中，他从索恩团队的著作之中得到了一些启示，并且设计出一个允许顺利通过虫洞的时空结构，然后研究出如何放置奇异物质可以产生这一结构。

因为我们应对的是通过星际之门连接的三维空间（两个宇宙或同一宇宙的两个部分），形成虫洞入口和出口的表面应当是三维的。此前，我曾按照球状黑洞对这些进行了描述，可能还要外加上使得球面在赤道附近凸出一点的旋转。但是，作为一位理论多维空间的专家工程师，维瑟决定他要让他的旅行者通过一个平直表面，没有强大的引力场打扰他们，奇异物质也不会造成任何障碍。他提出的结构是一个立方体的六个表面，所有奇异物质都局限在立方体的边缘。一个旅行者接近并且穿过这种立方体的一个面，他不会感到潮汐力，也不会遇到奇异或不奇异的任何物质。维瑟说："这种旅行者将会被直接分流到宇宙各处，并且将会从另一个平直空间区域中的相同立方体之中出现——甚至可能在另一个宇宙。"

那篇论文没有特别提及宇宙弦，维瑟在期刊《物理评论 D》上发表的关于这些思想的更为正式的数学版本之中也没有特别提及宇宙弦。但是，在那篇正式论文之中，他指出："在立方体边缘上存在的应力能量与……负张力经典弦的应力能量是完全相同的。"维瑟还说："目前没有形成负的弦张力的自然机制是众所周知的。"但是，很久以前宇宙诞生时就可能已经形成负的弦张力的机制是当然存在的。还有比让奇异物质沿着可穿越虫洞的立方形入口支柱排列更好的地方吗?

建造这种设备的期望远超出了我们现有的能力。但是，就如莫里斯和索恩所强调的，这并不是不可能的，而且"我们现在相应地不能排除可穿越虫洞"。在我看来，这里可以类比一下，将索恩和维瑟这类梦想家的工作置于一个有用和有趣的背景之下。几乎是在 500 年之前，莱奥纳多·达·芬奇就推测出飞行器的可能性。他设计出直升机和带有机翼的航行器。现代航空工程师指出，如果莱奥纳多的设计能够配上现代发动机，那么他所设计的航行器就可以升空了——即使他那个时代的任何工程师都没办法构建一个能够载人升空的动力飞行器。莱奥纳多甚至不敢想象喷气发动机和超音速飞行的可能性。然而，协和式超音速飞机和大型喷气式客机与他设计的飞行器一样基于一些相同的基本物理原理。在仅仅 500 年时间里，他的所有最疯狂的梦想不仅变为了现实而且还实现了超越。也许马特·维瑟的可穿越虫洞设计突破初始设计阶段需要的时间多于 500 年；但是物理学定律说明它是可能的——而且，根据萨根的推测，类似的东西已经被比我们先进的文明完成。

当然，还涉及一些实际困难。虽然萨根所谓的高度文明具有控制宇宙弦所需的能力，并且知道如何找到宇宙弦，但是在跨越空间到达弦所在的任何地方以得到构建星际之门所需的物质方面还有小问题。如果在任何情况下都可以跨越空间进行远距离旅行，星际之门将会是不必要的；如果不能通过其他方式跨越空间进行远距离旅行，你可能根本得不到构建星际之门所需的原料。但是，即使已经有一些空间旅行的其他高效办法，可能还会有试图构建可穿越虫洞的另一个强有力动机。在关于使用虫洞进行星际旅行的论文结尾部分“添加的证明性注释”之中，莫里斯和索恩谈道：“写这篇文章的时候，我们已经发现，从一个单独的虫洞，任意一种先进文明都可以构建一个时间倒退旅行的机器。”换句话说，每一个星际之门都是一个潜在的时间机器。难以置信的是，这只是时间旅行故事的一半。因为还有另一种完全独立的方式，在这种方式下物理学定律提供了时间倒退旅行的可能性，在莫里斯和索恩对他们的第一篇划时代性虫洞论文加入证明性注释之前的 15 年，在《物理评论 D》（第 9 卷，2203 页）上发表的论文中已经详细地讨论过这一观点。事实上，广义相对论告诉我们构建时间机器的两种方式——现在，我们来研究一下它们的细节。

第 7 章

建造时间机器的两种路径

常识怎么会没有意义呢？外祖母悖论——如何修补。薛定谔的猫和多世界理论。混乱的时间。时间是一个幻觉吗？时间穿梭的超光速粒子。一个宇宙时间机器，提普勒的时间机器和时光隧洞，苏联—美国模式。时空弹球和宇宙历史——二加二以及更多。

常识告诉我们时间穿梭是不可能的。常识还告诉我们，认为运动的物体会缩短并且变得越来越重，而且穿梭到遥远星球又返回地球的宇航员会比待在家里的双胞胎兄弟年轻一点，这是无稽之谈。对于宇宙运行所遵循的规律来说，当涉及时间穿梭的时候，常识不一定总是很好的指南。其他事情也是一样，重要的是弄清那些规律真正告诉我们的是什么，而不是我们想要它们说些什么。但是，那并不意味着我们可以对哲学家们所提出的时空穿梭疑问和在我们的概念常识中隐含的疑问完全置之不理。如果时间旅行是可能的，肯定意味着需要抛弃一些关于现实本质的坚定信念——物理学家不得不这样做，在过去几百年间这也不是第一次。

通过“时间穿梭”，我指的是两种方式的时间穿梭，某一过程将会使你踏上行程并且返回到你出发时（或之前）的同一地点。这样一次时间旅行据说可以形成一个封闭类时曲线。从“常识”的角度来看，我们可以想象一下，如果他或她进行时间旅行并且在时间旅行者的母亲出生前设法以某种方式（或非故意导致的）使其外祖母死亡，对于时空旅行者来说将会发生什么，就能生动地说明这类时间穿梭的问题。在那种情况下，时间旅行者就不会出生。因此，时间旅行是绝不会发生的，外祖母也不会死亡。那么，时间旅行者是在哪种情况下出生的？

悖论和可能性

用更科学的术语来说，封闭类时曲线的问题可能违背了因果关系。因果关系是一种假定关系，它表明原因总是要先于结果。如果我扳动房门旁边墙上的开关，灯会在我扳动开关之后点亮，而不是之前。甚至在相对论的常规框架内，它允许以不同速度运动的观察者看到以不同顺序发生或发生在不同时间的相同事件（有时候），虽然观察者正在运动，他也绝不会看到房间内的灯光在我扳动开关之前亮起。想象一个正在移动的火车车厢的中间位置有个光源。不同的观察者可能提出不同意见，从光源发出的两道光是否会同时到达车厢的两端，或者哪一道光会首先达到适当的一端；但是，所有观察者都同意，光束在到达墙面之前离开了光源。大多数物理学家相信因果关系是自然界不可违背的规律；但是事实上，他们没有证据证明这一点。没有人发现因果关系被违背，但是，与宇宙监督“规则”相同，事实上物理学规律中并未要求因果关系是真实的。因果关系规律不过是科学术语中所表达的我们关于时间的常识性观点。

那么，我们如何解决“外祖母悖论”？有两种行之有效的可能性，科学家、哲学家和科幻小说作家（最容易理解的）就此展开了广泛的讨论。首先，过去发生的事情都是不能侵犯的，这已经确定为一种僵化的模式。所有已经发生的事情，包括你穿梭回到过去拜访外祖母，从这一观点来看，它已经发生并且不能改变。因此，无论当你出发开始时间旅行的时候意图如何，你所做的事情都无法改变过去。假定你抱着谋杀的意图出发，当你瞄准外祖母的时候枪将会射偏；或者，可能经过一系列偶然性事件，你事实上根本见不到她。

关于这种想法的一个小变化是时间旅行和改变过去是可能的，但是没有任何重大意义。例如，如果你回到过去砍倒一棵树，在那个地方又会长出另一棵树；如果你在你外祖母还是一个年轻姑娘的时候谋杀了她，你的外祖父可能就与她的妹妹结婚，这样你所继承的基因物质只会出现微小的变化；等等。在弗里兹·雷伯的“改变战争”系列故事中，有两个对立的时间旅行者团体，他们想要利用自身的优势改变过去，击败对方。虽然他们尽一切可能尝试，但是他们做出的改变好像影响力很小，并且遵照雷伯故事人物中提到的“现实守恒定律”，这些改变在通过时空连续体传播很远之前“就消失了”。这种外祖母悖论解决方法最让人担心的是，它在多大程度上消除了我们拥有自由意志和真正独立行动的能力。如果过去是如此严格意义上的固定不变，还伴随着封闭类时曲线，未来可能也是完全固定不变的，而且，纵使我们决心要改变事件的结果，我们对时间流动的感知不再像逼真的行动表现那么真实，也不像用于制作电影的静止图片一个接一个投放到屏幕上面时所产生的时间流那么真实。

在某种意义上可以将时间视为一种不能改变的固定维度，赫伯特·乔治·威尔斯在他的著名小说《时间机器》中第一次提出了这一想法。在爱因斯坦发布相对论之前10年，甚至在闵可夫斯基用四维空间几何学描述这一特殊理论之前很长时间，威尔斯就提出“在时间和空间三维的任何一个维度之间都没有差别，除非我们的意识观念随之发展”。小说中虚构的时空旅行者将我们所视为三维立方体的东西描述为一个固定的和无法改变的包含时间的四维实体，因此具有自己的长度、宽度、厚度和持续时间。但是，问题在于，如果在四维空间中一切固定不变，那么时空旅行者如何对故事后面参与的事件产生影响呢？根据威尔斯对这些冒险活动的辩护，一切都是固定不变和预先确定的，包括时间旅行者对未来的干预。这使得生活失去了大部分乐趣。

解决外祖母悖论的第二个可能性更加耐人寻味。在亚原子层面上，宇宙受到根据机会和概率规律运行的量子力学的支配。此外，还有一个老套（而有效）的方法可以理解这意味着什么。一个放射性原子核的衰变，伴随着释放一个粒子从而变成另一种元素的原子核，这完全取决于机会。对于每一种特殊类型的放射性元素，都存在一个特定的时间长度，在此期间原子有 50% 的精确机会衰变。这一时间间隔就是元素半衰期。量子过程对概率性的这种奴隶般的服从让爱因斯坦感到特别受辱，他那句名言是“我不相信上帝会跟宇宙玩掷骰子”；但是所有证据（并且其中大量证据）都显示从量子层面上来说概率确实是占有统治地位的。一个经典的思想实验能够说明这一点的奇怪含义，这个实验是由诺贝尔奖获得者、量子物理学家埃尔温·薛定谔设计出来的，设计一只假想猫被关闭在带有一瓶毒药、某种放射性物质和一个盖氏计量器的盒子里面。设备用电线连接，如果放射性材料衰变，盖氏计量器就会被触发并且发出一个装置粉碎毒药瓶子然后杀死猫。如果我们开始这一实验，关闭盒子盖，然后等待放射性元素衰变发生的这一 50% 的精确机会，薛定谔的问题是：在我们打开盒盖之前盒子中的猫是什么状态？

常识告诉我们，猫或是活着或是死了。但是，量子物理学告诉我们像原子放射性衰变这样的事件只有在进行观察的时候才会成为现实。这就是说，量子物理学表明在这种情况下放射性物质是否会发生衰变在打开盒子之前是不确定的。在我们查看盒子之前，放射性材料是一种所谓的状态叠加，一种衰变和未衰变可能性的混合状态。一旦我们查看盒子，其中一种状态会成为现实，另一种状态会消失。但是，在我们查看盒子之前，盒子中的一切，包括猫，都是一种状态叠加。因此，量子力学一直以来都被描述为同时具有死亡和活着两种状态——在半个多世纪的时间里，这一理论通过了每一项实验。

怎么会这样？这一困惑的一个可能解决办法是多世界假说。它认为，每当宇宙（“世界”，在这里可以用这个术语）面临量子层面的道路选择时，事实上它都具有两种可能性，分裂为两个宇宙（经常被描述为“平行世界”，虽然事实上，精确地说，它们是垂直的关系）。在这幅画面中，当盒子中的放射性物质面临衰变或不衰变的选择时，它不会对叠加状态犹豫不决。整个宇宙会分裂为两个宇宙。在一个世界中，物质发生衰变，当你打开盒子的时候发现一只死猫。在另一个世界中，物质并未衰变，你发现了一只活猫。两只猫，而且都是“你的”猫，是完全真实的，在另一个世界中的对应物完全不知情。

量子力学的多世界解释绝不会被所有物理学家重视。即使这样，有趣的是，在重视这一解释的少数人之中的几个是近期最伟大的物理学家，包括约翰·惠勒（虽然他一度曾提出疑问）、基普·S. 索恩和史蒂芬·霍金（他认为他能够从多世界变化的视角解释宇宙起源）。当然，这种可能性恰好能够解决外祖母悖论——接着发生了什么呢，时间旅行者可能回到过去并且导致可怜的年迈外祖母死亡（或者是可怜的年轻外祖母），但是这一行为产生了一个新的世界树分支，时间旅行者不存在而且从未出现过的一个宇宙。当时间旅行者在外祖母死亡后再次随着时间前行，他将会移动到时间树的这一新分支，到达一个完全不同于他出发时的世界。

科幻小说经常会探索这一可能性。一个最著名的例子是莫尔·沃德的小说《迎接大赦》。在这个故事中，主人公最初生活在一个与我们十分相似的世界，只是南方取得了美国内战的胜利。他通过时间旅行回到过去研究美国内战中一场著名的战役，并且在不经意间引起了一系列事件，改变了战争的过程并且最终导致北方联邦军战胜了南方联盟军。当他随着时间继续前行的时候，他进入了“我们的”时间。但是，他原来的世界可能仍然存在，遵循着自己的时间轨迹。这个题目在《回到未来》系列电影中也有探讨，尤其是（即使令人迷惑）在三部曲的第二部中。

因此，时间旅行至少以两种方式发生，而不会违背因果关系——如果因果关系过去就已经不可违背地固定下来，可以建立一些新宇宙使得任何调整都与过去的事件相适应。还有另一种新奇的可能性——在一个时间环内事件就是它们自身的原因（或者，如果你愿意，一些事情会毫无缘由地发生）。这里，科幻小说再一次提供了一个经典案例。

时间循环和其他扭曲

在他的故事《你们这些傻瓜》之中，罗伯特·海因莱因描述了一个年轻的孤女如何被时间旅行者诱惑并且（恰好）生下了小女孩给人收养。这一生育所导致的复杂后果是，“她”做了变性手术变成了一个男人。她的诱惑者动员她进入了时间服务，结果显示她事实上就是他年轻时的自己，而且那个女婴（事实上他从时间上来说回到了她成长的孤儿院）也是他们更年轻的自己。 这个封闭循环是很好的，而且没有违背已知的物理学规律（即便从生物学角度看是不大可能的）。但是，如果我们忽略这些“特殊的影响”，并且假想没有人疯狂地去做一些可能产生悖论的事情，例如杀死你自己的外祖母，那么又会发生什么呢？我们如何用现代物理学的语言描述一次简单的时间旅行？

最好的方式是借助时空图。想象一下，一个发明家在实验室中连续不停地工作，建造一个时间机器。一旦建造完成，他跳进去，按下开关，时间旅行回到过去，空间上稍微倾斜，直到与更年轻的自己并肩而坐。之后他关掉机器，两个发明家交流了几句，最后沿着自己的路进入了实验室外的世界。这类时间的时空图如图 7.1。理查德·费曼对闵可夫斯基的标准时空图做了细微改变，以便表示出时间的流动。如果你在一张纸或卡片上面剪一个小窄缝，并且将这张纸或卡片放到图上，这样通过小缝只能看到底轴线，你看到了发明家在实验室中开始工作时的位置。将这个窄缝向页面上部移动（或者仅用手盖住图，并且向页面上部移动），你看到发明家的世界线随着时间的流逝而延长，但是他仍然处于相同的位置。突然地，稍年长的发明家莫名其妙地出现了，坐在时间机器里面。从那个时候起，我们一度能看到三个发明家。一个最年轻的发明家正在建造时间机器，与年长点的自己说了几句话。另一个最年长的发明家开始进入一个外部世界，与年轻的自己说了几句话。坐在时间机器里面的第三个发明家年纪居中。不仅如此，随着时间流逝（向页面上方移动），他变得年轻了。我们可以这样说，例如，如果说他正在抽雪茄。从时空外的像上帝一样的视角，我们应该看到他双唇间的雪茄开始的时候是一个烟蒂，但是当我们将注意力转移向页面上方的时候，我们发现雪茄逐渐变长，直到成为一根完整的雪茄，时间旅行者将其装起来并且藏到口袋里。时间机器已做的就是逆转其内部的时间流——其结果是，第三个发明家的世界线向后与发明家的最初世界线重叠。

费曼的图表实际上用于描述亚原子世界中的粒子行为。通常，像图7.1一样的图表可用于描述在“V”位置的一对粒子－反粒子的表现（可

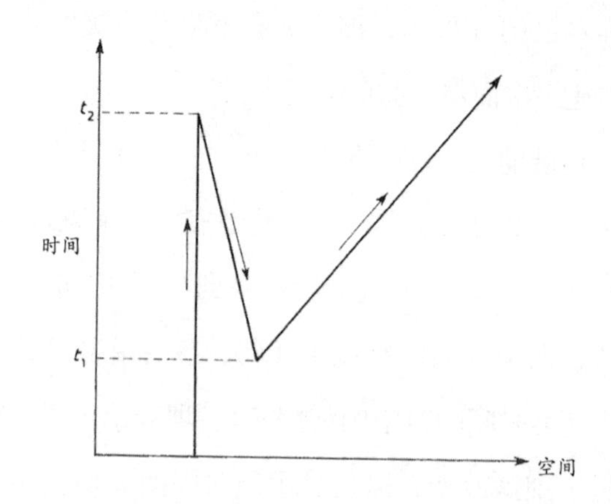

图7.1　理查德·费曼开发出一个时空图的变量表。在这个例子中，图显示出一个时间旅行者如何在t_2时间点上完成了时间机器的建造，时间旅行并且在回到未来之前的t_1时间点上与较早的自己进行交谈。

能是一个电子和一个正电子）。前面我已经提到这些虚粒子对是相互湮灭的，目前为止这是它们最共同的命运。然而，事实上，如果其中一个虚粒子能够与真实世界的伙伴粒子相互湮灭，将能量债务补偿给真空，以致初始的虚伙伴粒子能够在这个位置升级为真实粒子，那么这些平衡关系能够完全令人满意地实现。在那种情况下，来自图7.1中“V”位置所形成的虚粒子对的正电子可能会很快遇到电子（左侧的垂直线），一般来说使得它的对应电子进入这个世界。当20世纪40年代费曼提出这一模式可以被认为是一个单独电子的世界线，这个单独电子先是在时间上前移，然后在时间上后退，然后再次前移。换句话说，当电子在时间上后退的时候，正电子也是完全一样的。

你甚至不需要借助虚粒子来玩这个游戏。如果有足够的纯粹能量，真实的粒子－反粒子对也可能由这些纯粹能量制造出来。当一个电子和

正电子相互湮灭的时候，它们将会以伽马射线的形式释放能量；具有充足能量的伽马辐射也能产生粒子－反粒子对。因此，另一版本的费曼图可能如图 7.2 所示。其含义就是从某种意义上来说所有的粒子轨迹和相互作用在时空几何中可能都是固定的，所有的运动和变化都是由我们“当前”时刻的不断变化的心理认知所产生的一种幻觉（图 7.3）。现在，物理学家已经对这一观念习以为常，至少在某种程度上，费曼图是粒子

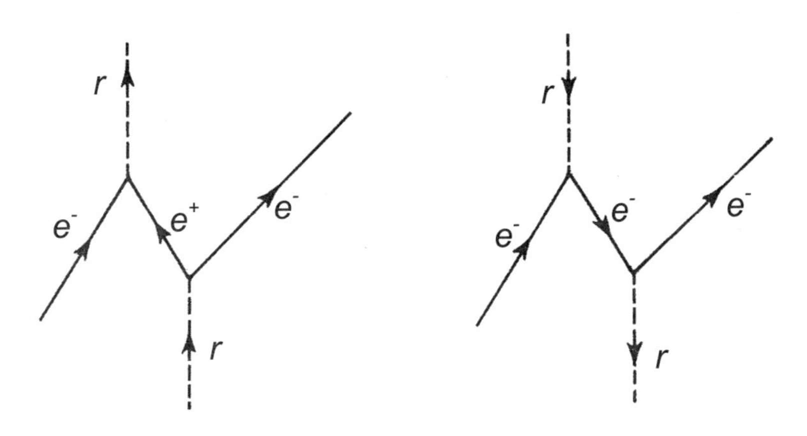

图7.2　当一个电子－正电子对由伽马辐射制造出来，正电子可能与一个不同的电子相互歼灭，留下初始的伙伴粒子。费曼指出，这相当于一个单独电子弹出伽马射线，在弹出第二道伽马射线之前（？）进行时间退行，继续它通往未来的道路。如前图5.7所示，物理学定律完全适合时间退行的粒子。费曼说，正电子是时间退行的电子。

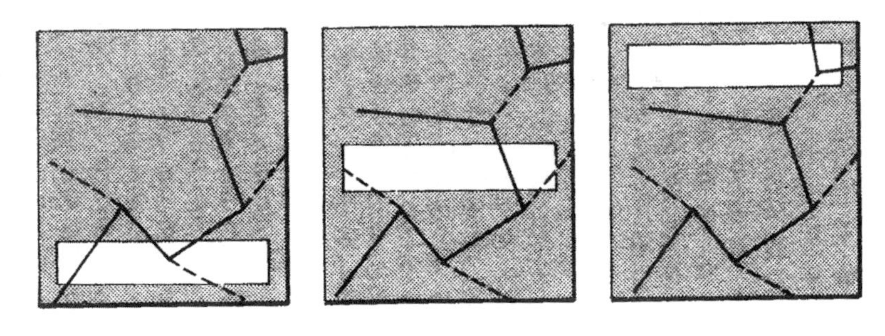

图7.3　时间是一种幻觉吗？如果所有粒子世界线在时空上是固定不变的，“被移动的”一切都是我们的感觉，随着时间“流逝”穿过页面，我们会看到相互作用的粒子的复杂跳跃，即使什么都没有移动！

物理学领域的一个有用工具。但是，没有人“真正相信”正电子是在时间上倒退的电子——这被认为是一个暗喻，而不是真实的表述。然而，物理学定律表明，正电子与时间上倒退的电子简直是无法区分的。相同图表上的世界线可以描述一个时间旅行发明家的冒险经历，这一事实意味着物理学定律允许这种旅行（而且可以说，时间倒退旅行的发明家相当于一个“反发明家”）。

有一点我没有说明，那就是如果真正试图建造时间机器，哪一个是具有现实意义的。在粒子世界中，粒子－反粒子对可能是由伽马射线能量制造出来的。但是，翻版发明家的质能来自哪里呢？为了让多出来的一个发明家与原来的发明家同时存在，猜想一下时间机器将会需要至少等同于发明家质量的能量输入，这是合乎情理的。事实上，那应当是非常大的能量；将时间机器接入输电干线获取能量（甚至是使用方便的雷击）是行不通的，这可能将初始的时间旅行实验限定为涉及面很小而不是关乎全人类的简单测试。但是，这仅是一个技术问题，相对于控制宇宙弦来说要容易一些。我从未说过时间旅行是简单的——只不过是这是物理学定律允许的！

所以，让我们暂时从人的时间旅行的戏剧性内涵的概念退一步，转而考察粒子时间退行的概念。这里仍然存在基本的时间悖论，因为如果我们拥有将粒子送回到过去的方法，那么我们肯定可以使用这些粒子传递信息。想象一下，你和我有一个时间电台。我答应你，倘若我在下午五点钟没有收到在时间上倒退发送的时间电台信息，我会在六点用普通电话打给你。而你答应我，倘若我在六点打电话，你会发给我时间上倒退的信息。你只会在我打电话的情况下给我发信息；而我只会在你不发信息给我的情况下打电话。假定我们俩都遵守承诺，那么我们如何解决这一两难处境？与外祖母谋杀情境或时间旅行发明家的情况不同，这可能会在不远的未来变成一个现实的问题。根据老的相对论，撇开费曼较新的时空图幻象，时间上退行的粒子概念并没有错，唯一的要求是它们必须总是在时间上退行，而且顺便说一下，它们旅行的速度要快于光。它们甚至还有个名字——超光速粒子——至今没有人确实找到过它。

超光速时间旅行者

乍看之下，这一特殊的相对论似乎可以阻止超光速（FTL）旅行。如果你以低于光速的速度出发然后越走越快，时间也越来越慢，在达到光速的时候，时间停止。你不能走得更快，因为光速本身就是一个无法逾越的屏障——就算你试图提高速度，也没有剩下的时间。不过根据方程，在屏障的另一面是一个奇怪的反时针世界。在那里，如果你以高于光速的速度前进，时间就会缓慢地倒退。这其中包含一个确定的逻辑——毕竟，当你接近光速的时候时间行驶速度更慢，当达到光速的时候时间静止，那么当你超过光速的时候时间倒退（比静止还慢）。在超光速粒子世界中，前进的速度越快，时间倒退的速度就越快，而且这种粒子拥有的运动能量越多，它移动的速度就越慢（即，增加能量通常会推动一个粒子接近于光速屏障，从屏障的任何一侧都一样）。因为一个超光速粒子越走越快就会损失能量，这时时间就会向后倒退。令人惊讶的是，这一奇怪的可能性是在爱因斯坦发表自己的相对论不久前提出的。在20世纪初，阿诺德·索末菲（曾任哥廷根大学的编外教师，然后成了德国亚琛工业大学的教授，并且在慕尼黑获得了量子理论先驱之名）认识到麦克斯韦的电磁学理论要求超光速（FTL）粒子在损失能量的时候加速。他在1904年公布了这一结论，1905年发布的特殊理论也很大程度上基于麦克斯韦的理论，因此其中包含关于超光速粒子的相似描述不足为奇。但是，直到 20 世纪 60 年代都没人更多地关注过这一观念，它更多地被认为是一个方程游戏，而不是一个严肃的现实可能性。这种超光速粒子的假定存在是许多物理学方程中固有的正负对称的另一种体现，十分类似于允许有反粒子存在的对称情况。当反粒子概念第一次被提出的时候，没有人认真对待，只是把这种对称当作方程的数学上的巧合。现在，反物质是物理学的一个常规部分，通常上它是在类似于欧洲核子研究组织的粒子加速器之中制造出来的。但是，超光速粒子不是已知粒子的反粒子对应物；它们（如果存在的话）本身就是一个全新的可能性。

如何才能发现超光速粒子？最明显的观察地点是在宇宙射线簇之中——空间中的粒子撞击进入地球大气层上部。当一个宇宙射线粒子与一个普通的原子粒子在大气层上部相撞的时候，就会产生一个能在地面上观测到的次级粒子簇（事实上，正电子第一次就是以这种方式被发现的）。如果以这种方式产生的粒子中一部分是超光速粒子，它们将会在时间上倒退旅行，不仅在射线簇中的大多数粒子撞击大气层上部之前，而且在初始宇宙射线（原始宇宙射线）撞击大气层上部之前，到达地面上的探测器。

宇宙射线研究人员已经扫描了在常规的宇宙射线簇到达之前，他们仪器中显现出来的这种前兆信号痕迹记录。他们已经发现一些符合要求的信号，但是，其中没有能够证明超光速粒子存在的明确证据，虽然 20 世纪 70 年代早期曾出现过一些令人激动的结果。1973 年位于澳大利亚的研究员罗杰·柯莱和菲利普·克劳奇发现在他们的宇宙射线探测器中显示有超光速粒子先兆信号的强有力证据。他们的结果被送到我当时就职的《自然》杂志，并且在 1974 年发表，我依然记得许多物理学家的惊愕和新闻记者的欣喜。那些结果依然如故，但是它们不再被当作超光速粒子的证据，因为随后的实验未能找到与其他宇宙射线簇相关的先兆特征。一定是其他一些东西在1973年的恰当时间（或者错误时间，这取决于你的观点）启动了澳大利亚探测器，这一点在物理学界中被广泛地接受。但是，这并不意味着对超光速粒子的寻找结束了。

获知超光速粒子存在的另一个方法是判断它们（至少是它们中的一部分）是否带电。严格地说，爱因斯坦的光速极限说指的是真空中的光速。这就是著名的常量c，因为比c移动速度慢的粒子不可能被给予足够的能量，以超过真空中的光速。但是，当光穿过像一片玻璃或一箱水这样的透明物质时，光的移动速度要慢于c。因此，比方说，"普通的"粒子在水中的速度要高于光速，但不会超出极限速度值c。当一个带电粒子（例如一个电子）这样做，它会辐射出光。就像一个快速移动的物体突破声障产生一个音爆，一个快速移动的带电粒子突破光障产生一种"光学臂"。这是苏联物理学家帕维尔·切连科夫于1934年发现的，并且以他的名字命名为"切连科夫辐射"。一个带电的超光速粒子，甚至要比真空中光的移动速度快，还会发出切连科夫辐射，因为它有可以辐射的能量。计算结果表明，这种粒子几乎会在一瞬间损失所有能量，最终变为零能量并且以无限的速度运动，这样在某种意义上它们会沿着世界线出现在任何地方。如果那条世界线与另一个粒子发生关联，超光速粒子可能因此暂时从碰撞获取能量，并且发出另一道闪光。唉，从未在水箱中发现过合适的闪光，在多个实验室中进行搜寻也无果。

共识是不存在真正的超光速粒子。根据传统观点，超光速粒子是被忽视的方程的人工产物，被认为没有真正的物理学意义。斯坦福大学的物理学家尼克·赫伯特把情况都概括在他的著作《超光速》之中。他说"大多数物理学家认为超光速粒子存在的可能性只比独角兽存在的可能性高一点"。可是，它们是物理学定律所允许的，一名物理学家格里高利·本福德将这一观点用到了自己的小说《时间景象》之中，取得了很好的效果，其中还提到了平行世界的存在。然而，就连本福德的虚构世界之中也没有时间退行的普通物体（更不用说是人）的物理运输。如果我们想要实现这一目的，就要提出改变时空结构的某种方法。虫洞具有明显的可能性；但是还有另一种可能性，在某些方面来说，这一可能性更为简单。这涉及旋转，它源于这样一种认识：如果整个宇宙正在旋转，那么它本身就是一个时间机器，在这个意义上，它包含了封闭的类时回路。

哥德尔的宇宙

提出这一想法的人习惯于做出一些令人困惑的理论发现。他就是数学家库尔特·哥德尔，他于 1906 年出生在布尔诺（奥地利的一部分，现在属于捷克）。他曾在维也纳大学学习数学专业，并且于 1930 年取得了博士学位。此后不久，他就制造了一个爆炸性事件——发表于 1930 年的一篇论文，有时被描述为 20 世纪理论数学研究中最有意义的事件。简言之，哥德尔指出了算术是不完全的。如果规则系统建立起来用于描述简单的算术（我指的真是简单的算术，比如 2 加 2 等于 4），那么哥德尔证明，注定要有一些算术上的命题，是系统规则本身既无法证实也无法证伪的。这就是现在众所周知的哥德尔不完备定理。不得不说的是，在算术的日常应用中并不存在任何问题。加法和减法等规则仍然用得很好，与 1931 年之前是一样的。但是令逻辑学家和哲学家深感担忧的是，这基本上意味着数学中有些东西是无法被证明正确或错误的。

通过一个古老的涉及文字的逻辑谜题，你就能体会到这意味着什么，这个谜题是由古希腊哲学家埃庇米尼得斯提出来的。他注意到一些自我陈述的内在逻辑矛盾，下面的例句：

这一陈述是错误的。

如果这句话是正确的，那么它肯定是错误的；如果这句话是错误的，那它肯定是正确的。你可以提出问题："这句话是正确的还是错误的？"但是这个问题没有答案。实际上，这种谜题不能阻碍我们在日常交流中使用语言，许多普通人都会认为这类语句意义的讨论是逻辑上的吹毛求疵。然而，重要的是，无论是埃庇米尼得斯的例子还是哥德尔的不完备定理，都指向逻辑矛盾的自我循环——如果你喜欢的话，也可以称之为非逻辑矛盾。这可以作为论点的基础，例如，人的智力绝不可能理解人类思想，因为在理解自身方面我们不可避免地要遇到这种逻辑循环。所有这些构成了道格拉斯·霍夫施塔特的名著《哥德尔、艾舍尔、巴赫》的中心主题；但是，在某种意义上说，那些无法被证明正误的说法或数学命题的存在类似于时间循环造成的难题，例如，外祖母既被谋杀又未被谋杀，既未存活也未死亡的薛定谔的小猫的量子学难题，不过，这有些跑题了。

在 20 世纪 30 年代纳粹接管奥地利之后，哥德尔移居到美国，成为一名普林斯顿大学的教授，与他的好朋友阿尔伯特·爱因斯坦一起工作。对于能够在逻辑上证明数学是不完备的一个人来说，理解广义相对论方程一定是一件轻而易举的事情。在他与爱因斯坦的友谊的鼓舞之下，哥德尔为相对论做出了一些重要贡献，找出了一些方程的新解法。关于相对论主题的最令人关注的变化出现在 1949 年，那时候提出了这样的观点：如果整个宇宙正在旋转，那么使得宇宙聚合起来和坍缩的重力的自然趋势可以被离心力抵消。这样一个旋转的宇宙并不一定有一个围绕其旋转的唯一中心，如同膨胀宇宙没有一个它开始膨胀的唯一中心。在宇宙中我们环顾四周，任何一个观察者，无论他身处何处，都将看到一个似乎以观察者为中心的均匀膨胀；与之类似，在哥德尔的宇宙中，无论观察者身处何处，都将会看到似乎以观察者为中心旋转的宇宙。但是，那不是他们所见到的全部。

当一些大质量天体旋转的时候，它们会以一种方式将周围的时空拖入，这让人联想到如果搅动杯子里的勺子咖啡就会旋转。在旋转黑洞周围的能层中，这种现象很多，这也是一些奇特过程发生的原因，这些奇特的过程允许我们（原则上）从黑洞中提取能量。事实上，这一效果对于任何旋转质量都是适用的，无论其质量多么小——只不过时空拖动太过微小，只有在旋转物体足够大的情况下才能引起注意。尽管如此，如果效果足够大，在地球上就可以探测到。如果这一时空拖动按照爱因斯坦广义相对论所预测的方式发生，这种效果会通过在地球附近旋转回转仪的行为表现出来。由于地球的旋转，回转仪的旋转方向将会略微改变。预测效果很小，但是二十年来斯坦福大学的研究人员都在从事这一项目的测量。他们的计划是制造出相对平衡的质地均匀的金属球形回转仪，它们将会在 20 世纪 90 年代末之前的某个时间飞入地球轨道落在航天飞机上面，并且在失重的条件下开始旋转。在那里，一组仪器将会观测失重的回转仪，看看它们是否受到了地球旋转的影响。

对于像行星一样的小旋转物体来说，要测量这一效果的确是十分困难的。但是，如果整个宇宙正在旋转，类似的效果应当以一种十分戏剧性的方式显现出来。要搞明白怎么回事的最好方法就是从光锥的角度来看，它可以显示出在标准的闵可夫斯基图上（这次不是费曼图）的时空点之间的关系。图 7.4 显示出与 A、B 和 C 三个时空点相关的光锥。这

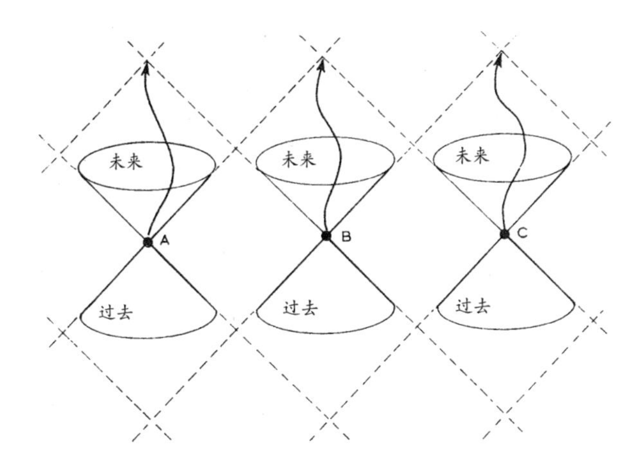

图7.4　一组三个光锥“属于”时空事件A、B和C。从这些事件中的任意一个达到任意另一个都是不可能的。

些点彼此一无所知而且没有相互影响，因为从这些点中的任意一点到其他点的信号都需要经过相应的光锥并且速度要比光速快。但是，随着时间的推移，从这些点中每一个点出发的观察者都会沿着各自差不多弯曲的世界线进入未来并且穿过页面。在未来的某一点，从 A 点出发的观察者将接收到来自 B 点的信号，而且观察者被一些发生在 B 点的事件所影响，这是第一次。但是，这一观察者绝不会对发生在 B 点的事件产生任何影响，因为向那里发送一个信号就需要做时间退行（在这一讨论中，我假定超光速粒子是不存在的）；任何相互影响严格来说都是单向的。相同的方式也适用于其他观察者，事实上适用于平直时空中的所有观察者。

但是，如果观察者居住在一个正在旋转的宇宙中，他们将会发现这个宇宙会以一种翻倒光锥（在宇宙中的任何地方）的方式拖动周围的时空。如果宇宙旋转得足够快，光锥可能翻倒，以至于从 A 点出发的观察者在不超出未来光锥范围的情况下可以达到 B 点——也就是在不超过光速的情况下。一个从 B 点出发的观察者以相似的方式访问 C 点，我们可以想象一组相互重叠的光锥合拢起来，在整个宇宙中组成了一条循环线，然后返回到点 A（图 7.5）。但是，请记住，这是一个时空图。点 A 既代表了空间中的一个位置，也代表了一个时间点。在哥德尔的宇宙中，从时空中的一点出发，在一个封闭路径中绕行宇宙，它将带你回到出发时的同一时间和地点。这是有可能的，只是根据宇宙飞船中携带的计时器，这一旅行可能历时千年。

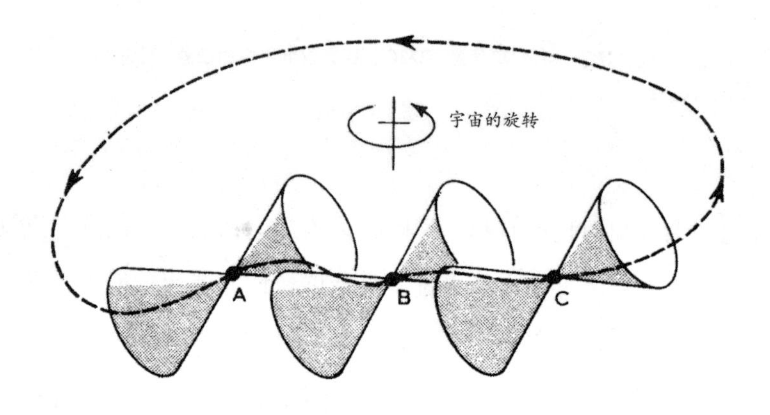

图7.5　如果宇宙正在旋转，光锥可能翻倒，这样你可以从A移动到B再到C——然后绕了一圈，回到事件A。即，回到出发时的同一地点和同一时间——这不需要比光速快。

当然，这里也存在问题。为了以这种方式产生封闭类时曲线，像我们这样的宇宙应当是每 700 亿年旋转一次，对于一个约 150 亿年的宇宙来说，这是一个相当慢的旋转速度而且是很难测量的，然而现有证据明确反对宇宙具有这一旋转。即使宇宙以这一速度旋转，最短的类时曲线的周长也约有 1000 亿光年。就是说，哪怕是对于一束光，绕着宇宙旋转并且回到出发时的同一时空点，也需要 1000 亿年。事实上，使用这一宇宙时间机器是不具有现实可能性的。但是，哥德尔对爱因斯坦场方程式的解答再一次显示，时间旅行是不受一般理论禁止的。这也说明，这种旋转及其产生的光锥倾斜可能导致类时曲线的存在。1973 年，马里兰大学的研究人员意识到，如果物质密度够大，旋转得足够快，而且质量上远远小于整个宇宙的话，这样的一幕也会上演。

提普勒的时间机器

提出这一戏剧性想法的是弗兰克·提普勒，他居住在美国新奥尔良的杜兰大学，一直在筹划建造一个时间机器。他对宇宙中是否存在不同于我们人类的任何其他形式的智能生命很感兴趣（不开玩笑，他的结论是，对于比我们稍微先进的文明来说将整个宇宙开拓为殖民地是非常容易的，在我们天文学“后花园”太阳系之中我们没有看到存在这种文明的任何征兆，这个事实可以作为支持我们代表最先进文明的这一结论的强大证据）。1980 年我第一次接触了提普勒，我将他关于时间旅行的想法整理成文，发表在我当时就职的《新科学家》杂志上。从那时开始，我们保持联系，他向我保证他在 20 世纪 70 年代的推断仍然是经得起检验的。事实上，他关于时间机器的数学描述于 1974 年发表在《物理学评论》杂志（第 9 卷，2203 ～ 2206）上，标题是《旋转柱体和全球的因果违逆》。对于你我来说，“全球因果违逆”就意味着“时间旅行”。当我问提普勒他是否真正认为时间旅行是可能的，他回答说：“在经典的广义相对论背景下，因果违逆的确具有现实的理论可能性。”他所采用的系统而完整的方法为时间旅行可能性的进一步推断提供了坚实的基础。

提普勒分三步阐明了实现时间机器的数学蓝图的路径。首先，他问道，在理论上方程式是否允许在时间上和空间上都回到起点的时空旅行存在，因为时间退行也是这一旅行的一部分。我们已经知道答案是肯定的——哥德尔在 1949 年已经证实这一点，而且还有一些关于爱因斯坦场方程式解答的其他范例，它们都允许封闭类时曲线。实际上，布兰登·卡特在 1968 年指出，如果黑洞转得很快，用于描述旋转黑洞附近时空的爱因斯坦场方程的克尔解也包含着封闭类时曲线。提普勒知道这些早期研究工作，然而，为了谨慎起见，他首先证实了封闭类时曲线是广义相对论所允许的。接着他提出，是否可能存在这样的情况，在这种情况下围绕着封闭类时曲线的旅行在宇宙中自然地发生。答案又是“是”。最后，他自问是否存在这样的可能性——至少在原则上——我们可以人为地创造这样的条件，那就是，创造出一个运转的时间机器。答案也是肯定的。

在 1974 年发表的论文和随后的著作之中，提普勒推断的一个关键特征是旋转。他还发现，这种类型的时间机器（自然的或人工的）不能在通常情况下由普通物质创造出来。你需要有一个旋转的裸奇点，以便能够产生封闭类时曲线。就自然的时间机器来说，据我们了解，这一可能性是绝对存在的，当黑洞爆炸的时候或者当非球形物质集合体在重力作用下坍塌的时候，都可能形成裸奇点——在任何一种情况下，若最终产物不旋转，那将是令人惊讶的。到目前为止，提普勒著作最有趣的部分是他对人工时间机器基本原理的描述。

光锥倾斜实现时间旅行的方式显示在图 7.6 中。在这个版本的闵可夫斯基图中，显示出两个空间尺度 X 和 Y，照例随着时间流动向页面顶端延伸。图中只显示出未来部分的光锥，这样图看起来比较简单。时间轴也代表着隐蔽在强大重力场中的一个大质量的和快速旋转的裸奇点的世界线；通过观察围绕着奇点但远近不同的路线，我们可以发现一些有趣的影响。在远离奇点的位置，重力场是微弱的，光锥以平直时空的通常方式伸展进入未来。但是，离旋转奇点越近，光锥倾斜角度就越大，并朝着中心天体旋转的方向。对于处于这一情况下的观察者来说，一切都看似正常，例如，狭义相对论限制旅行者速度要低于光速的规定仍然保持不变。但是，对于在平直时空中距离较远并且在扭曲时空区域内进行观察的观察者来说，我们可以看出在强大重力场中空间和时间的作用开始相互交换。时间本身开始在中心天体周围旋转运动。

就时间旅行来说，光锥倾斜的重要阶段是光锥倾斜超过 45° 角。因为光锥的半角是 45° 角，从这一点开始，光锥的严重倾斜使得光锥的一边位于代表着整个空间的 XY 平面的下面。从弱重力场的角度来观察，当前在强大重力场区域内的未来光锥部分位于过去。要记得一个空间旅行者理论上可以达到未来光锥内的任何地方。在光锥极端倾斜的这种状况下，旅行者会选择沿着一个在空间中仅由封闭轨道形成的路径到达外部观察者，而在时间上（沿着页面向上）不会有任何移动！在某种意义上，旅行者将会同时处于轨道周围的任何地方。如果旅行者选择将宇宙飞船控制在 XY 平面上面的航线，它将会围绕着时间轴平缓地螺旋旅行，逐渐地移动到页面底部并且在时间上向后倒退，这一点可通过图 7.6 中间部分的螺旋运动“轨道”显示出来。宇宙飞船将会返回到同一

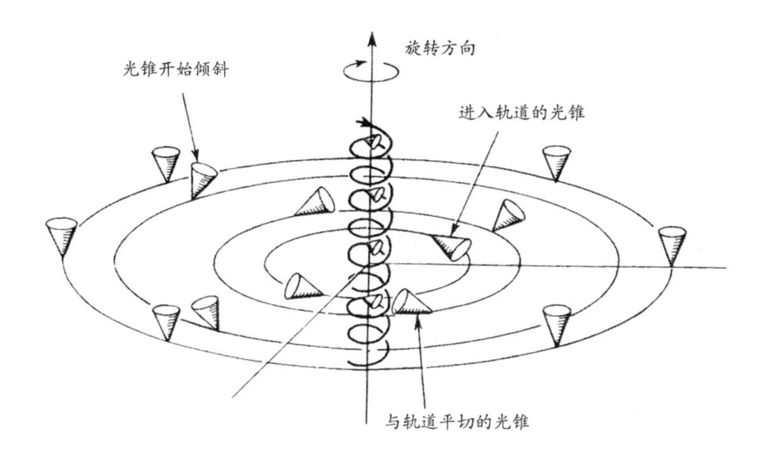

图7.6　一个大质量的旋转柱也会拖动周围的时空，并且导致在强重力场区域内的光锥倾斜。这是弗兰克·提普勒设计时间机器的基础。通过在旋转柱体周围的稳定轨道旅行，可以在时间上倒退，如图中的中央螺旋结构所示。

地点，但是时间上越来越早。随着对轨道的审慎调整，旅行者将会沿着相似的螺旋状路径在时间上向前移动并且进入未来。就如提普勒提出的观点：

> 一个旅行者在弱重力场区域开始旅行——可能是在地球附近——进入倾斜光锥区域，在那里朝着负时间方向移动，然后回到弱重力场区域，这一区域不会被他的未来光锥所定义。如果在强重力场范围内他在负时间方向上行进得十分远，那么他在离开之前就能够返回到地球——只要他愿意，他能够进入地球的过去。这是一个真正的时间旅行的实例。

事实上，即使存在这样的时间机器，像人们所期望的那样回到地球的过去也是不可能的。我所描述的所有效果，包括倾斜的光锥，仅适用于从建造时间机器（无论是自然的还是人工的）的时空点开始的未来时空区域。这一时间机器打开所有的时空未来供以探索，但是使用这一机器返回到机器建造时刻之前是不可能的。这就意味着，如果我们明天建造一个时间机器，就不能用它回到过去，用以研究古埃及人建造金字塔的方式。有可能的是，如果那个时候时间机器已经存在，我们就可以幸运地找到它并且学习如何使用它。一些时间旅行爱好者抓住这一点，用于解释为什么时间旅行者没有访问我们。他们提出，其原因并不是像其他人所主张那样的时间旅行不可能，而不过是时间机器还没有发明出来！我们不可能明天建造一个时间机器并且利用它返回到地球历史上一些有趣事件发生的时间点，这一点让时间旅行爱好者也稍感失望。然而，在提普勒时间机器的建造中涉及一个补偿性的意外收获。它仅需要存在一瞬间，这样就可以打开整个未来供以探索，因为与时间机器相关联的封闭类时曲线从建造出时间机器的那一刻起延伸至整个未来。但是还有一个关键问题：如何开始建造这样一个设备呢？

原则上来说，最好的办法就是找到一个旋转的致密天体，它是宇宙中自然产生的，然后将其旋转提速到周围可以产生封闭类时曲线。我们所需要的是一个大质量的、致密的和高速旋转的圆柱体。最佳的开始点是中子星。中子星是已知的最致密的大密度天体，并且其中一些的旋转速度很快。至少已知某些脉冲星每1.5毫秒绕着自己的轴心旋转一次（有一种夸张的说法，将其称为“毫秒脉冲星”）。令人惊讶的是，根据提普勒的推断，这是接近于一个自然时间机器形成的旋转速度。他说，如果一个旋转的大质量圆柱体旋转速度足够快，那么在它的中心位置就会形成一个裸奇点，形成与奇点相关联的封闭类时曲线。这个圆柱体至少需要100千米长，横向不超过10至20千米，至少包含与太阳相等的质量并且具有中子星的密度，整个旋转速度是原每毫秒速度的两倍——比毫秒脉冲星的速度要快三倍。事实上，如果你找来10个中子星，将它们极对极连接起来，让它们做足够的旋转运动，你就可以得到一个提普勒时间机器。

当然，在这样一个宏大的工程中涉及很多问题，不仅仅是在哪里找到10个中子星作为开始。圆柱体的边缘将会以光速一半的速度做圆周运动，而且与这一旋转的强大角动量相关的能量与圆柱体的静止能量（“mc^2”）几乎相同——提普勒说：“能量很大，以至于所伴随的离心力可能导致旋转体分裂。”当圆柱体试图在一个方向上将自己分裂的时候，它会设法在另一个方向上沿着它的长度进行坍缩。10个首尾相连的中子星的引力将很快使它们坍缩为一个黑洞，除非一些形式的场能量比我们已知的任何事物都要强，能够让圆柱体保持坚固不变。这听起来似乎不可能——但是要记得，奇点要在最短暂的一瞬间形成，以便能够提供封闭类时曲线，从而使得时间旅行从此以后一直可以实现。与之前的许多相对论者一样，提普勒想要告诉我们，时间旅行在理论上的确是可能的，但是，与建造时间机器相关的现实困难重重，而且可能是无法解决的。尽管如此，我发现毫秒脉冲星的存在实在诱人而有趣，是“如此之近却又遥不可及”的一个经典案例。这种天体太接近于自然时间机器，以至于我们很难反对这一推断，那就是自然可能已经完成了人类工程师认为很难完成的工作。对我来说，更有可能的是我们的后代将会发现一个已经存在的时间机器（意外的惊喜是他们真的可以利用它走回历史），而不是自己建造一个。

但是，这并不是时间机器工程的终点。提普勒的时间机器坍缩为一个黑洞的设想，以及所需的能量场——其场能量要比地球上已知的任何事物强大，从而使得事物坚固不变，这些似乎又使我们回到虫洞和宇宙弦的话题。如果存在宇宙弦，它将是一个理想物，可以将提普勒的中子星穿起来并且阻止它们坍缩，就像一个能够保持由虫洞制造出来的星际之门开启的理想物。与索恩一样，诺维科夫和他的同事们已经证明，一旦有一个作为星际之门的虫洞，它能够通过多维空间提供一个捷径，理论上来说，一个普通的东西就能将其转变为时间机器。

虫洞和时间旅行

卡尔·萨根需要一些合理可信的噱头来取悦他的小说读者们，这引起了一些连锁反应，在物理学团体和整个世界广泛传播。诺维科夫对封闭类时曲线的含义感兴趣已经很多年。当加州理工学院研究小组认识到他们为了适应萨根虚构需要所设计的这类星际之门可以被用作时间机器的时候，对于索恩来说，与诺维科夫取得联系是很自然的；对于在莫斯科的诺维科夫小组来说，参与查明物理学定律是否能够以索恩所谓的“一种合理方式”解决封闭类时曲线存在的问题，这也是很自然的。加州理工学院研究小组直接参与了由两大洲的七名研究人员组成的这个研究。索恩将他们称为“俱乐部”；还有一些其他成员，包括纽卡斯尔研究小组、雷德蒙特（美国圣路易斯的华盛顿大学）和马特·维瑟，他们都对封闭类时曲线含义很感兴趣。本章下面讨论的大部分内容都基于这一俱乐部的研究——从他们将星际之门转变为时间机器的方法开始。

一旦你有一个运转中的虫洞星际之门，甚至不需要广义相对论来告诉你如何将其变为时间机器。要记得，如果有同卵双生的双胞胎，其中一个待在家里，而另一个以接近光速的速度外出旅行然后回到家，那么双胞胎中外出旅行的那个人就会比待在家里的那个人年轻。运动中的时钟转得慢。如果具备了高度文明的工程资源，我们就可以设想以某种方式抓住虫洞的一个洞口，并且让其开始这样的旅行。当然，要抓住虫洞洞口这样飘忽不定的东西并非易事，但是有两种方式可以实现。首先，这种虫洞洞口的重要特征之一就是具有很大的质量并且具有相对很强大的引力场——这是必须有的，这样才能充分扭曲时空，制造出一个进入虫洞的开口，这个开口必须足够大才能让人和宇宙飞船通过。用来吸引一个引力天体的是另一个引力天体；可以想象在虫洞口前面悬挂一个大物体（可能是一个行星），移动这个大物体以便使虫洞口紧随其后，就像一个古老的故事，驴跟在一个它总是够不到的捆在大棒上的胡萝卜后面跑。或者，我们可以想象一下，给虫洞洞口小心地加电（当然，不能改变“喉咙”的几何机构），并且在电场的帮助下拖动它。毫无疑问，高度文明还有其他高招，但是目前这些就已经足够了。

一旦有办法拖动虫洞的一端，你就可以带着它以接近光速的速度进行长途旅行，然后将其带回到靠近虫洞另一端的地方。这可以是往返另一个星球的旅行，或者仅仅是使得可移动虫洞口在周围打转，直到你在移动参照系之中的时钟和虫洞口家中的时钟之间建立一个明显的时间差。更麻烦的是，当我们将移动的虫洞口带回来的时候，那个时间差甚至还是存在的。它是与移动虫洞口相关的空间区域的真实物理属性；它要比未移动的虫洞口年轻，因而是后者的过去。

因为时空是以虫洞几何结构的方式连接在一起的（时空布局与虫洞相关），这意味着虫洞将会起到时间机器的作用。一个旅行者跳入已经移动的虫洞口，他将会在与移动虫洞口的时间相对应的时间出现在静止虫洞口。假定移动虫洞口旅行得足够远并且速度足够快，在两个虫洞口之间创建了一个小时的时间差。一个旅行者在时钟显示为 12 点的时候从静止虫洞口出发，并且用 10 分钟的时间去穿越到达移动虫洞口[①]，当旅行者的手表和静止虫洞口时钟都显示为 12 点 10 分的时候他将会到达。然而，如果旅行者现在跳入移动虫洞口之中，当他出现在静止虫洞口的时候（对旅行者而言几乎是一瞬间），那里的时间将会是 11 点 10 分。旅行者现在可以快速穿越到达移动虫洞口，到达那里的时间是 11 点 20 分，并且再次跳进去，在 10 点 20 分出现在静止虫洞口。整个程序可以不断重复，一次一次地跳跃回到从前，回到两个虫洞口之间的时间差形成的时候。与提普勒的时间机器一样，这种虫洞最远只允许它们回到时间机器创建的时候；不过，还有一点与提普勒的时间机器一样，它允许进入未来的无限旅行，在这种情况下，进入静止虫洞口并出现在移动虫洞口在旅行者的手表上只显示为一瞬间，但是对外部宇宙来说是

① 当然，这个虫洞口现在已经停止移动，但是这仍然是一个适用于它的方便说法，"曾经正在移动的虫洞口"是一个太过冗长的说法。

一个小时。

最大的实际困难是你需要快速将虫洞口移到远处，这样就可以建立一个有效的时间差。即便是以 99.9% 的光速旅行 10 年，也仅能使移动虫洞口的老化减慢 9 年 10 个月，在虫洞两端之间创建一个 9 年 10 个月的时间差。但是，这些实践性并不是目前研究时间旅行理论的物理学家的主要关注点——基普·S. 索恩说过（可能有点过于悲观），虽然物理学定律允许建造时间机器，但是在未来几千年建造一个时间机器的概率是零。他和他的俱乐部成员（以及其他俱乐部）所关注的是，在使时间旅行成为可能的物理学定律框架内，如何找到一系列符合逻辑的方程式去消除一些著名的时间旅行悖论的物理学基础。如果时间旅行真的是可能的，如何才能不违背因果关系？换句话说，如何才能修改这些悖论？

化解悖论

该俱乐部的方法有两个关键特征。首先，它与人无关，人可能会改变计划或者在是否想要谋杀外祖母的问题上说谎。这很合理，因为他们感兴趣的问题是涉及时间旅行的基础物理，在不引入人类心理学的情况下基础物理就已经十分复杂。当我们对理解基础物理感到很满意的时候，就会有充裕的时间考虑固执的人类观察者的作用。在使用最简单可行的物理系统去发掘方程式中所隐藏事实的传统之下，该俱乐部研究了当撞球穿过时间隧道的时候它们之间相互作用的方式。

俱乐部解决时间悖论的第二个特征是认为宇宙只会允许那些自洽的方程式存在。这一点也是基于两个理由。如果我们允许一些不一致的解决方法，那么一切都是徒劳的，试图理解理论物理也是没有意义的；此外，在一些简单的日常物理系统之中，求相关方程式的解是非常普遍的，这些解从数学的角度来说是允许的，但在物理学上是不可能的，而且是可以被忽略的。这通常发生在包含平方根的方程式上。例如，著名的勾股定理表示为一个方程式，实际上它告诉我们三角形每个边的边长都可以是负的；但是我们知道这个“解”在物理学上是不可能的（也就是说，不存在这样的三角形，两个边分别是 3 米和 4 米，而第三边是负 5 米），从而忽略了这个解。同样地，该俱乐部认为只有那些“整体上自洽”的时间旅行方程式的解才是可以接受的。

通过观察等同于外祖母悖论的撞球，我们可以了解所有这些意味着什么及其如何提供一些关于宇宙运行方式的全新而深入的了解。我们设想一下建造一个两个虫洞口挨在一起的时间隧道。如果一个撞球以正确的方式被射入时间隧道的适当虫洞口，它会出现在另一个虫洞口的过去，并且有时间在进入时间隧道之前穿越区隔空间进行自我碰撞，将较早版本的自己撞到一边。因此，它从未穿越时空，从未发生过碰撞，较早版本的撞球未进入时间隧道，等等。这是一个自相矛盾的解决方法，俱乐部认为这种方法是不能接受的——宇宙不可能以那种方式运转。

为什么他们确信摒弃这一自相矛盾的解决方法是可以接受的？原因是他们发现总是有另一个解，它能够给出一个从相同初始情况开始的自洽的总体解释。引申到勾股定理，如果该方程式只有一个解，说三角形一边的长度应当是负的，我们将不得不在表面上接受它，即使我们不理解这意味着什么；然而，因为有两个解，而且因为我们完全了解三角形边长为正数，所以我们可以接受在物理学上有意义的解决方法而忽略其他解。同样地，俱乐部只接受关于时间旅行问题的自洽解而忽略其他解。

这类撞球问题的一种自洽解是，当球接近时间隧道并且被出现在时间隧道虫洞口的同一个撞球击偏，后者将第一个球撞击到时间隧道的另一个口之中。当第一个撞球出现在时间隧道的另一个虫洞口，它与较早版本的自己相撞，将其撞入时间隧道之中（图 7.7）。索恩、诺维科夫和他们的同事发现这类撞球问题不仅有一种自洽的解决方法，而且每一个这类问题都有无数的自洽解决方法。图 7.8 显示了这一过程。在这种情况下，撞球径直从时间隧道的两个虫洞口之间通过。或者，假定当撞球位于两个虫洞口之间的中间位置时，它被一个出现在静止虫洞口的快速移动撞球剧烈撞击。“初始”撞球被撞击斜向一边，经过隧道并且成为

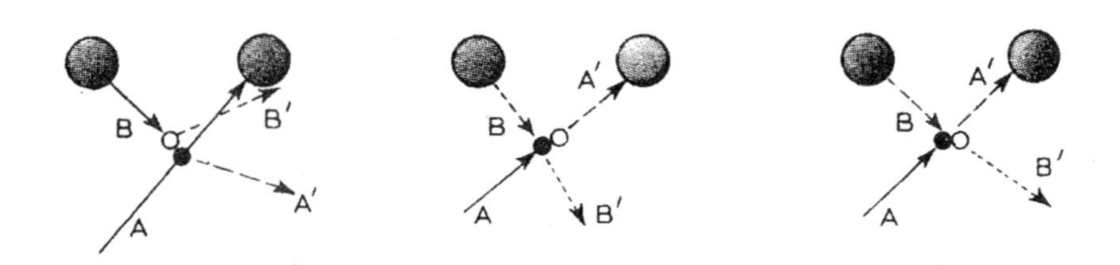

图7.7 1. 外祖母悖论的撞球版本。如果一个球（A）进入虫洞时间隧道的一个虫洞口，出现在过去的另一个虫洞口（B），并且将初始的自己从轨道上撞下来，那么它如何才能进入最开始的虫洞？
2. 但是，如果“第二个”球使得“第一个”球弹开并且进入它那个位置的洞口，这是没有问题的。
3. 如果“初始”撞击将球撞入第一个位置的洞口，这也是没有问题的！

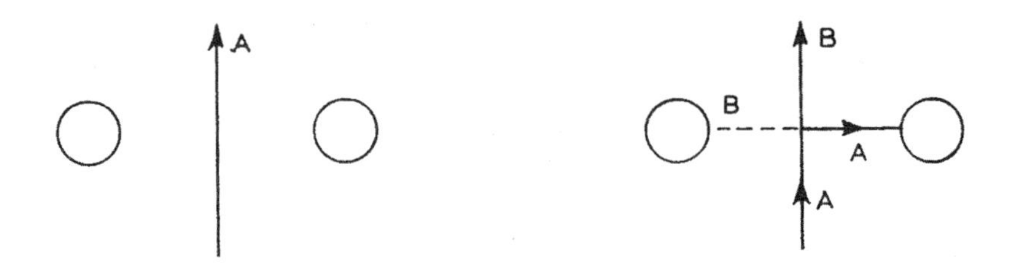

图7.8 事实上，“悖论”的“自洽解”有很多，撞球可以以许多不同方式多次绕圈。从远处看，在这一特殊例子中，看上去仿佛撞球刚刚径直通过时间隧道两个虫洞口之间的缺口。将许多不同的时间旅行可能性进行平均，宇宙体现出一个看似简单版本的现实。

“第二个”球——但是，在撞击中，它偏移回撞击前的轨道。就一个远距离的观察者看来，仍然像一个单独的撞球平稳地径直从两个虫洞口之间通过；你可以想象一些类似的情况，包括由时间隧道周围的撞球形成的两个、三个或多个回路。似乎有不止一个可接受的方式可用于描述撞球的行为。

所有这些让人想起宇宙在量子水平上运行的方式。这有个现实选择的问题，正如著名的薛定谔的猫案例中所体现的。撞球在接近时间隧道之前是完全正常的，然后以许多不同的方式与隧道系统相互作用，在以一种完全正常的方式再次出现在另一侧之前形成态叠加。如果事实上一些量子理论学家已经得出处理这种多元事实的方法，索恩所谓的相似撞球 / 虫洞问题的自洽解决方法“过多”，会十分麻烦。

他们所使用的方法是理查德·费曼于20世纪40年代研究出来的，即众所周知的“历史求和”方法。在经典物理学之中——牛顿物理学——一个粒子（或一个撞球）被认为沿着一个确定的路径、唯一的世界线或“历史”行进。在量子物理学中，由于量子的不确定性，不存在这种确定的轨迹。量子力学仅涉及可能性，并且十分精确地告诉我们一个粒子从一个地方移动到另一个地方有多大可能性。粒子如何从一个地点到达另一个地点是另一个问题；通过累加从起始位置和终端位置之间所有可能路径的概率，就可以推测出粒子接下来出现在哪里的可能性。粒子好像知道所有可能的路径并且决定了在哪个基础上往哪里行进。由于每一个轨迹都被称为“历史”，通过累加每一条轨迹的概率推测粒子的行为方式，这种方法就是“历史求和”方法。

当然，所有这些都适用于原子和原子以下的量子水平。量子不确定性是很小的，而且对我们日常生活的影响微不足道，因此真正的撞球遵循着经典轨道。但是在时间隧道虫洞口之间的区域，实际上可穿越时间隧道的存在提供了一种不确定性，在一个更大的范围内起作用。该俱乐部发现历史求和的方法在这一新情况下能够产生很好的效果，描述了关于通过时间隧道的撞球的一些问题的解决方法。如果你以这样一种初始状态开始，球从远处移近时间隧道，历史求和方法提供了一系列独特的可能性，它告诉你何时和何地球可能会出现在另一侧，避开包含封闭类时曲线的区域。它不能告诉你，撞球是如何从一个地点移动到另一个地点的，正如量子力学也不会告诉你电子是如何移动进入原子的。但是，它能精确地告诉你在一个特殊地点找到撞球并且在时间隧道撞击之后朝着特殊方向移动的可能性。此外，球沿着一个经典轨迹开始并且沿着一个不同轨迹结束，这种可能性为零。如图 7.8 所示，从远处观察者不会看到球由于与自身的碰撞而发生偏转，除非你近距离观察，否则不会发现特殊情况。索恩认为“从这个意义上来说，在每个实验之中，球‘选择’遵循的只是一个经典解决方法；而且遵循每一个解决方法的可能性都被单独地预测”。还有一个意外收获。在历史求和方法之中，严格上讲我们不能忽略其他自洽的解决方法。这些解还是存在的，但是它们对于求和来说贡献很小，以至于对实验结果没有任何真正的影响。

所有这些还有一个更为奇怪的特征。因为在某种意义上来说撞球“知道”对其敞开的所有可能的轨迹——所有可能的未来历史，它沿着世界线任何一点上的行为从某种程度上来说都依赖于未来对其敞开的路径。因为这种球通过时间隧道可以遵循许多不同的路径，但在不通过时间隧道的情况下它可遵循的路径就少很多，这就意味着，理论上来说，有时间隧道与没有时间隧道的情况相比，表现是完全不同的。虽然评估这种影响的确是十分困难的，根据索恩的说法，理论上来说，在尝试建造这种时间机器之前对撞球的行为进行一系列测量，并且从测量结果得出未来建造一个含有封闭类时曲线的时间隧道是否会成功，这应当是可能的。

他说，这是“关于时间机器的量子力学的一个一般特征”。

索恩总结了俱乐部到目前为止的研究成果，他的结论是 ：在存在时间机器的情况下物理学定律的表现似乎是合理的，以至于“允许物理学家在没有严重错位的情况下继续他们的智力活动”，即使时间机器似乎给予宇宙“一些令大多数物理学家反感的特征”。根据物理学定律，建造时间机器是可能的，在不违背因果关系的情况下进行时间旅行也是可能的。就如诺维科夫于 1989 年在萨塞克斯大学的讲话中所提出的，“如果有一个非自洽的问题解决方法，还有一个自洽的解决方法，那么我们自然会选择自洽的解决方法”。

尽管如此，这不是黑洞和宇宙故事的结局。在那些并不反感这些想法的少数物理学家之中，越来越多的研究人员正在调查比目前为止我已讨论的任何事物都小的虫洞以何种方式在量子水平上作为一个时空“泡沫”存在。为什么这种“微小的”虫洞能引人关注，一个原因是，如果存在这种微小的虫洞，那么就可以抓住一个微小的虫洞并且以某种方式将其扩大到肉眼可见的尺寸，从而建立一个时间机器。但是这一方法好像显得没有意义，事实上微小的虫洞就可能解释宇宙自身的存在。这一解释再次涉及费曼的历史求和方法。

宇宙连接 第8章

婴儿宇宙和时空泡。让宇宙泡膨胀。一个大调整——对令人为难的爱因斯坦宇宙常数说再见。黑洞和宇宙的最终命运——时间的终结，还是无尽的时间？

量子不确定性不仅影响着宇宙中的粒子和能量，还影响着时空自身的结构。描述这一点的方法就是回到膨胀宇宙的旧形象，像一个膨胀气球的表面，如图 8.1 所示。当然，这是以站在时空外面的如同上帝一样的观察者的视角。在这种比例下，它看似光滑而规整，有一个清晰的界限。可是，让我们想象一下很小一部分气球表面的特写镜头。如果把它缩小到小于原子核尺寸的比例，约为 10^{-33} 厘米（普朗克尺度），这一假定观察者会发现时空本身就是持续沸腾的，像飘摇于风暴中的海洋表面一样波涛汹涌，以一种完全预想不到的方式扭来扭去，不断变换方式地弯曲。这是量子不确定性的作用，准确来说相当于虚粒子在真空中沸腾的方式。

根据像史蒂芬·霍金这样的研究人员的说法，存在一种可能性——

一个非常大的可能性，即在这一沸腾的过程中，在这种规模的时空结构中将会形成一个微小的“虫洞”。这个虫洞的两个洞口可能都在我们宇宙的内部，类似于“托恩-诺维可夫”组合所讨论的虫洞，但是规模小一些。一些对时空旅行感兴趣的科学家指出，在很久以后的未来，高度文明也许能够捕获其中的一个虫洞并且以某种方式将其拉长，从而形成我前一章中所描述的那种时间隧道。不过，还有另外一些不确定性方程所允许的量子虫洞——这个虫洞可能从我们的宇宙割裂出一小块时空，以这种方式割裂出的那部分时空开始膨胀，并且凭自己的力量形成另一个宇宙，然后通过微观虫洞连接到我们的宇宙（图 8.2）。这就好似气球表

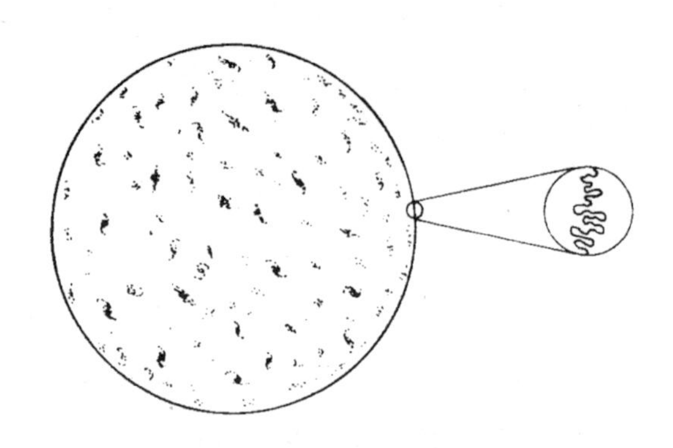

图8.1　不同于气球的光滑表面，膨胀宇宙的时空是一个量子泡沫。

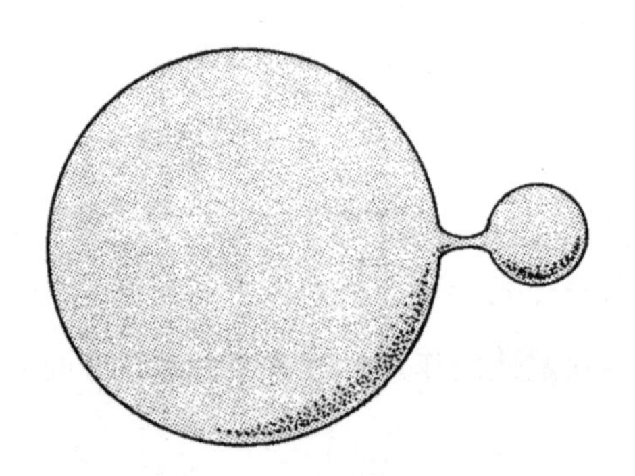

图8.2　婴儿气球有时可能从母体宇宙的量子“皮肤”上面割裂下来。

面形成的气泡，把自己从主气球上面割裂下来并且开始独自膨胀。

宇宙学家将这一可能性称为“婴儿宇宙”。它与“母体”宇宙的唯一连接是通过一个虫洞，虫洞入口是我们从未注意到的一个约 10^{-33} 厘米大小的黑洞。但是，“婴儿宇宙”的可能性完全改变了我们对自己宇宙本质的理解。

吹泡泡

第一个重要问题涉及婴儿宇宙的膨胀方式，它与我们宇宙从初始奇点开始膨胀的方式密切相关。该过程被称为宇宙膨胀，而我们对此的理解是基于 20 世纪 80 年代麻省理工学院教授阿兰·古斯的理论。宇宙膨胀理论解释了一个也许并不大于真空量子涨落的微小宇宙种子，如何在短短的一瞬间，发展成为大爆炸火球。我已经在《大爆炸探秘》（*In Search of the Big Bang*）中详细地描述了暴涨情景，这里就不再赘述。然而，最重要的一点是，在宇宙膨胀理论出现之前，宇宙学家们很高兴他们能解释（基本上只使用了相对论）宇宙是如何从大爆炸火球开始的，但是他们无法解释能量火球是如何出现的。宇宙爆炸理论吸收了量子理论的思想，从而形成了一种自然机制，使微小的宇宙种子飞快地移动，在普朗克尺度之下，达到相对论所接管的炽热火球阶段。

这种想法试图解释我们这个宇宙的存在和本质。但是，这种方法一旦奏效，它就可以一次次地重复。真空的任何微小量子涨落都有可能膨胀为一个新的宇宙——虽然并非所有量子涨落都要以这种方式膨胀，它不是必然选择（其中大部分很可能会消失，譬如虚粒子），一些将会形成婴儿宇宙，其中一些婴儿宇宙长大为可以与我们的宇宙相媲美的完善宇宙。根据古斯和霍金等研究人员的观点，这可能随时都在发生，遍布我们整个宇宙。

这提出了第二个耐人寻味的关于婴儿宇宙概念的重要问题。准确地说，这一切都发生在哪里呢?

别忘了图 8.3 中的气球表面并不代表宇宙的“边缘”，极其微薄的气球表面代表着整个空间。因此，时空结构中的量子涨落可以发生在我们宇宙三维空间的任意地方。当时空扭来扭去，割裂出宇宙泡并且在宇宙泡和母体宇宙之间形成一个虫洞连接的时候，宇宙泡存在于其自身维度之中，所有这些维度都与我们宇宙的维度形成直角。这意味着，除了通过虫洞之外，整个婴儿宇宙对我们的宇宙没有任何物理影响，看不见也感觉不到。婴儿宇宙不会自我脱出并且膨胀为一个真正的成熟宇宙，因为新宇宙存在的唯一依据就是量子虫洞的洞口，这个洞口是一个远小于质子的黑洞，在时空结构中某个地方形成一个细小的皱纹，而这很难被人察觉。

当然，这也意味着，我们的宇宙可能也是以同样的方式所产生的，就像另一个宇宙时空的宇宙泡。时空的整体结构可能是膨胀宇宙泡和坍

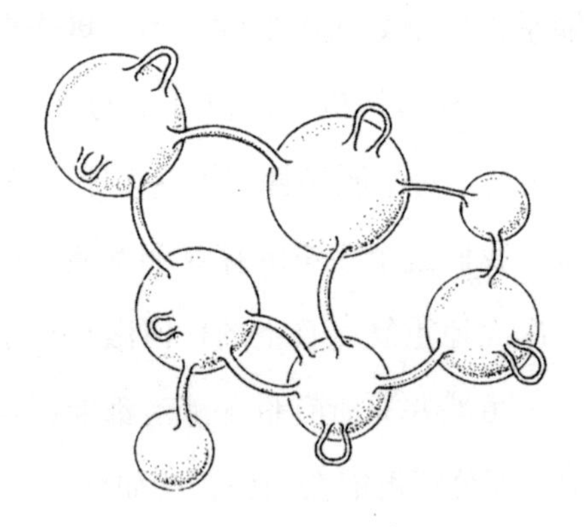

图8.3　事实上，我们的宇宙可能是许多由虫洞连接的时空泡中的一个。

缩宇宙泡的一种泡沫，它们通过虫洞连接，没有总的开端和终端，在所有方向上无限延伸，然而以这种方式所形成的独立宇宙泡（单独的宇宙），在一段时间内会膨胀，然后坍缩恢复为泡沫（图 8.3）。但是，如果不是因为 20 世纪 80 年代末的一个轰动性发现，那么这就不过只是科学上的一个新猜测，虽然可以让一些科幻迷兴奋起来，但很难让人认真对待。根据婴儿宇宙思想的一些观点，信息可能通过连接它们的微小虫洞从一个宇宙泄露到另一个宇宙。如果是这样的话，这将解决宇宙学中由来已久的一些难题，例如宇宙常数的消失。如果该观点是正确的，那么宇宙间的信息泄露可能也是其他一些自然常数之所以具有该数值的原因，例如决定引力强度和电子电荷量的常数。

爱因斯坦常数的消失

1987 年，霍金提出微观虫洞的存在可能改变量子力学的原理。首先，他认为这将会以一些无法预想的方式改变自然常数，使得正确理解物理定律如何在这一基本层面上发挥作用成为可能。但是，仅在一年之后，哈佛大学教授西德尼·科尔曼提出，情况很可能是相反的。他在两篇重要的科学论文中提出，事实上是虫洞自身决定了自然常数，而不是量子力学在基本层面上变得不可预测。

宇宙常数的消失是最好的例子。爱因斯坦将该常数带入方程，以保持宇宙的稳定，防止宇宙的膨胀或坍缩，尽管该方程的原始版本断定宇宙必然会膨胀或坍缩。考虑引入常数的一个思路是反引力（爱因斯坦主要关注的是停止宇宙在重力作用下的坍缩，因此他需要一些东西来阻挡重力作用），或者是作为真空自身所拥有的能量。20 世纪 20 年代末发现了宇宙的确是在膨胀，这一发现让有关常数的研究失去了动力，因为所观测到的宇宙膨胀，完全符合在没有任何常数的情况下广义相对论理论方程所预测的类型。事实上，如果我们将爱因斯坦的宇宙常数加进来，则宇宙的膨胀速度将会比我们实际看到的更快（如果这个常数是负的，那么就不会）。

然而，到了20世纪80年代，对于宇宙常数的兴趣重新燃起，因为如果从奇点爆炸第一瞬间宇宙就经历了一个更为激烈的膨胀阶段，则宇宙膨胀的本质就可以得到更好的解释。产生大爆炸火球的这一快速膨胀，被认为是由该期间就存在的强大真空能量的负压所驱动的——事实上，是来自一个正的宇宙常数。根据马特·维瑟的设想，正是冻结于暴涨阶段所遗留下来的宇宙弦中的这一真空负压状态，为高级文明能够穿越虫洞并保持其洞口的开放性提供了一个便利机会。当阿兰·古斯提出宇宙暴涨概念的时候，物理学家们发现利用量子过程来提供该真空态所需的能量并不困难。事实上，这一想法吸引人的地方还在于，该能量来自早期宇宙的量子描述。但是，他们所留下来的问题是，宇宙常数又该怎么办？即在宇宙暴涨的最后阶段，宇宙常数是如何突然消失的？

从普朗克长度的角度进行思考，就能更深切地了解到这一问题的严重性。该长度是最小的有效长度，若比这一最小长度还小就毫无意义可言了。这一最小长度大约是 4×10^{-33} 厘米，相当于4厘米被缩小到小数点后面有32个零那么长。而宇宙常数的大小恰巧也能以长度的形式加以表述，因为（像引力一样）它是两个物体之间距离变化时其相互作用力随之变化的量度。当前宇宙膨胀的方式表明，宇宙常数甚至可能比普朗克尺度还要小。要了解如此之小的距离内作用力又没有完全消失，将是十分困难的，而虫洞解释了这种消失迷局是如何发生的。

与引力类似，宇宙常数是几何学的产物。不要忘记“空间告诉物质如何运动；物质告诉空间如何弯曲”。如果对宇宙的整个几何学有一个透彻的了解，那么就一定能够理解宇宙的膨胀，包括引力和真空能量的影响。但是，根据虫洞概念，需要了解的几何学不仅是我们这个膨胀着的宇宙的几何学，还有那些通过虫洞连接到一起的所有宇宙——有时被称为“平行宇宙”——的几何学。当然，仅仅弄明白平行宇宙的几何学是什么，都是非常艰难的。但是，通过将量子物理学的规则运用于时空几何学的运算之中，像霍金和科尔曼这样的研究人员相信，他们可以给出哪些类型的几何学是允许存在的。

现在，是轮到多世界概念和费曼的历史求和法出场的时候了。当考虑单个粒子从一个地方转移到另一个地方的时候，费曼的方法考虑了将各种各样可能的路径，以便得出粒子实际的移动路径。然而，当探讨引力的时候，重要的量（例如某一瞬间的粒子位置）就是在某个时间点上三维空间的完整几何度规。宇宙的历史可以表述为几何的演化——变化中的宇宙图景——从一个瞬间到另一个瞬间，就像一个粒子轨道可描述为粒子从一点移动到另一点——在宇宙中不断改变着它的位置。因此，隐藏在量子引力背后的想法，就是通过恰当的量子力学运作，对空间所有可能的三维几何演化路径加以总体求和——包括连接平行宇宙的所有可能虫洞的几何，应当就可以描述宇宙的真实演化过程。

目前，这个方法仍然存在着巨大困难。但是通过一些简单的假设（其中之一就是以四维几何，即三维空间结合一维时间的替代方式来处理问题），理论家们相信自己可以确定在平行宇宙范围内任何膨胀宇宙泡所具有的某些普遍属性。特别是通过虫洞，某些自然法则的信息会从相邻的宇宙泄漏到各个宇宙（包括我们自己的宇宙）之中。而且，如果哪个宇宙泡从非零宇宙常数起始，接下来就会通过虫洞产生一个与原始常数大小相等但方向相反的作用，其结果就是抵消了它的起始。

这与量子世界的一个特征联系在一起，该特征以历史求和的方法特别而有力地显现出来，被称为最小作用量原理。用大白话来说，就是量子系统将会循着最小阻力的路线从一个状态到另一个状态。例如，一个粒子从一个地点移动到另一个地点，它会发现直线式移动更为容易（或者最短程线），而不是走某些复杂的路径。因此直线（短程）路径在历史求和方面具有更高的可能性。最小作用量原理也意味着量子系统的一些物理特征将会倾向于寻找它们最低的可能水平或者最小可能数值，就像水往低处流而不是往高处流。对于宇宙常数来说，它可能是任何数值，也包括零。因此，就像水从山上流下来并且沿着阻力最小的路径流动，若有机会，宇宙常数将会缩小到它所能允许的最小数值，而这一数值就是零。但是需要注意的是，最重要一点是“若有机会”。如果我们生活在孤立的宇宙中，宇宙常数的缩小是不会发生的，只有在宇宙通过虫洞连接到平行宇宙的情况下才是可能的。当且仅当宇宙常数是零的情况下，宇宙的演化就会是完全注定的。若在没有虫洞的情况下，为什么今天的宇宙常数是零，这还是一个谜；在有虫洞的情况下，如果宇宙常数具有其他数值，它也将是一个谜。

除此之外，同样的计算告诉我们其他自然常数必须具有所允许的最小数值，例如万有引力常数，因为类似的反馈机制从连接我们的虫洞泄露到其他宇宙，并且允许最小作用量原理具有完全的控制力。从这一步到能够计算出那些常数的实际数值应当是多少，仍然有很长的路要走，但是科学家们已经第一次发现自然法则之所以如此的线索。科尔曼将其称为“大调整”，一些理论学家仍然对虫洞几何图形的含义感到迷惑。大部分工作远远超出现有书本的范围；但是有一个概念可以将我们带回到我的主题。如果平行宇宙的结构真正像通过虫洞相连接的宇宙泡，那么每一个宇宙泡——每一个单独宇宙——都必须是封闭的，在相同意义上黑洞是封闭的，这一黑洞形成了完全属于自己的时空。因此，在此图上，我们自己的宇宙必须是封闭的。那意味着，它有一天将会再坍缩，重新回到奇点，而那个时候会发生什么在很大程度上取决于在宇宙中现存黑洞的性质。

一个振荡的宇宙

当然，几乎可以肯定地讲，我们的宇宙是封闭的，那么它是否通过一些虫洞连接到其他宇宙呢？详细情况我也在《大爆炸探秘》中讨论过了；但是，一整套宇宙体系可以随意出现和消失，就像一种量子涨落，它依赖于宇宙是一个封闭而独立的系统。整个宇宙是一个黑洞，这个概念乍一看可能是非常奇怪的，如果你仍然认为黑洞是某种超密而紧凑的天体的话会尤其如此。不过，要记得位于类星体中心的特大质量黑洞，可能是由仅比普通水密度大些的材料构成的。黑洞越大，需要与周围物质隔离开来的时空密度就越低。证明这一点的直接计算是，为了让整个宇宙以黑洞的方式封闭起来，仅需要在每立方米空间有三个氢原子就足够了。

当然，这只是一个平均值；假如有数百亿的原子聚集在恒星中，只要宇宙中遍布着足够多的恒星，同样也可以达到预期的效果，那么这种不均匀分布也没什么关系。但事实上，所有亮星系中的全部亮星加起来也只占了这个临界密度的大约 1%。而从其对于亮物质施加引力效应的强有力证据看，那些质量至少比前者大 10 倍的物质，可能是以暗星（褐矮星）的形式存在。另根据对于那些遍布于宇宙中的线状和面状星系非常有说服力的证据分析，实际上还存在着比那些以颗粒方式填充宇宙的物质多 10 倍的其他物质。这一占到整个宇宙 90% 的部分，被称为暗物质。与恒星和星系所不同的是，它们确实可能或多或少地均匀分布在整个宇宙空间中。在这种情况下，可能有许多暗物质粒子穿过了人类所住的房间，帮助整个宇宙聚合在一起，使其成为一个黑洞。它们不会是普通的原子，而是大爆炸所遗留下来的某种不同的物质。目前许多用于捕获这些颗粒的实验都在进行中，而且很有可能在 20 世纪结束前确认这些暗物质。

为了了解这对于宇宙命运意味着什么，我们回到“逃逸速度”这个老概念——正是这个概念使得约翰·米歇尔开始思考黑洞。想象一下米歇尔的暗星，在强大的万有引力的推动下，没有任何东西能够逃脱它的控制，甚至是光线。如果我们在星球表面点燃一个火箭或者发射一个炮弹，它有可能上升一段时间，但不可避免的是，它首先将会停止下来，然后垂直返回到星球表面。现在想象一下整个星球膨胀起来，可能由于其中心位置剧烈的能量活动。星球中每个单独原子可能都会表现出类似火箭或炮弹的行为。它可以短暂地离开星球重力中心向上（或向外）移动，但事实上它必须停止下来，然后返回到星球表面。现在让我们想象一下暗星就是整个宇宙，而这些原子被星系所取代。当宇宙开始膨胀的时候，星系彼此分离开来。但是，事实上重力作用将会使得它们停止下来，然后使得它们做出相反的运动，使得膨胀中的宇宙变为一个坍缩的宇宙，后退为一个奇点。这种类推是不精确的，但是这种模糊的图像就已经足够了。事实上，这就是我们星球的命运。从宇宙学研究早期开始，当 20 世纪 20 年代求解爱因斯坦场方程的时候，就有许多宇宙运行方式的选项，而宇宙以这种方式运行是众多选项之一。

从那个时候开始，一些宇宙学家就质疑，如果这种收缩本身可以像宇宙返回到奇点一样被掉转过来，那么是否存在这样的可能性：在某些极其密集的状态下，但不是密度无穷大的一点，可能会发生宇宙“反弹”到另一个膨胀的循环，这样事实上就可以永远持续从膨胀到收缩，反弹到膨胀，然后再开始收缩。很明显，这种观点（参见图 8.4）是很有吸引

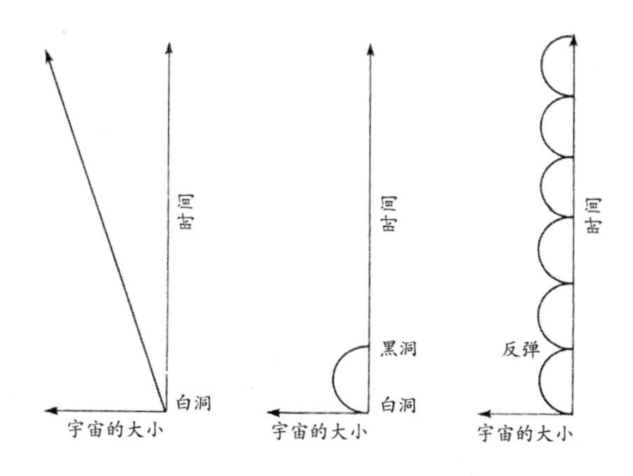

图8.4　三个可能的时间“历史”。宇宙可能永远膨胀；它可能膨胀到一定尺寸，然后收缩回什么都没有；它可能会经历膨胀和坍缩的重复循环。

力的。尤其是它解决了宇宙开始“之前”发生了什么和宇宙终结“之后”将会发生什么的困惑。但是，直到近期才发现，振荡宇宙模式可能是不起作用的。对于一个星球来说，它与彭罗斯－霍金的奇点定理是冲突的，然后还有一些其他难题。

半个世纪以来关于振荡宇宙概念的一个确定不变的问题是，熵从一个循环逐步形成下一个循环的方式。熵是一个热力学特性，它能够衡量宇宙中无秩序的数量，而且它与宇宙的总体温度相关。熵总是增加的，这是衡量时间流动的方法。如果我给你展示一张酒杯位于桌子边缘的照片，另一张照片是同样的酒杯破碎地散落在桌子旁边的地面上，你就会知道哪张照片是先照的——酒杯的无秩序（破碎）状态一定比有秩序（未破碎）状态出现得晚一些。

即使宇宙开始收缩并且开始收缩回到奇点，要了解它是如何影响到

时间流动和熵的稳定增长也是很难的。虽然一些物理学家推断，宇宙的收缩部分可能是膨胀部分的一个精确的镜像，在时间倒流的情况下，破碎的酒杯就能自己重新聚合起来，这一推断没有被许多人认真采纳。在整个循环的收缩部分，熵继续保持着增长，这似乎是更有可能的。按照如此方法的计算在 20 世纪 30 年代由物理学家托尔曼开始进行，更详细的计算在 20 世纪 70 年代由大卫·帕克和兰兹伯格进行。熵稳定增长的物理学后果是，通常情况下他们研究的模型宇宙返回到奇点要比它们从奇点开始形成困难一些。这一不断增长的坍缩率使得反弹要困难一些，这样在下一个循环中，膨胀开始的速度要比上一个循环快一些。结果，每一个连续循环都膨胀得距离奇点更远一些，并且比上一个循环持续时间更长。熵无限度地增加，导致更大热量的大爆炸火球相继出现，并且导致宇宙出现更长的“生命周期”（图 8.5）。

所有这些问题的障碍是它无法解决关于宇宙起点的困惑。如果宇宙经过若干这种循环，它将会很热——比我们目前观察的背景辐射中测量到的 3K 温度要高，可能对于像我们这样的生命形式生存来说太热了。

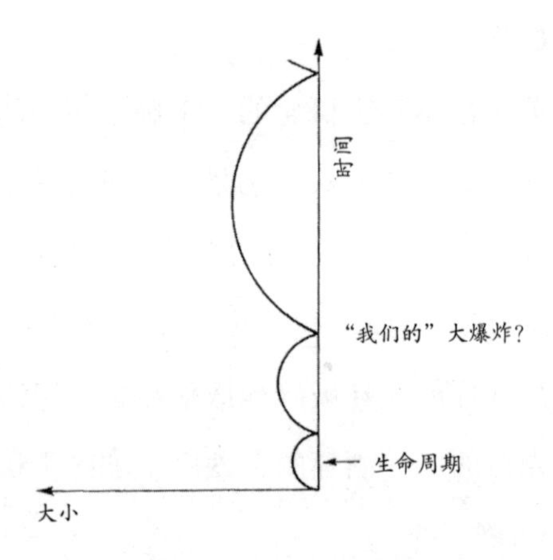

图8.5　最佳方案？我们的宇宙可能是一系列解释中的一个解释，从一个量子涨落形式的微小宇宙种子开始，每一个宇宙都比上一个宇宙大一些。

事实上，如果热力计算是正确的，从振荡力量足以制造出星球的第一次宇宙振荡开始算起，我们所处的循环最多不超过 100 次。当然可能就是那么回事；但是这就产生了一个问题，最初微小而短寿命的宇宙是如何按照日程返回的？在那种情况下，大多数宇宙学家更喜欢坚持认为宇宙是一个单次循环的更简单的情况，它以罕见的大爆炸事件开始，以罕见的大挤压结束。

这一共识在 20 世纪 80 年代得到增强，由罗杰·彭罗斯进行的调研表明，对于宇宙来说，反弹过一次后不可能出现与上一个循环相同的结果，因为熵的积聚要比原来多出很多。彭罗斯意识到，没有人估计到黑洞在坍缩最后阶段对宇宙总熵的贡献。与黑洞温度一样，黑洞的熵只取决于黑洞的表面面积而且很容易计算。我们从目前的宇宙观察可知，大爆炸奇点的膨胀是非常平滑而有规律的，因此它的熵是很低的。但是，像我们这样的宇宙坍塌为一个奇点是很难的。它将会涉及许多黑洞，每个黑洞都有很多熵，这些熵在一个无秩序的结构中混合起来（它就像挤压一块水果蛋糕，这样蛋糕中的葡萄干就会重叠起来），因此熵就会很高。如果“我们宇宙”的大爆炸实际上是之前大挤压的结果，所有熵都将会不知为什么在反弹过程中丢失。它就像振荡宇宙模式的丧钟声。20 世纪 90 年代初理论宇宙学的最意外转折之一就是，加拿大研究人员确定，当黑洞在坍缩宇宙的最后阶段结合起来的时候，用于形成完全新奇点所需的熵损耗将会发生。

黑洞反弹

这一惊人发现源于对在坍缩过程中现实的旋转黑洞内部发生了什么

的理论调查。这项研究是由位于加拿大埃德蒙顿市的阿尔伯塔大学的沃纳·伊斯雷尔和他的同事艾瑞克·波森和西克马共同完成的。克尔黑洞包括两个黑洞表面——外部表面，这是光能逃脱出黑洞的最后地点；内部表面（柯西表面），这是落入黑洞中的观察者能够看到外部宇宙发出的光线的最后地点。正是在柯西表面观察者能够看到外部宇宙的整个未来瞬间流逝，而且在柯西表面众所周知的蓝色区域积聚起来。但是，我们需要担忧的不仅仅是电磁辐射的蓝移。

当一个现实的旋转黑洞形成的时候，整个过程并不完全那么平稳。相反，就如西克马和伊斯雷尔所提出的，外部表面下沉“就如一个震动的宇宙泡趋向于克尔提出的爱因斯坦场方程解中描述的终极稳定状态”。外部表面的这一震动产生了时空涟漪——重力波——它既向外传播到宇宙之中又向内传向内部表面。从黑洞向外发出的时空涟漪会消逝，不用加以关注。但是，向内坍陷的时空涟漪将会发生蓝移现象，就像落入黑洞中的光线或任何其他辐射。但是，记住那种能量是等同于质量的。发生蓝移的重力辐射的这种流入行为将会带来能量，导致黑洞内部的质量的异常增加，从而使得黑洞的中心质量增加，这一质量从最初仅是我们太阳质量的 5 倍，就如我所记忆的海因茨系数——发展到整个可视宇宙质量的 1057 倍。这是一个十分夸张的大数字。但是，更奇怪的是，这一巨大质量膨胀的踪迹并未展现在黑洞外部表面之外的观察者面前。新奇的是，已经以这种方式放大的表面内部质量，只能从柯西表面以重力辐射的形式向外发散；因此，信息绝不会通过外部表面而逃出黑洞。从外部来看，观察者仍可以看到坍缩形成黑洞的最初五个太阳质量的重力特征。

由于没有信息能够脱离黑洞去影响宇宙的其他部分，这些计算可能都是无意义的形而上学玄想——如果不存在这种可能性，那么宇宙有一天将会再次坍缩为一个奇点。当黑洞重叠起来并且在它们内部封藏起来的强大重力场相互作用的时候，这些巨大的质量将会发生什么？

为了正确看待这一问题，在一个坍缩的宇宙中，在大挤压前大约一年的时间星系开始重叠。大约在这个时候，宇宙背景辐射开始高于星体内部，这样星球分裂开来并且溶入能量和颗粒的“热汤”中。仅在距离大挤压还有一小时的时候，位于星系中心位置的特大质量黑洞开始合并。这改变了黑洞反弹的画面，完全不同于先前所有的模式。当具有质量膨胀内部的黑洞开始合并的时候，就如伊斯雷尔和他的同事们所说的，因为涉及这种强大重力场，整个宇宙事实上会坍缩到普朗克尺度。虽然距离达到奇点还有一个小时，但是坍缩的全部剩余时间仅有 10^{-43} 秒（“普朗克时间”）。在这些条件下，柏肯斯坦 – 霍金关于黑洞熵的公式变得没有意义，而且事实上宇宙的总熵（或熵密度）大幅下降。同时，由于没有比 10^{-43} 秒更短的时间（就像没有比 10^{-33} 厘米更短的距离），距离奇点还有 10^{-43} 秒的坍缩宇宙反弹为一个膨胀宇宙，距离奇点仍然有 10^{-43} 秒，但是现在变为从奇点开始迸发，而不是向内挤压。这恰好能够避开奇点本身，使得这种反弹与彭罗斯 – 霍金奇点定理完全一致。

这几乎能够终止从振荡宇宙的一个循环到下一个循环过程中熵积聚的问题，但还不全面。它当然能够解决彭罗斯所担忧的在一个单独反弹过程中熵大量积聚的问题。但是，即使在每一个循环中宇宙好像都来自一个平滑奇点，从一个循环到下一个循环过程中仍然有少量的熵积聚。尽管如此，宇宙的起源可以通过一次比一次短的循环追溯到某个最初的小种子，由一次几乎没有意义的量子涨落产生的婴儿宇宙。

牧师约翰·米歇尔可能不会满意这一观点，因为这似乎没有给上帝作为宇宙创造者的角色留下任何余地。但是，他可能感兴趣的是这一想法——我们所居住的整个宇宙是一个黑洞；在大挤压之前的最后阶段宇宙中黑洞合并和相互作用，这一过程可以解释我们所知道的宇宙是如何诞生的。黑洞确实对于理解宇宙的终极命运和时空起源十分重要。

专业术语 PROFESSIONAL TERM

Accretion disk（吸积盘）：是一种由弥散物质组成的、围绕中心体转动的结构（常见于绕恒星运动的盘状结构）。在中心天体引力的作用下，其周围的气体会落向中心天体。假如气体的角动量足够大，以致在其落向中心天体的某个位置处，其离心力能够跟中心天体的引力相抗衡，那么，一个类似于盘状的结构就会形成，这种结构就叫作“吸积盘”。

Astronomical Unit（天文单位，缩写为 AU）：从地球到太阳的平均距离，大约是 1.5 亿千米，天文学家定义此距离为一个天文单位。

Asymptotically（渐进）：当一条曲线无限逼近一条直线，但却始终没有接触到该直线时，就称之为渐进。与之类似，如果加速一个物体的运动，使其速度无限接近光速，但却达不到光速时，也是一种渐进。

Atom（原子）：是诸如本书或你的身体等日常物体的基本构成单元。原子由一个致密的原子核和环绕其周围的稀薄电子云构成。原子的半径大约是 10^{-7} 毫米，这意味着 1000 万个原子紧挨着连成一条线，也不过相当于邮票边缘一个“齿”的宽度。

Big Bang（宇宙大爆炸）：大爆炸是描述宇宙诞生初始条件及其后续演化的宇宙学模型，这一模型得到了当今科学研究和观测最广泛且最精确的支持。宇宙学家通常所指的大爆炸观点为：宇宙是在过去有限的时间之前，由一个密度极大且温度极高的太初状态演变而来的，并经过不断膨胀到达今天的状态。

Black hole（黑洞）：黑洞是根据广义相对论所预言、在宇宙空间中存在的一种质量相当大的天体和星体（非一个"洞"）。黑洞是由质量足够大的恒星在核聚变反应的燃料耗尽后，发生引力坍缩而形成的。黑洞的质量是如此之大，它产生的引力场是如此之强，以至于任何物质和辐射都无法逃逸，就连传播速度最快的光（电磁波）也逃逸不出来。由于类似热力学上完全不反射光线的黑体，故名黑洞。

Blue sheet（蓝面）：光线落入黑洞时所经历的无限蓝移。这意味着能量围绕着黑洞聚集成一堵墙，即所谓蓝面。任何利用黑洞作为宇宙快车、星际大门或时间机器的企图，都必须首先找到穿透蓝面的路径。

Blue shift（蓝移）：如果一个物体朝向你运动并发出光线，则你所看到的光波会由于物体的运动而被压扁。就是说，这些光的波长缩短了。因为蓝色光的波长比红色光要短，所以把这个现象称为蓝移。如果现在正膨胀的宇宙发生收缩，类似的效应会导致远处天体发出的朝向我们运动的光波变短。光线落入引力场时也会发生蓝移。

Closed timelike loop（CTL，封闭时间环）：一种穿过时间和空间并回到时间和空间原始起点的旅行，因此必然包含着时间倒退作为旅行的一个组成部分。物理学定律并不禁止这种旅行。

Cold dark matter（CDM，冷暗物质）：冷暗物质是大爆炸理论在改善的过程中加入的新材料，这种物质在宇宙中不能用电磁辐射来观测，因此是暗的；同时这种微粒的移动是缓慢的，因此是冷的。

Cosmic censorship（**宇宙监督说**）：其基本观点是，应该存在着这样一种自然法则，每个奇点都必然被包裹在视界之内，使其从外面的宇宙中永不可见。但这可能是错误的。

Cosmic string（**宇宙弦**）：宇宙大爆炸遗留下来的远比原子核更细小，却能够在空间中长距离延伸的超级能量微循环，可能扮演着导致星系诞生的引力“种子”角色。

Cosmological constant（**宇宙学常数**）：由爱因斯坦在其广义相对论方程中引入的一个数，目的是使方程能够符合他所预设的稳恒态宇宙要求。当观测发现宇宙的确处于膨胀中时，该常数便没有了存在的意义，但为了给出更多不同变化的宇宙学模型，理论物理学家们仍在使用这个常数。

Cosmological model（**宇宙学模型**）：若干组描述宇宙演化的数学方程。各种不同理论的方程组（不同的模型）都对宇宙的起源和演化进行了预言（例如模型宇宙是否膨胀等），这些预言可以与真实宇宙的观测进行对照。

Degenerate stars（**简并星**）：白矮星和中子星的总称。

Einstein–Rosen bridge（**爱因斯坦－罗森桥**）：虫洞。

Electron（**电子**）：原子外围的携带 1 单位负电荷的粒子。电子的质量为 9×10^{-31} 千克。与中子不同，电子是不可再加以分割的基本粒子（轻子家族的成员之一）。

Entropy（熵）：一种秩序状态的测度。随着东西的使用消耗，熵增加而有序度降低。一杯加了冰块的水，其有序度比同一杯冰块已融化的水更高，但熵却更低。宇宙中的熵随着时间的流逝，在大尺度上是稳定增加的。

Equation of state（状态方程）：描述诸如压力、密度和温度等这些特性是如何相互关联着的方程。例如，白矮星的状态方程能够让人们计算出如果其质量增加时，它的大小将会怎样改变。

Ergosphere（能层）：理论上说，是紧靠着旋转黑洞的有可能吸收能量的空间区域。

Escape velocity（逃逸速度）：即当一个诸如石头这样的物体垂直地向上抛出时，能够脱离诸如行星这样的物体对它的引力所具备的运动速度。从一个黑洞中逃逸出来的速度，应该大于光的速度。

Euclidean geometry（欧几里得几何学）：即中学所学的几何学。其中，三角形的内角和等于 180°，两条平行线之间的距离永远保持不变。欧几里得几何学定律只能适用于完全平坦的平面上。

Event horizon（事件视界）：任何东西都无法从其中逃逸出来的环绕着黑洞的一层表面。参见史瓦西视界。

Fifth force（第五种力）：科学界已知自然界有四种基本作用力，即万有引力、电磁力、原子核的强作用力和弱作用力。但在 20 世纪 80 年代曾有人骇人听闻地宣布可能发现了“第五种力”的消息，后来经过仔细检验，证明这个发现是错误的。

Fission（裂变）：一个较重的原子核分裂破碎，并放出能量的过程。也是迄今被所有的原子能发电站都使用的过程。

Fusion（**聚变**）：较轻的原子核相互结合，形成更重的原子核，并放出能量的过程。它是所有恒星，包括太阳的能量来源。

Galaxy（**星系**）：由于引力而聚集在一起的恒星群体，例如银河系。一个典型的星系包含约 1000 亿颗诸如太阳这样的恒星。

Geodesic（**测地线**）：两点之间最短的连线。在平坦的表面上，测地线就是直线。

Gravitational constant（G，**引力常数**）：任意两个质量为 M 和 m 的物体，彼此间存在着相互吸引的作用力（引力），该力等于两物体质量的乘积除以彼此间距离的平方，然后再总体上乘以 G。艾萨克·牛顿是第一个发现这种关系的人。

Gravitational radius（**引力半径**）：从黑洞到环绕其周围任何东西都无法逃逸出去表面（史瓦西视界）的半径。

Hawking evaporation（**霍金蒸发**）：由于量子效应而导致黑洞向外辐射能量的一种方式。

Hawking process（**霍金过程**）：即霍金蒸发。

Hawking radiation（**霍金辐射**）：由于霍金过程而导致的黑洞蒸发出来的辐射。

Hot dark matter（**热暗物质**）：为解释使宇宙成形的暗物质的性质，所提出的与冷暗物质理论相对的概念。

Inflation（**暴涨**）：一种宇宙学模型，描述了当诞生还远远不到一秒钟时，宇宙快速（指数性）膨胀的情形。

Inverse beta decay（反 β 衰变）：由于历史原因，电子也曾被认为是 β 射线。当原子核中的中子发射出电子的时候，它自身转变为质子，这被说成是经历了 β 衰变。中子星的形成就是因为其内部的压力非常之大，以至于电子又被压进了质子形成中子——即反 β 衰变。

Kerr black hole（克尔黑洞）：总是带有能层的旋转黑洞，得名于新西兰发现者罗伊·克尔。

Light cone（光锥）：闵可夫斯基时空图中由代表光的线所形成的时空区域。该时空中某个点所代表的事件，只能受到该点自身过去光锥中所存在事件的影响，并且也仅能对该点自身未来光锥中的事件产生影响。

Meta-universe（平行宇宙）：宇宙是我们迄今所直接了解到的所有事物的总和，而平行宇宙则是超出宇宙之外一切的总和。

Minkowski diagram（闵可夫斯基时空图）：将三维空间和一维时间同时在二维平面上表示出来的图形，该图形由德国人赫尔曼·闵可夫斯基发明。

Neutrino（中微子）：电中性并且质量很小甚至无质量（取决于哪个理论更正确）的粒子，产生于某些核反应过程（包括反 β 衰变）。中微子很难与通常形态的物质发生相互作用，穿过地球却非常之容易，比机枪子弹穿透一团云雾还简单。

Neutron（中子）：电中性且质量与质子差不多的粒子，在原子核中可见。

Neutron core（中子芯）：反 β 衰变也许可以在简并白矮星的中心产生出这种形态。

Neutron star（中子星）： 非常致密、完全由中子构成的年老恒星。中子星的原子核非常有效率，可以将太阳这么大质量的东西压缩到如同珠穆朗玛峰这么大的体积内。

Non-Euclidean geometry（非欧几里得几何学）： 弯曲表面和弯曲空间的几何学，在其中，三角形的内角和不再等于 180°。

Nucleon（核子）： 质子和中子的统称。核子由夸克组成。

Nucleus（原子核）： 位于原子的中心、由强大的核子作用力将质子和中子结合成的一个球状物。原子核的尺寸大约为 10^{-12} 毫米，是原子的十万分之一。

Occultation（掩星）： 是一种天文现象，指一个天体在另一个天体与观测者之间通过而产生的遮蔽现象。一般而言，掩蔽者较被掩者的视面积要大。

Oppenheimer-Volkoff limit（奥本海默-沃尔科夫极限）： 基于简并星的状态方程所计算而得的一颗恒星不坍缩为黑洞的最大允许质量。该极限仅比太阳的质量大几倍，虽然这已经众所周知超过了 50 年，但直到 20 世纪 60 年代才获得了精确值。

Parallax（视差）： 即转动头部时，原来在前方的物体似乎跑到了后方的现象。天文学家通过相隔半年的两次观测（当地球处于其绕日轨道的两端时），在大尺度范围内利用这个现象来测量最近恒星的距离。

Photoelectric effect（光电效应）： 光“粒子”（光子）撞击金属表面导致电子溅出的过程。

Photon（光子）： 见量子概念介绍。

Planck scale（普朗克尺度）： 空间和时间可能是不连续的，而是“量子化”的，因此长度存在着一个最小的尺度，而时间也存在着一个最短的间隔，小于该值的空间和时间都无任何意义。“普朗克时间”大约是 10^{-43} 秒，“普朗克长度”大约是 2×10^{-33} 厘米（即光在普朗克时间内所能跨越的距离），而“普朗克质量”则是在黑洞中直径为普朗克长度的球体所能包含的质量，大约是 2×10^{-5} 克。这似乎会令人觉得怪异，但意味着一个普朗克黑洞的密度大约是每立方厘米 6×10^{92}（即 6 的后面跟着 92 个零）克。质子的尺度也要比这种普朗克黑洞球的尺度大 1020 倍。

Plasma（等离子体）： 一团高温气体，其中电子已从原子中游离出来，使后者也成为带正电的离子状态。电子和正离子混合形成等离子体。诸如太阳就是由高温的等离子体组成。

Proton（质子）： 带 1 单位正电荷的粒子，存在于原子核中。每个质子所具有的质量大约比电子大 2000 倍。

Pulsar（脉冲星）： 即由于围绕其内部磁场快速旋转，能发射出射电噪（有时发出光和 X 射线）的中子星。

Quantum（量子）： 物体能够存在的最小单元。例如，已知光能就是以光子的方式传播，光子就可以认为是光的最小微粒。能够获得的最小单位光能，既不可能比光子更大，也不可能比它更小。

Quantum mechanics（量子力学）： 在原子或更小尺度上描述微小客体或辐射之行为的若干组数学方程集合。

Quark（夸克）： 不可再分割为其他组分的物质的最基本构成单元。夸克可具有各种不同的变化，质子和中子就是分别由三种夸克以不同的特殊方式组合而成的。

Quasar（**类星体**）：是活跃星系的能量中心，由于其强烈的能量辐射，使得它能够跨越宇宙的遥远距离而被人所见。相比较近星系所发出的光，来自遥远类星体的光线具有大得多的红移量。类星体所辐射的能量，有可能来自围绕着超大质量黑洞周围的吸积盘。

Recession velocity（**退行速度**）：某个天体远离其他天体的运动速度。这个术语有时被用于星系和类星体，即使它们有可能并未在空间中运动，只是由于空间的膨胀使得它们越来越远。

Red shift（**红移**）：来自膨胀宇宙空间中遥远天体的光波，因为空间的膨胀，在其到达地球的途中波长会被延展。而红光比蓝光的波长长，所以被称为红移。当天体高速穿过空间做远离我们的运动，同时发射出光线时，存在着类似的波长延展效应。光在挣脱引力场时也会产生红移。

Schwarzschild horizon（**史瓦西视界**）：黑洞的“表面”，因数学家卡尔·史瓦西而得名。

Schwarzschild radius（**史瓦西半径**）：引力半径。

Singularity（**奇点**）：密度和时空曲率无穷大，物理定律不再适用的点。每个黑洞都包含着一个奇点，宇宙也有可能就诞生于一个奇点。

Solar wind（**太阳风**）：来自太阳、穿越了整个太阳系的粒子束。

Spacelike interval（**类空间隔**）：如果以慢于光速的速度在两个时空点之间的旅行是可能的，则这两点之间就是类空间隔。

Spacetime（时空）：爱因斯坦的狭义相对论导致空间和时间可以作为不同的侧面而被纳入一个整体的（即四维时空）的几何描述中去。爱因斯坦的广义相对论则将引力解释为一种由时空的弯曲所引起的效应。

Spectral lines（光谱线）：穿过三棱镜的白色光，将产生"彩虹"样的图案，这些彩色图谱中或明亮或暗淡的条纹，就是光谱线。每条光谱线都与某种特定类型原子的影响相对应。通过测量来自遥远星系和类星体光谱中各个光谱线的位置，天文学家就可以确定膨胀宇宙所引起的红移现象。

Star gate（恒星门）：科学幻想中所使用的术语，意指虫洞的入口处。

Supergiant（超巨星）：非常巨大的恒星。

Supernova（超新星）：一颗质量非常大的恒星在其生命终点的剧烈爆发。超新星爆发的明亮度堪比有1000亿颗恒星星系的整体亮度，结果将产生一颗中子星或黑洞。

Tachyon（超光速粒子）：爱因斯坦的相对论告诉我们，没有任何原来以低于光速运动的物体，能够将其运动速度加快到超过光速的程度。但是，也有理论预言了可能存在着大于光速的运动物体，并且其速度永远不可能低于光速。这种物体也可以逆时间而动。迄今虽然还没有人能够发现任何这种粒子存在的明确证据，但却已经给予其一个命名，以等待（如果可能的话）这个发现的到来。普通的低光速粒子偶尔也被称为"它钝"（tardons）。

Timelike interval（类时间隔）：如果不可能以低于光速的运动速度在时空中的两点之间旅行，则该两个点之间就是类时间隔。

White dwarf（白矮星）：是一种已没有保持其中心热度核反应发生的老年恒星。其质量大致与我们的太阳类似，但已经坍缩成一个跟地球大小相当的冰冷球体。

White hole（白洞）：一种相对于黑洞的假设。在黑洞的情形中，物质向内坍缩成一个奇点；而在白洞的情况下，物质从一个奇点向外喷发。大爆炸与白洞之间有某种类似性。

World line（世界线）：闵可夫斯基图中的线，代表着粒子在时空中的生命史。

Wormhole（虫洞）：连接一个黑洞到另一个时空黑洞的通道。

参考文献 REFERENCE

如果想要继续追寻本书所讨论过的那些观念的来龙去脉，下列清单将是一个开端。但请注意如果不想看数学方程式的话，请回避那些加了星号的文献。

Gregory Benford, *Timespace*, Pocket Books, New York, 1980.

《时空》是一部极好的科幻作品，出自一位优秀的物理学家之手。包括对于平行世界的量子物理学解释，还包括对超光速粒子——可以逆时间而动的粒子的解释。

Subrahmanyan Chandrasekhar, *Eddington*, Cambridge University Press, 1983.

《爱丁顿》是一部简洁但引人入胜的传记，描述了“他所处那个时代最杰出的天文学家”。特别是结合了黑洞的有关话题，回溯到 20 世纪 30 年代，深入探析了那时爱丁顿是怎样反对钱德拉塞卡的关于大质量恒星将不可阻挡地坍缩成一个点的观点。

Paul Davies (editor), *The New Physics*, Cambridge University Press, 1989.

《新物理学》是一部本应标上星号的著作，但也可以轻松地浏览一下。如果想要了解今日物理学将面临怎样的前景，本书将会让人大有收获。特别是由克利福德·威尔和马尔科姆·朗埃尔所撰写的有关广义相对论和天体物理的章节，非常精彩。

Arthur Eddington, *The Internal Constitution of the Stars*, Cambridge University Press, 1926.

《恒星的内部结构》是一部由天体物理学先驱撰写的经典著作，成书于量子物理学革命结束的前夕，展示了20世纪20年代中期的科学家们对于致密恒星之谜是如何百思不得其解的。严格地讲，这是一部技术性著作，至今仍做教材使用——但除了其他方面的杰出表现，爱丁顿也是个伟大的科普专家，他能够通俗易懂地表达自己的观点，所以就没必要加星号来警示其难度了。

George Greenstein, *Frozen Star*, Freundlich, New York, 1984.

《冰封的恒星》是一位天文学家对黑洞、脉冲星和中子星的描绘，作者曾参与了对它们的研究活动。

John Gribbin, *In Search of Schrodinger's Cat*, Bantam, New York, and Black Swan, London, 1984.

《寻找薛定谔的猫》涉及原子活动、粒子创生和“平行世界”观念的细节描绘。

John Gribbin, *In Search of Big Bang*, Bantam, New York, and Black Swan, London, 1986.

这部《寻找宇宙大爆炸》是我本人的宇宙叙事。我了解到大量有关宇宙终结落幕的各种新理论细节，但广义相对论的宇宙学含义只涉及中幕部分，对此我没有什么可抱怨的。

John Gribbin, *Blinded by the Light*, Harmony, New York, and Bantam, London, 1991.

《被光蒙蔽》包含诸如太阳之类的恒星的结构，以及天体物理学家所了解到的恒星内部情况的详细解说。

John Gribbin and Martin Rees, *Cosmic Coincidences*, Bantam, New York, and Black Swan, London, 1990.

《宇宙的巧合》是我的得意之作——其中没有我自己的胡思乱想，而完全是当今世界宇宙学领域领军人物之一、剑桥大学的马丁·里斯关于宇宙和人类在其中的位置之观点的表述。

* Stephen Hawking and Werner Israel (editors), *300 Years of Gravitation*, Cambridge University Press, 1987.

《引力 300 年》是在剑桥大学召开的纪念牛顿《原理》出版 300 周年讨论会的论文集。其中一些论文充满了方程计算，另一些则比较容易读懂（本书第一章中提及的约翰·福克纳的历史探析文章，没有被收录进来。原因是他提交得太晚了，没赶上论文集的截稿日期，而不是文集编辑者试图阻止任何破除牛顿神话色彩的文字）。该书值得在图书馆里浏览一下。

Nick Herbert, *Faster Than Light*, Plume, New York, 1988.

《比光更快》是一本充斥着各种奇思妙想的文集，但所有这些奇思都基于严肃的科学事实，围绕比光更快的信号从而使时光倒流这个话题展开。并且所有的素材都来自令人尊敬的、具有充分资格的物理学家（我从这本书中借用了视界之箭的概念，以说明其单向性质）。

Douglas Hofstadter, *Godel, Escher, Bach*, Basic Books, New York, 1979.

《哥德尔、艾舍尔、巴赫》提示不完备定理涉及艺术、音乐和人类的心灵。与本书仅有某种微妙的联系，但值得一读。

William J. Kaufmann, III, *The Cosmic Frontiers of General Relativity*, Little, Brown & Co., Boston, 1977.

《广义相对论的宇宙前景》是我最常翻阅的书籍之一，它以清晰的语言解说了爱因斯坦理论，对黑洞问题提供了广阔的视野，还描绘了如何通过虫洞到另一个宇宙旅行的可能性。

⋆ Kenneth Lang and Owen Gingerich (editors), *A Source Book in Astronomy and Astrophysics, 1900-1975*, Harvard University Press, 1979.

《天文学和天体物理学资料，1900—1975》是一部很有意义的资料集，收集了 20 世纪以来人类对于宇宙研究过程中重要科学论文的关键部分。包括弗里茨·兹威基关于中子星存在性的原始研究、卡尔·史瓦西对于黑洞的数学描述，以及其他很多原创工作，并结合其时代背景给予这些工作清晰恰当的评论。即使对于非科学内行而言，若能在图书馆找到此书的话，翻阅一下也很有意思。

* Charles Misner, *Kip Thorne, and John Wheeler, Gravitation*, W. H. Freeman, San Francisco, 1973.

《引力》是研究生水平的专业标准手册。别因为其严肃的科学面孔而感到紧张，里面很多部分都用了相对简单的语言来表述基础物理学。

Ward Moore, *Bring the Jubilee*, Avon, New York,1976.

《迎接大赦》是一部科幻作品，里面说是南方赢得了美国内战的胜利——这是真的吗？这是典型的平行宇宙观点描述。

* Abraham Pais, *Subtle is the Lord*, Oxford University Press, London, 1982.

《微妙的上帝》是一部爱因斯坦的科学传记，没有使用很多数学语言，但包含了其个人生活和所处时代的丰富信息。

Barry Parker, *Einstein's Dream*, Plenum, New York, 1986.

《爱因斯坦的梦想》是一部非常值得一读的研究爱因斯坦工作的专著，其中包括一些讨论黑洞的内容，但全书主要聚焦于对“大统一理论”的追求过程。

Julian Schwinger, *Einstein's Legacy,* W. H. Freeman/Scientific American, New York, 1986.

《爱因斯坦的遗产》是“科学美国人”系列中最优秀的图书之一，其中非欧几何和时空弯曲部分尤其出色。里面确实包含了一些数学方程，但不是那种令人惊恐万状的类型，并且其精美的插图也使这一点得到了很大的补偿。

Walter Sullivan, *Black Holes*, Anchor Press/Doubleday, New York, 1979.

《黑洞》是一部围绕20世纪60年代至70年代X射线星的发现而展开的饶有兴味的、新闻记者式的描述，还有不错的插图。

H. G. Wells, *The Time Machine,* 1895.

《时光机器》是一本经典故事书，初版于1895年，在爱因斯坦相对论之前10年就已将时间作为了第四个维度。

John Archibald Wheeler, *A Journey into Gravity and Spacetime*, W. H. Freeman/Scientific American, New York, 1990.

《穿越引力和时空的旅行》是“科学美国人”系列中差强人意的图书，出自世界顶尖的广义相对论权威之手。有一些美妙的类比，还有从该系列图书中可以指望到的比较清晰的插图，但没有那么通俗易懂。其努力值得肯定，但不如朱利安·施温格的书那么容易令人接受。

Clifford Will, *Was Einstein Right?* Basic Books, New York, 1986.

《爱因斯坦是对的吗？》直接就是一部面对外行人的广义相对论指南。